원색도감

HERBS

삼육대학교 교수
이학박사 **윤 평 섭**
Yoon Pyung Sub

교 학 사

책을 펴내며

　경제 성장과 함께 문화 생활이 점차 고도화, 다양화되면서 육체적인 건강과 정신적인 건강을 위해 허브 식물을 찾는 애호가들이 점차 늘어나고 있다. 허브 식물원과 여가를 즐길수 있는 찻집, 레스토랑, 각종 허브 관련 상품들을 판매하는 상점이 급증함에 따라 허브 재배 농장들이 늘어나고, 허브에 관련된 상품 수입업체들이 증가하고 있으며, 또한 허브를 이용한 제품 제조 과정이나 허브 육묘 생산업체, 사용법 등의 강좌가 인기를 누리고 있다.

　최근에는 사단법인 한국허브협회가 발족하였고, 한국허브학회가 2005년 5월에 발족하여 활발히 활동하고 있다.

　이렇듯 우리의 의식주 생활 문화가 서양화되어 가는 현대의 생활상과 함께 허브에 대한 관심이 날로 높아가는 것을 보면서 필자는 허브 식물들을 체계적으로 올바로 정리할 필요성을 느끼게 되어 이 책을 집필하게 되었다. 이 책에서는 각 허브 식물들의 이름과 과명, 학명, 영명, 원산지를 밝혀 두었고, 생활형, 식물의 높이, 잎, 꽃, 열매 등의 형태상의 특성을 서술한 다음, 실생활에 직접 도움이 되도록 각 허브 식물이 가지고 있는 성분, 약효, 용도를 자세히 서술하였다. 또한 식물을 기르는 데 필요한 기후 환경, 토양, 번식 방법 및 시기, 수확 시기 등을 아울러 적었다. 각 허브 식물의 특성들을 올바로 알리고자 각 나라의 문헌들을 입수하여, 현재 많이 이용되고 있는 인기 있는 식물들이 어떤 것인지를 조사하여 집필하였고, 우리 나라 허브 식물들도 일부 수록하였다. 또, 그 동안 출간된 허브에 관한 많은 책들을 참고하여 허브의 이름을 외국명 그대로 사용하던 것을 우리말 식물명이 있는 것들은 우리말 이름을 식물학적 분류법에 의거하여 한국 학술명 용어로 정확하게 표현, 기술하였다. 이러한 점에서 이 책이 허브를 사랑하는 애호가들의 좋은 길잡이가 되었으면 하는 마음 간절하다.

　끝으로, 이 책을 출판해 주신 교학사 양철우 사장님과 편집부장님, 편집부 직원 여러분들에게 감사를 드린다. 또한 이 책을 쓰는 데 자료를 제공해 주고 사진 촬영을 도와 준 Dr. Shannon Ro, Dr. John Ro, Sern-Ro Yoon, Dr. Karth John에게 감사의 뜻을 표한다. 아울러, 말없이 조용히 뒷바라지를 해 준 나의 아내에게 다시 한 번 감사한다.

2006. 10.

윤평섭

차 례

차례

차례

허 브 총 론

1. 허브의 정의

허브(Herb)라는 말의 유래는, 기원전 4세기경 그리스 학자인 아리스토텔레스(Aristoteles)와 그의 제자 테오프라스투스(Theophrastus)가 식물을 교목(tree)과 관목(shrub), 초본(herb)으로 분류한 데서 시작되었으며, 본래 허브는 초본 식물을 의미하였다. 허브는 주로 유럽에서 가정 민간 요법의 약이나 요리에 맛과 향을 내는 향신료, 즉 스파이스로 사용되었는데 스파이스는 요리의 조미료뿐만 아니라 소화 기능을 촉진시키는 약의 효능도 갖추었다. 미국에서도 허브는 약용 식물을 의미했으며, 점차 건강과 관련된 요리의 맛과 향을 내는 식물을 지칭하는 데도 사용되었다. 근래에는 방향 식물(aromatic plants)을 포함하여, 매운맛을 내는 양파, 파, 마늘, 생강, 셜롯, 차이브 등의 채소류를 포함시켜 부르게 되었다.

그러나 오늘날 허브는 초본 식물의 의미를 초월해서 향신료나 향미료로 이용될 수 있는 초본류 식물 외에 향미용으로 이용되는 방향성 식물과 약용 식물을 포함하여 목본류까지도 허브로 분류하여 취급하고 있다.

2. 허브의 발달과 역사

지역적으로 중국이나 한국과 같은 동양에서는 한방의 약용으로 발달하였다. 인도에서는 기원전 10세기경에 저술된 힌두교의 성서 《리그 베다(Rig Veda)》에 약용 식물의 이름이 다수 기록되어 있으며, 1세기경에 출판된 유명한 의학서인 《Chraka Sambita》에는 구전되어 내려오던 약용 식물 500종이 정리되어 있다.

이집트에서는 약용 식물로 이용되었을 뿐만 아니라, 종교 의식용 향료와 여성용 향료 및 오일, 라벤더 같은 허브로 만든 입욕제 등이 사용되었음을 파라오의 벽화를 통해서 알 수 있다. 또, 왕이나 고관들이 죽었을 때는 시체 방부제로 이용했는데, 시체의 내장을 제거하고 커민이나 아니스, 마조람, 계피 같은 스파이스를 채워 미라를 만들었다.

유럽에서는 이집트나 인도 등에서 수천 년 전부터 발달했던 허브를 도입하여 약용과 조미료, 향신료, 화장품, 식염제, 방향(芳香)을 위한 향낭(sachet), 포푸리(potpourri) 등으로 사용하였다. 특히, 향신료는 아랍인들이 유럽인들에게 판매하였는데, 후에 베니스의 상인들이 향신료의 원산지인 인도를 알게 되어 유럽에 판매하는 독점권을 장악하게 되었다. 또, 허브를 이용한 인도의 의술은 지중해를 거

쳐 로마 제국으로 전파되기도 하였다. 한편, 스페인에서는 사프란이 요리의 필수 향신료가 되었고, 9세기경에는 유럽에서 향신료가 고가로 판매되었다. 13세기에 마르코폴로가 쓴 《동방견문록》이 15세기에 독일어로 번역되자 유럽인들은 향신료가 인도에서 들어온다는 것을 알게 되었고 그 영향으로 향신료 무역이 활발해졌다. 16세기부터는 포르투갈과 네덜란드가 말라카와 말레이시아, 수마트라 북부를 점령하였고, 17세기에는 영국도 아시아로부터 향신료를 수입하였으며, 후에는 인도와 동남 아시아에서 많은 향신료를 가져다가 유럽 전역에 판매하였다. 18세기에 들어서 유럽인들이 미국으로 이주하면서 미국에서도 향신료의 수요가 많아지자 중남미의 값싼 노동력을 통해 생산하여 이용하게 되었으며, 그 후 미국 뉴욕에 세계적으로 거대한 향신료 시장이 형성되었다.

한국에서는 1990년대 초반부터 몇몇 사람들이 허브에 관심을 가지기 시작하였으며 1990년대 후반부터는 활성화되어 2000년을 전후로 허브에 관한 책들이 많이 출판되었다. 최근 허브 붐이 일어나면서 여러 곳에 레스토랑이나 허브 제품을 판매하는 허브 식물원이 생겨났고 많은 사람들이 관람, 이용하고 있다.

3. 허브의 이용 목적에 따른 분류

(1) **관상용** : 화단용, 허브 가든용, 키친 가든용, 암석 정원용(rock garden), 지피 식물, 드라이 플라워, 절화, 압화, 수생 식물원용 등

(2) **식용 및 요리용** : 나물, 조미료, 다이어트 식품, 떡, 비니거, 샐러드, 소시지, 소스, 향신료, 수프, 식용 염료, 식용유, 쌈채, 오믈렛, 육류 연화제, 제과, 제빵, 카레, 캔디, 피클의 향미 첨가제, 향신 첨가제, 향 첨가제 등이 있다. 허브를 식용 및 요리용으로 이용할 때는 잎이나 꽃, 줄기, 종자, 뿌리를 그대로 사용하거나 잎을 짓찧어서 즙을 내기도 하며, 건조시켜 가루로 만들어 요리에 뿌리거나 정유를 만들어 이용한다. 요리에 주로 사용되는 허브로는 딜, 레몬 밤, 로즈메리, 마조람, 박하, 바질, 사프란, 서양백리향, 세이보리, 세이지, 월계수, 차이브, 처빌, 코리앤더, 커민, 타라곤, 파슬리, 펜넬 등이 있다.

   ① **수프용 허브** : 신선한 허브 잎을 찧어서 수프에 사용하는 허브로, 파슬리, 세이보리, 처빌 등이 있으며, 고기 수프에는 딜, 펜넬을 사용한다.
   ② **쇠고기 요리용 허브** : 바질, 마조람, 로즈메리, 세이지가 이용된다. 스테

이크에는 타라곤, 파슬리를 버터와 함께 사용한다. 로스트는 박하 잎에 식초와 설탕을 혼합한 민트 소스, 또는 마늘, 바질, 오레가노, 스위트 마조람을 혼합하여 갈아서 고기에 바른다. 이밖에 딜, 펜넬, 향나무 씨, 코리앤더, 캐러웨이 종자를 갈아서 사용하기도 한다.

③ **돼지고기 요리용 허브** : 돼지고기나 돼지고기를 원료로 만드는 소시지, 햄버거, 로스트 포크에는 세이지, 로즈메리, 마조람, 서향백리향, 월계수, 파슬리, 마늘과 같이 향이 강한 허브를 와인과 함께 넣어 요리한다.

④ **조류(닭, 칠면조, 오리, 꿩고기 등) 요리용 허브** : 타라곤, 마조람, 세이지, 로즈메리, 파슬리, 셀러리, 바질, 펜넬, 딜, 오레가노, 서양백리향을 갈아서 고기에 바른 후 굽는다. 이 중 타라곤은 조류 요리의 맛을 내는 데 **빼놓**을 수 없는 허브이다.

⑤ **생선 요리용 허브** : 갈치, 조기, 도미, 명태와 같은 흰살 생선과 어패류는 파슬리, 처빌을 사용하며, 비린내가 심한 고등어나 꽁치 등은 딜, 월계수, 펜넬, 바질, 서양백리향, 타라곤, 마조람, 세이지, 레몬 밤, 로즈메리 등을 사용한다. 생선을 구울 때는 민트, 세이지, 로즈메리 등을 갈아서 바른다.

⑥ **빵·케이크용 허브** : 양귀비 종자, 월계수 잎, 펜넬, 아니스 등을 사용한다.

⑦ **채소 요리용 허브** : 콩 샐러드나 수프에는 파슬리나 세이보리가 어울리며, 감자 샐러드에는 파슬리나 딜, 차이브, 박하 등이 좋다. 감자를 삶을 때에는 월계수 잎을 넣으면 좋다. 수프나 그라탕에는 로즈메리나 딜, 코리앤더를 사용하며, 토마토 요리에는 바질이나 마조람, 오레가노를 사용한다. 야채 샐러드에는 파슬리나 타라곤, 차이브, 처빌을 혼합하여 넣거나, 한 가지만을 넣어 독특한 향을 내기도 한다. 양배추 샐러드에는 딜이나 펜넬, 아니스를 이용하며, 버터향 첨가제로는 처빌이나 탠지, 파슬리, 오믈렛에는 러비지, 차이브, 처빌, 파슬리, 타라곤 잎을 찢어서 넣으며, 디저트 과자나 과일 샐러드, 청량 음료에는 로즈메리나 레몬 밤, 박하, 로즈 제라늄을 넣는다.

(3) **약용** : 강심제, 갱년기 장애 조화제, 거담제, 건위제, 발모제, 방부제, 비듬 제거제, 산후 회복 촉진제, 소독제, 소화제, 수렴제, 스트레스 해소제, 습포제, 신경 진정제, 아로마세라피, 연고제, 이뇨제, 정력제, 정신 불안 해소제, 정혈제, 지혈제, 진경제, 진통제, 진해제, 토제, 피로 회복제, 피부 살균 소독제, 피부 자극제, 해독제, 해열제, 흥분 상태의 진정제로 쓰이며, 간질병, 간 질환, 감기, 과민성 장염, 관절염, 눈의 염증, 당뇨병, 두통, 류머티즘, 백일해, 변비, 복통, 불면증, 빈혈, 산통, 상처, 신경 과민, 신경성 소화불량, 신경통,

외상, 요통, 생리불순, 위통, 토혈, 통증, 폐경 불쾌감, 폐렴, 하리, 혈변, 신장병, 심장병 등의 치료제로 이용된다.

(4) **차** : 허브차로 이용하는 허브 식물들로는 다음과 같은 것들이 있다.

이용 부위	허브 식물명
생잎	딜, 레몬 밤, 레몬 유칼리, 로즈메리, 로즈 제라늄, 바질, 박하류, 버베나, 보리지, 서양백리향, 세이보리, 세이지, 스테비아, 스피어민트, 오레가노, 오렌지, 차즈기, 페퍼민트, 펜넬, 히솝 등
마른 잎	로즈메리, 로즈 제라늄, 버베나, 베르가못, 산수국, 서양백리향, 세이보리, 세이지, 스테비아, 오레가노, 차나무 등
줄기와 잎	레몬그래스, 레몬 밤, 로즈메리, 마조람, 서양백리향 등
줄기	캐트닙, 히솝 등
뿌리	감초, 둥굴레, 민들레 등
꽃	감국, 라벤더, 로즈메리, 맬로, 보리지, 사프란(암술대), 산국, 장미, 재스민, 카네이션, 캐모마일, 캐트닙, 콘플라워, 한련화 등
종자	딜, 러비지, 아니스, 오미자, 율무, 펜넬 등

(5) **방향용** : 포푸리, 향낭, 향수, 훈제 향료, 방향 스프레이, 가글제, 악취 제거제

(6) **음료용** : 주류향 첨가제, 주스향 첨가제, 콜라향 첨가제

(7) **미용** : 화장수, 화장품, 입욕제, 비누, 샴푸, 린스, 크림, 피부 미용제

(8) **정유용** : 식용유, 아로마세라피, 향수, 화장품

(9) **밀원용** : 벌꿀 채취

(10) **방충제** : 구충제, 방충제, 살균제, 살충제, 해충 기피제

(11) **사료용** : 가축 사료

(12) **공업용** : 니스용, 리놀륨, 방부제, 방수, 섬유, 세마포 원료, 어망, 염료, 유지 원료, 유화 물감, 인쇄용 잉크, 정수, 정유, 제지, 텐트, 페인트 등

4. 허브 식물의 용도별 분류

(1) **건조시켜 향신료로 이용하는 허브 식물** : 식물 전체나 종자, 열매를 말려 분쇄한 뒤 병에 담아 밀폐 보관하여 향신료로 사용한다.

허브 총론

허브 식물명	이용 부위	허브 식물명	이용 부위
고추	열매	베르가못	전초
딜	전초, 종자	서양민들레	뿌리
러비지	줄기, 종자	서양백리향	전초
레몬그래스	잎, 줄기	셀러리	종자
레몬 밤	전초	스위트 마조람	전초
로만 캐모마일	꽃, 꽃봉오리	아니스	종자
로즈메리	전초	카네이션	꽃
맬로	꽃	캐러웨이	종자
박하	전초	캐모마일	꽃, 꽃봉오리
버베인	전초	한련화	꽃

(2) 허브 비니거(herbal vinegar)로 많이 이용하는 허브 식물

허브 식물명	이용 부위	허브 식물명	이용 부위
고추냉이	뿌리	서양백리향	전초
딜	잎, 미숙 종자	세이지	잎, 줄기
로즈메리	잎, 줄기	타라곤	잎, 줄기
마늘	인경	파인애플	열매
바질	잎, 줄기	펜넬	잎, 종자
박하	전초	한련화	종자

· 허브 비니거 만드는 방법 : 허브를 깨끗이 씻어 물기를 제거한 후 용기에 식초를 넣고 허브를 넣은 다음, 2~3주 동안 강한 광선에 발효시킨다. 금속성 용기는 반응이 일어나 변색되므로 유리병이 가장 좋다.
  〈타라곤 비니거 제조법〉 - 유리병에 와인 비니거 500mL와 타라곤 100g을 넣고 2~3주 동안 강한 햇볕에 두어 발효시킨 후 타라곤을 제거하고 사용한다.

(3) 허브 오일로 이용하는 허브 식물

허브 식물명	이용 부위	허브 식물명	이용 부위
고추	열매	서양백리향	전초
딜	잎, 종자	세이지	전초
로즈메리	전초	차이브	꽃, 줄기, 인경
마늘	인경	코리앤더	잎, 줄기, 종자
바질	전초	펜넬	잎, 종자

- 허브 오일 만드는 방법 : 허브를 물에 깨끗이 씻은 다음 물기를 제거하고, 오일을 채운 유리병에 넣은 다음, 햇볕에 2~3주 동안 두었다가 허브를 제거하고 사용한다.

  〈로즈메리 오일 제조법〉 - 유리병에 올리브유 1L와 로즈메리 200g을 넣고 햇볕에 2~3주 동안 두었다가 로즈메리를 제거하고 사용한다.

(4) 피클로 이용하는 허브 식물

허브 식물명	이용 부위	허브 식물명	이용 부위
고추냉이	뿌리	월계수	잎
딜	전초, 종자	차이브	전초, 꽃
러비지	줄기, 종자	처빌	전초, 종자
레몬 밤	전초	캐러웨이	전초, 종자
마늘	인경	커민	종자
박하	전초	코리앤더	전초, 열매, 종자
세이지	전초	타라곤	잎, 줄기
스위트 마조람	전초	펜넬	전초, 종자

- 피클 만드는 방법 : 유리 용기를 물에 끓여서 살균한 다음, 오이와 당근, 양파, 버섯, 콜리플라워와 원하는 향의 허브 재료들을 깨끗이 씻어 물기를 제거한 후 병에 넣고 식초를 부어 밀폐하여 둔다. 매운맛을 내기 위해서는 한련화 종자나 캐러웨이 종자, 펜넬 종자, 고추 열매를 사용한다.

(5) 숙면에 도움을 주는 허브 식물 : 라벤더, 로만 캐모마일, 스피어민트 등

(6) 소화를 촉진시키는 허브 식물 : 스피어민트, 애플 민트, 페퍼민트, 맬로, 저먼 캐모마일, 레몬그라스 등

(7) 피부 미용에 좋은 허브 식물

허브 식물명	미용 효과
레몬그라스, 러비지, 로즈메리, 서양톱풀, 제라늄, 컴프리, 펜넬(잎)	피부 청정 효과
로즈 히숍, 장미(꽃잎), 저먼 캐모마일	피부 보습 효과
마조람, 컴프리(뿌리, 잎), 펜넬, 한련화	피부를 부드럽게 해 주는 효과
레이디스 맨틀, 서양톱풀, 세이지, 컴프리(뿌리), 와일드스트로베리(잎, 뿌리), 처빌, 펜넬(잎),	수렴 효과
라벤더, 서양백리향, 서양톱풀, 페퍼민트	피부 조정 효과

(8) 모발에 효과가 있는 허브

허브 식물명	이용 부위	효 능
금잔화	꽃	머리색을 맑게 함
로즈메리	잎, 화수(花穗)	머리색을 진하게 하고, 광택이 나게 함
루바브	뿌리	홍색의 색소
마늘	인경	모발의 노화 방지
멀레인	꽃	머리색을 맑게 함
세이지	잎	양모(養毛) 효과와 머리색을 좋게 함
소프워트	잎, 뿌리	모발을 깨끗하게 함
웜우드	잎	양모(養毛)와 노화 예방
캐모마일	뿌리	머리카락과 두피 건강에 좋음
캐트닙	잎	육모(育毛), 가려움증 방지
파슬리	잎, 줄기	머리색을 광택이 나게 함
마조람, 컴프리, 엘더	꽃	건성 머리카락과 두피를 건강하게 함
박하류, 금잔화, 레몬 밤, 라벤더, 서양톱풀, 레몬그래스	전초, 꽃	지성 머리카락과 두피 건강에 좋음
로즈메리, 아티초크, 타임, 금잔화, 크레송	전초	탈모 방지와 두피 건강에 좋음

(9) 입욕제로 이용하는 허브 식물

허브 식물명	이용 부위	효 능
라벤더	꽃	항염증, 발한, 진정, 소염, 냄새 제거
레몬그래스	전초	발한, 항균, 피부 질환
레몬 밤	전초	발한, 진정, 미용, 긴장 완화
레몬 버베나	잎	진정, 긴장 완화
로즈메리	전초	항염증, 발한, 진정, 미용, 긴장 완화
박하	전초	발한, 항균, 청정, 피부 강장
밸러리안, 홉	뿌리, 꽃	진정
서양백리향	전초	항균, 청정
서양톱풀	전초	미용
세이지	전초	항염증, 항균, 청정, 피부 강장
스위트 마조람	전초	발한, 소독
저먼 캐모마일	꽃	항염증, 발한, 진정, 미용

(10) 감기에 좋은 허브 식물

허브 식물명	이용 부위	약 효	허브 식물명	이용 부위	약 효
라벤더	꽃	두통	아니스	잎, 종자	기침
로즈메리	전초	두통	캐모마일	꽃	항염증
마시맬로	뿌리	거담	캐트닙	전초	두통
멀레인	꽃, 잎	거담	컴프리	뿌리	거담
목향	뿌리	기침	콜츠풋	잎	기침, 거담
서양백리향	전초	기침	페퍼민트	전초	두통
서양톱풀	전초	두통, 감기	펜넬	종자	기침, 거담
세이지	전초	거담	호하운드	전초	기침, 거담
소프워트	뿌리	기침	히솝	전초	감기 전반

(11) 소화를 도와 주는 허브 식물

허브 식물명	이용 부위	허브 식물명	이용 부위
딜	종자	캐모마일	꽃, 꽃봉오리
레몬그래스	잎	커민	종자
마늘	인경	코리앤더	종자
서양민들레	잎, 뿌리	타라곤	잎
서양백리향	전초	탠지	잎
서양톱풀	전초	페퍼민트	전초
세이지	전초, 꽃	펜넬	종자
아니스	종자	호스래디시	뿌리
치커리	잎, 뿌리	호하운드	전초
캐러웨이	종자		

(12) 눈에 효과가 있는 허브 식물

허브 식물명	이용 부위	허브 식물명	이용 부위
레몬 버베나	잎	장미	꽃
로만 캐모마일	꽃	질경이	잎
마시맬로	잎	콜츠풋	잎
샐비어	종자	파슬리	잎
센토레아	꽃	펜넬	종자
엘더	꽃		

(13) 변비에 효과가 있는 허브 식물

허브 식물명	이용 부위	이용 법
루바브	뿌리	뿌리를 말려서 먹으면 변비에 효과적이다.
아마	종자	종자를 갈아서 찻숟가락 하나에 사과와 우유를 타서 함께 마신다.
질경이	종자	종자의 점액 물질이 변비를 치료한다.

(14) 여성 건강에 좋은 허브 식물

허브 식물명	이용 부위	약 효
금잔화	꽃	월경 치료, 생리통 완화, 월경 정상화
레이디스 맨틀	잎	월경 치료, 정신적 긴장 완화, 수렴 작용, 월경 정상화
버베인	꽃	월경 치료, 생리통 완화, 진정
잇꽃	꽃	월경 치료, 진정, 통경
재스민	꽃	월경 치료, 월경 정상화
탠지, 피버퓨	꽃	월경 치료, 생리통 완화
크레송	전초	철분 함유가 풍부하여 빈혈 치료
한련화	꽃	월경 정상화

(15) 아로마세라피에 이용하는 허브 식물

허브 식물명	이용 부위	약 효
라벤더	꽃	긴장 완화, 두통 완화, 발한, 살균, 소염, 진정 효능
레몬그라스	잎, 줄기	살균 효능, 소화불량, 식욕부진, 산통, 두통, 위통, 관절통, 발열, 복통, 하리, 빈혈 치료
레몬밤	전초	강장, 구충, 신경 긴장 완화, 숙면 효과, 항울(抗鬱), 신경 안정, 진통, 구풍, 강심, 소화, 진정, 건위, 발한 효능
로즈메리	전초	혈행 촉진, 청정 작용, 지방질 음식 소화 촉진, 살균, 항균, 항진균, 중추신경과 근육통 완화, 월경 조절 효능
마조람	전초	건위, 구풍, 진통, 소화 촉진, 신경통 완화, 월경 촉진, 혈행 자극, 노화 지연, 항바이러스, 최면, 진정 효능
바질	전초	진경, 항울, 식욕 증진, 흥분, 소화 촉진, 항균, 방부, 강장, 진정, 구충 효능
베르가못	전초	진토, 구풍, 수면, 기분 전환 효능
산톨리나	전초	소화 촉진, 방충, 구충, 살충 효능

서양백리향	전초	강장, 구풍, 방부, 소독, 수면, 진통, 진해, 소염, 항균, 방충, 식욕 증진, 위장 기능 강화, 피로 회복, 소화 촉진, 발한, 신경 진정 효능
세이지	전초	강장, 건위, 살균, 청정, 신경 쇠약, 갱년기 장애, 진해, 진통, 진정 효능
아니스	종자	건위, 거담, 소화 촉진, 살균, 구취 제거, 정장, 진정 효능
오레가노	전초	소화불량, 만성 기관지염 치료, 강장 효능
유칼립투스	잎	살균, 거담, 항바이러스 작용, 피로 회복 효능
제라늄	전초	진통, 진정, 항울 효능
캐러웨이	종자	소화, 살균, 구충 효능
캐모마일	꽃	진정, 살균, 진통, 악몽 및 불면증 해소, 피로 회복, 통증 완화, 두통 해소, 스트레스 해소, 소화기 계통의 항염 작용, 소화 촉진 효능, 정신을 맑게 함
코리앤더	종자	소화 촉진, 구풍, 흥분, 진통, 진정, 발한 효능
클라리 세이지	전초	항염증, 항울, 수렴, 발작 완화, 소화 촉진, 신경 안정, 최음, 식욕 증진, 통증 완화, 생리통 치료
타라곤	전초	식욕 증진, 소화 촉진, 전신 강장, 산화 방지, 살균 효능
페퍼민트	전초	강심, 방부, 진정, 진통, 위장약, 살균, 흥분 효능
펜넬	전초, 종자	강장, 식욕 촉진, 소화 촉진, 건위, 살균, 진경, 구풍, 소화, 통경, 거담, 최유, 하제, 해독, 여성 갱년기 증상 완화, 스트레스 해소, 구충, 변비 해소, 시력 강화 효능

(16) 허브 주류에 이용하는 허브 식물

허브 식물명	이용 부위	약 효
금잔화	꽃	간장을 강하게 함
레몬 밤	전초	발한, 해열, 건위, 진정
보리지	꽃	기분 전환
아니스	종자	건위, 구풍
웜우드	전초	강장, 이담(利膽), 항염
캐모마일	꽃	발한, 구풍
펜넬	종자	강장, 건위, 정장, 정혈, 식욕 증진
홉	화수(花穗)	건위

허브 총론

- 허브주 만드는 방법 : 35도의 술에 말린 라벤더, 로즈메리, 캐모마일 등의 허브를 용기의 1/5 또는 1/10의 분량으로 넣고, 밀폐하여 지하의 서늘한 그늘에 1개월 동안 두었다가 허브를 걷어 내고 마신다. 식전에 마시는 술은 웜우드주, 아니스주, 쓴맛을 내는 허브 식물로 만든 허브주, 아티초크주, 커민주, 캐러웨이 종자주가 있다.
- 허브주의 용도
  ① 육류와 어류 요리의 소스를 만드는 데 사용한다.
  ② 음식의 맛과 향을 내는 데 사용한다.
  ③ 드레싱, 비니거, 허브티 등에 첨가제로 사용한다.
  ④ 입욕, 미용, 세안 후 화장수로 사용한다.

(17) 허브 염색의 원료가 되는 허브 식물

허브 식물명	이용 부위	매염제	색
다이어스 캐모마일	마른 꽃	구리	노란색
로즈메리	생잎과 줄기	알루미늄	황록색
서양톱풀	마른 꽃	구리, 크롬, 알루미늄	노란색, 황록색
선갈퀴	마른 잎	구리	베이지색 계열
세이지	마른 전초	철, 크롬, 알루미늄	노란색, 녹청색
양파	인경 외피	구리, 철, 알루미늄	노란색, 다갈색, 카키색
오레가노	마른 잎	구리, 철, 알루미늄	다갈색, 카키색
잇꽃	꽃	알루미늄	노란색
치커리	잎, 줄기	알루미늄	노란색
탠지	마른 꽃	알루미늄	녹황색

(18) 포푸리의 원료가 되는 허브 식물

허브 식물명	이용 부위	허브 식물명	이용 부위
금잔화	꽃	세이지	전초
라벤더	꽃, 꽃봉오리	아니스, 코리앤더	종자
로즈메리	전초	오리스, 스위트 바이올렛	뿌리, 근경
버베인	전초	장미	전초
서양백리향	전초	파슬리	전초
선갈퀴	전초	페퍼민트	전초

• 포푸리 만드는 법 : 허브를 잘게 또는 거칠게 부수어서 식염과 함께 서늘한 그늘에 며칠 두었다가 보유제 오일을 주입하여 2~6주 동안 숙성시켜 이용한다.

(19) 방충 효과가 있는 허브 식물

허브 식물명	이용 부위	구제 적용 해충명
라벤더	꽃, 꽃봉오리	나방, 옷좀, 책좀
레몬그래스	전초, 정유	모기, 옷좀
레몬 메리골드	뿌리의 분비액	네마토다(선충) 기피제
레몬 유칼리	잎, 정유	애완 동물의 해충, 모기
로즈메리	꽃, 전초	옷좀
마늘	인경	쌀바구미, 풍뎅이
마시맬로	잎	벌
목향	뿌리, 전초	파리
바질	잎	모기
밸러리안	뿌리	애완 동물의 해충
산톨리나	잎	옷좀
서양백리향	전초	파리
탠지	전초	파리
페니로열 민트	전초, 정유	모기, 파리, 애완 동물의 해충 구제
페퍼민트	전초, 정유	모기

(20) 유독한 허브 식물

허브 식물명	독성 성분	증상
독말풀 (*Datura stramonium*)	alkaloid계의 atropine, hyoscyamine, meteloidin, scopolamine	정신착란을 일으켜 사망하게 된다.
디기탈리스 (*Digitalis purpurea*)	digitoxin, digoxin	축적성 독성이 있어 의사의 처방에 따라 사용해야 하며, 잘못 복용하면 구토, 두통, 부정맥, 심부전 등을 일으켜 사망하게 된다.
미국자리공 (*Phytolacca americana*)	phytolacca saponin B, C₂, D, E, F와 KNO₃, betanin(뿌리)	뿌리에 마취 성분이 있으며, 많이 먹으면 구토와 설사, 복통을 일으킨다. 습포약, 염증, 류머티즘, 피부병 등에 사용하며, 정자를 죽인다.

미치광이풀 (*Scopolia japonica*)	hyoscyamine, atropine, scopolamine	잘못 복용하면 정신광조를 일으킨다.
아코니툼 (*Aconitum* spp.)	aconitine, mesaconitine, hypaconitine	구토와 부정맥이 발생하고, 결국에는 호흡 마비로 사망하게 된다.
은방울꽃(*Convallaria keiskei*)	convallotoxin	독성이 있으므로 과다 복용하면 사망하게 된다.
참제비꼬깔 (*Delphinium ajacis*)	aconitine계의 alkaloid(종자)	보행이 곤란하고 맥박이 느려지며, 호흡이 느려지고 체온이 저하된다. 결국에는 호흡 마비 증세로 사망하게 된다.
콜키쿰 (*Colchicum autumnale*)	colchicine	최적 복용을 하면 진정, 진통 작용을 하나, 과다 복용하면 구토, 설사, 장출혈, 호흡 마비를 일으켜 사망하게 된다.
크리스마스 로즈 (*Helleborus niger*)	protoanemonin, hellebrin	근경에 맹독 성분이 있어, 즙액이 피부에 닿으면 점막 염증이 일어난다.
헨베인 (*Hyoscyamus niger*)	atropine, scopoletine, scopolamine, hyosciamine	정신착란증 및 마비를 일으킨다.

5. 허브의 번식

번식 방법에는 실생, 삽목, 취목, 분주 등이 있다. 일반적으로 1년초 허브는 실생으로 번식하며, 4~5월이나 9~10월에 파종한다.

(1) 실생(實生)

일반 토양에 파종할 때에는 씨를 심고, 종자 크기의 1.5~3배 정도 흙을 덮어 준다. 그러나 파 씨와 같이 호광성 종자는 씨를 뿌린 다음 씨가 흙에 붙게 살짝 눌러 주고 저면 관수만 해 준다. 플러그(plug) 육묘는 배양토를 질석과 펄라이트, 피트모스를 같은 양으로 혼합하여 각 플러그에 종자 1~3개를 파종하며, 발아 후 상태가 좋은 것 1개만 두고 솎아내 키우다가 뿌리가 꽉 차면 뽑아서 3호분에 옮겨 심어 재배하다가 노지에 식재한다.

(2) 삽목(揷木)

꺾꽂이라고도 한다. 식물의 줄기를 2~3마디 자른 다음 아랫부분의 잎을 따내고 삽목 상자의 토양에 꽂아 놓는다. 이 때 질석과 펄라이트, 피트모스를 같은 양으로 혼합하여 삽목하거나, 질석과 펄라이트, 또는 질석과 펄라이트 중 1개만 사용하여 배양토로 이용한다.

(3) 취목(取木)

휘묻이라고도 한다. 땅에 줄기를 휘어 묻어 마디에서 뿌리를 내리게 하여 분리 식재하는 방법이다. 취목에는 파상취법, 당목취법, 선취법, 성토법, 고취법 등이 있다.

(4) 분주(分株)

포기를 나누어 심는 것으로 근경성 초본에서 행해진다.

(5) 접목법(楼木法)

가지변이나 돌연변이를 일으켜 새로운 형태로 출현된 원예 품종을 변이종의 모형질(母形質)을 유지하기 위하여 번식하는 방법으로, 할접(割楼), 근접(根楼), 합접(合楼), 아접(芽楼) 등의 방법이 있다.

6. 노지에서 월동이 가능한 허브 식물

우리 나라 중부 지방은 겨울이 춥기 때문에 대부분의 허브 식물들이 겨울을 이겨 내지 못하고 죽어버린다. 그러나 이 중에서도 숙근초로 살아남는 허브들은 다음과 같다.

국화, 근대, 꿀풀, 나팔나리(백합, 나팔백합, 철포백합), 노랑꽃창포, 달맞이꽃, 도라지, 동의나물, 둥굴레, 들깨, 뚱딴지(돼지감자), 라일락, 러비지(유럽당귀), 레드 클로버(붉은토끼풀), 레몬 밤, 로만 캐모마일, 리아트리스, 마늘, 매더(서양꼭두서니), 머그워트, 머위, 명아주, 무스카리, 미국자리공, 미나리, 미치광이풀, 민들레, 박하류(민트류), 배초향, 백리향, 백작약, 범부채, 베르가못(모나르다 디디마), 병꽃풀(네페타), 부용, 부추, 산국, 삿갓나물, 서양배초향(아니스 히솝), 서양백리향(타임), 서양쐐기풀(네틀), 서양톱풀(아킬레아), 소리쟁이, 솔나물, 솜우단풀(램즈 이어), 식용 아스파라거스, 쑥, 아주가, 아킬레아(고사리잎톱풀), 애기똥풀, 애플 민트, 앵초, 약모밀(어성초), 오드콜로뉴 민트, 오레가노, 오리스, 오미자, 옥스아이 데이지, 옥잠화, 와일드 베르가못(모나르다 피스툴로사), 와일드 스트로베리, 우엉, 원추리, 은방울꽃, 은행나무, 익모초, 인동덩굴, 인삼, 자주루드베키아(에키나세아), 장미류, 저먼 캐모마일, 접시꽃(촉규화), 질경이, 차이브(중국파), 참당귀(코리안 안젤리카), 창포, 처빌, 층꽃나무, 카네이션(클로브 핑크), 캐트닙(개박하, 캐트민트), 컴프리, 탠지(골든 버튼), 파, 파인애플 민트, 파피루스, 패랭이꽃, 하우스리크, 할미꽃, 호장근 등이 있다.

7. 허브의 수확

용도에 따라 수확하며, 향기나 약효가 가장 좋은 시기에 수확하여 사용한다.
허브는 적기에 수확해야 목적하는 바에 맞는 최대의 효과를 얻을 수 있다. 대부분의 허브 수확 시기는 개화 전이나 개화 초기가 가장 좋다.

정유를 추출하는 허브는 개화 직전에 수확하되, 줄기의 1/3 정도 남기고 새벽이나 이른 아침에 수확하여 추출하는 것이 가장 좋다. 장마철에는 병충해가 심하므로, 채광과 통풍이 잘 되게 하기 위해 솎음 형식으로 수확한다.

줄기나 잎을 이용하는 것에는 처빌, 바질, 로즈메리, 서양백리향이 있으며, 줄기를 이용하는 것에는 루바브, 펜넬, 셀러리, 식용 아스파라거스가 있다. 꽃을 따서 이용하는 허브는 라벤더와 캐모마일, 맬로, 장미, 보리지가 있으며, 종자를 이용하는 허브로는 딜, 아니스, 코리앤더가 있고, 뿌리를 이용하는 것에는 참당귀(코리안 안젤리카), 치커리, 우엉, 연꽃 등이 있다. 라벤더, 캐모마일, 보리지, 한련화는 절화나 입욕제로 쓰인다. 드라이 허브는 지면에서 10cm 높이에서 절단하는 차이브, 레몬그래스가 있고, 줄기에 잎을 2~3장 남기고 수확하는 것은 민트, 세이지, 스위트 바질이 있다. 솎음질 형식의 수확은 라벤더, 로즈메리, 서양백리향이 있고, 장마를 싫어하는 허브는 서양백리향, 세이지, 히솝, 라벤더, 월계수 등이 있다.

이 책을 사용하는 방법

❋ 이 책에는 316종의 허브 식물을 수록하였으며, 순서는 식물명을 한글 자모순으로 배열하였다.
식물명은 우리말 이름을 가급적 맨 앞에 두었으며, 이명이나 한자, 외국에서 들어온 식물 중 아
직 일반명이 정리되지 않아 여러 가지 이름으로 불리는 경우에는 괄호 안에 함께 수록하였다.

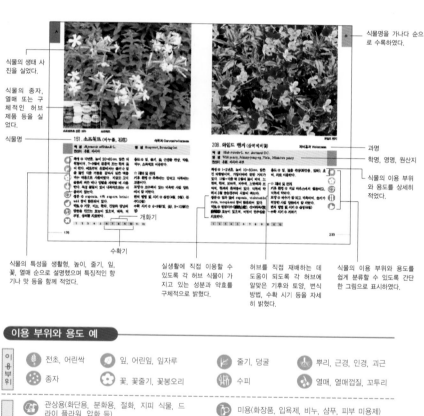

식물의 생태 사진을 실었다.

식물의 종자, 열매 또는 구체적인 허브 제품 등을 실었다.

식물명

식물명을 가나다 순으로 수록하였다.

과명

학명, 영명, 원산지

식물의 이용 부위와 용도를 상세히 적었다.

개화기

수확기

식물의 특성을 생활형, 높이, 줄기, 잎, 꽃, 열매 순으로 설명했으며 특징적인 항기나 맛 등을 함께 적었다.

실생활에 직접 이용할 수 있도록 각 허브 식물이 가지고 있는 성분과 약효를 구체적으로 밝혔다.

허브를 직접 재배하는 데 도움이 되도록 각 허브에 알맞은 기후와 토양, 번식 방법, 수확 시기 등을 자세히 밝혔다.

식물의 이용 부위와 용도를 쉽게 분류할 수 있도록 간단한 그림으로 표시하였다.

이용 부위와 용도 예

이용부위

- 전초, 어린싹
- 잎, 어린잎, 잎자루
- 줄기, 덩굴
- 뿌리, 근경, 인경, 괴근
- 종자
- 꽃, 꽃줄기, 꽃봉오리
- 수피
- 열매, 열매껍질, 꼬투리

용도

- 관상용(화단용, 분화용, 절화, 지피 식물, 드라이 플라워, 압화 등)
- 식용 및 요리용(생식, 나물, 향신료, 조미료, 감미료, 샐러드, 수프, 비니거, 식용유 등)
- 약용
- 차
- 방향용(포푸리, 방향제, 향수, 가글제, 악취 제거제)
- 미용(화장품, 입욕제, 비누, 샴푸, 피부 미용제)
- 섬유용 염료
- 정유(식용유, 아로마세라피, 향수, 화장품 등)
- 방충, 살충, 살균용
- 독성

감자

1. 감자

가지과 Solanaceae

학 명 *Solanum tuberosum* L.
원산지 남아메리카 안데스 산맥

영 명 Potato

특성⇒ 1년초. 높이 60~80cm. 6월에 흰색 또는 연보라색 꽃이 핀다. 서양에서는 주식으로 이용하며, 전초에 독성이 있다.

성분⇒ solanine, solanidine, solavetivone, rishitin, rishitinol, protein, vitamin B, C 등이 함유되어 있다.

약효⇒ 장수, 소염 효능이 있고, 피부병, 타박상을 치료한다.

용도⇒ 괴경(감자)을 식용, 약용, 주류,

피부 미용제로 이용한다.

✻ 재배 및 관리
기후 환경⇒ 괴경(감자) 상태로 온실에서 월동하며, 더위에 약하다.
토양⇒ 배수가 잘 되는 비옥한 사질 양토에서 잘 자란다.
번식 방법 및 시기⇒ 실생, 분구(4월)
수확 시기⇒ 7~8월(감자)

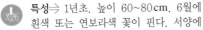

감초

2. 감초

콩과 Leguminosae

학 명 *Glycyrrhiza uralensis* Fisch.	**영 명** Chinese licorice
원산지 중국 북부, 몽골, 시베리아	

특성⇒ 다년초. 높이 30~70cm. 뿌리는 지하로 1m 가량 곧게 뻗는다. 잎은 기수우상복엽이며, 소엽은 7~17개, 진녹색이다. 7~8월에 연보라색 꽃이 핀다. 열매는 협과이며, 꼬투리는 긴 타원형으로 활 모양으로 굽는다. 고대 그리스 · 로마 시대부터 약용 식물로 재배하였다 .

성분⇒ 당도가 설탕의 150배에 이르는 glycyrrhizin과 glycyrrhetinic acid, glycyrrhizic acid, liquiritin, isoliquiritin, liquiritigenin 등이 함유되어 있다.

약효⇒ 거담, 진경, 진통, 진해 효능이 있다.

용도⇒ 뿌리를 약용, 감미료, 조미료로 이용한다.

❋ 재배 및 관리

기후 환경⇒ 노지에서 월동하고, 더위에 강하다.

토양⇒ 배수가 잘 되는 비옥한 사질 양토에서 잘 자란다.

번식 방법 및 시기⇒ 실생, 분주(4월)

수확 시기⇒ 10월(뿌리)

| 1 | 2 | 3 | 4 | 5 | 6 | 7 | 8 | 9 | 10 | 11 | 12 |

개양귀비

3. 개양귀비

양귀비과 Papaveraceae

학 명 *Papaver rhoeas* L.
원산지 유럽 중남부

영 명 Corn poppy, Cup rose

특성⇒ 1~2년초. 높이 50~80cm. 5~6
월에 흰색, 노란색, 붉은색 등의 꽃이 핀
다. 꽃 색깔이 다양하고 화려하여 주로
화단에 재배하여 관상한다. 이식이 안 되
므로 종자를 바로 화단에 뿌려서 재배하
거나 포트 재배를 하여 옮겨 심는다.

성분⇒ 잎과 줄기에 rhoeadine, rho-
eagenine, protopine, isorhoeadine,
thebaine, coptisine, sanguinarine이
함유되어 있고, 열매에는 morphine,
narcotine, thebaine, alkaloid가 함유
되어 있다.

약효⇒ 마취, 지사, 진통, 진해 효능이
있다.
용도⇒ 잎, 줄기, 꽃, 종자를 관상, 약용
한다.

❋ **재배 및 관리**
기후 환경⇒ 추위와 더위에 약하다.
토양⇒ 배수가 잘 되는 비옥한 토양에서
잘 자란다.
번식 방법 및 시기⇒ 실생(4월)
수확 시기⇒ 5~9월(잎, 줄기), 6~8월(종
자)

| 1 | 2 | 3 | 4 | 5 | 6 | 7 | 8 | 9 | 10 | 11 | 12 |

결명자

4. 결명자

학 명 *Cassia obtusifolia* L.
원산지 북아메리카

영 명 Sicklepod

특성⇒ 1년초. 원산지에서는 목본성의 키 작은 다년초이다. 높이 70~100cm. 6월 중순에서 8월에 노란색 꽃이 핀다. 종자를 한방에서는 결명자라고 부르며, 눈이 밝아진다고 하여 차로 이용한다. 중국을 통해 전래되었으며, 우리 나라에서는 밭에서 재배한다.

성분⇒ sennoside A, B, physcion, aloe-emodin, emodin, chrysophanol, obtusifolin, emodin-anthrone, rhein, obtusin 등이 함유되어 있다.

약효⇒ 강장, 건위, 명목, 완하, 이뇨, 청간, 통변, 해독 효능이 있고, 목적종통(目

赤腫痛), 소화불량, 복통, 변비, 눈병을 치료한다.

용도⇒ 어린잎, 종자를 식용, 약용, 차로 이용한다.

❋ 재배 및 관리

기후 환경⇒ 종자로 월동하고, 고온에서 잘 자란다.
토양⇒ 배수가 잘 되는 비옥한 사질 양토에서 잘 자란다.
번식 방법 및 시기⇒ 실생(4~5월)
수확 시기⇒ 5~6월(어린잎), 10~11월(종자)

| 1 | 2 | 3 | 4 | 5 | 6 | 7 | 8 | 9 | 10 | 11 | 12 |

꽃　　　　　　　노란잎고구마

5. 고구마

메꽃과 Convolvulaceae

학 명 *Ipomoea batatas* Lam.
원산지 열대 아메리카

영 명 Sweet potato

특성⇒ 1년초. 줄기 길이 2~3m. 단일성 식물로 10~11월에 연분홍색 꽃이 피는데, 우리 나라에서는 온실에서나 꽃이 핀다. 원예 품종으로, 붉은 갈색 잎을 가진 블래키고구마(*I. batatas* Lam. 'Black-ie'), 노란색 잎을 가진 노란잎고구마(*I. batatas* Lam. 'Marguerite')가 있으며, 화단 장식이나 지피 식물로 이용된다.

성분⇒ glucose, alcohol, protein, sucrose, lignin, calcium, iron, niacin, natrium, kalium, vitamin A, B_1, B_2, retinol, carotene 등이 함유되어 있다.

약효⇒ 위와 신장의 강장약으로 쓴다.
용도⇒ 잎, 줄기, 괴근를 관상, 식용, 약용, 주류 원료, 알코올 연료 원료, 사료로 이용한다.

✻ 재배 및 관리

기후 환경⇒ 충분한 햇빛과 고온에서 잘 자라며, 추위에 약하다.
토양⇒ 배수가 잘 되는 비옥한 점질 양토에서 잘 자란다.
번식 방법 및 시기⇒ 실생, 삽목(4월)
수확 시기⇒ 9~10월(잎, 줄기, 괴근)

| 1 | 2 | 3 | 4 | 5 | 6 | 7 | 8 | 9 | 10 | 11 | 12 |

노란색 고추

피망

고추

6. 고추

가지과 Solanaceae

학 명 *Capsicum annuum* L.
영 명 Pepper, Red pepper, Hot pepper, Chilli
원산지 열대 아메리카

특성⇒ 1년초. 원산지에서는 다년생 목본 식물로 분류한다. 높이 70~80cm. 가지 가 많이 갈라지며, 잎은 호생하고, 타원 형으로 양 끝이 뾰족하다. 5~9월에 흰색 꽃이 핀다. 많은 원예 품종이 있으며, 대 표적인 고추인 하늘고추는 매운맛이 나 고, 피망, 파프리카는 단맛이 난다.

성분⇒ 열매에 beta-carotene, capsa- icin, dihydrocapsaicin, caffeic acid, capxanthin, essential fatty acids, caryo- phyllene, kaempferol 등이 함유되어 있다.

약효⇒ 다이어트, 건위, 식욕 증진, 산한,

소식체의 효능이 있고, 복통, 근육통, 구 토, 하리, 개선을 치료한다.
용도⇒ 어린잎, 열매를 관상, 식용, 약용, 향신료, 향미료, 조미료로 이용한다.

❋ **재배 및 관리**
기후 환경⇒ 종자로 월동하며, 더위에 강하다.
토양⇒ 배수가 잘 되고 비옥하며, 적당한 습기가 있는 사질 양토에서 잘 자란다. 습 해에 약하다.
번식 방법 및 시기⇒ 실생(4월)
수확 시기⇒ 7~10월(잎, 열매)

| 1 | 2 | 3 | 4 | 5 | 6 | 7 | 8 | 9 | 10 | 11 | 12 |

근경　　　　　　고추냉이

7. 고추냉이 (와사비)

십자화과 Cruciferae

학 명 *Wasabia koreana* Nakai 〔*W. japonica* (Miq.) Matsumura〕
영 명 Wasabi, Japanese horseradish　　　**원산지** 울릉도, 일본

특성⇒ 다년초. 높이 20~40cm. 5~6월
에 흰색 꽃이 핀다. 우리 나라의 울릉도,
일본의 홋카이도로부터 규슈에 걸쳐 자생
한다. 주로 흐르는 맑은 물에서 자라며,
근경에 독특한 매운맛과 향이 있다. 근경
과 잎, 잎자루를 갈아서 요리 향미료로 사
용하며, 잎을 쌈으로 먹기도 한다.
성분⇒ sinigrin, methyl, isopropyl,
allylisothiocyanate, allyl mustard oil,
phenylethylisothiocyanate, butyl-
isothiocyanate, mineral, vitamin C
등이 함유되어 있다.
약효⇒ 방부, 살균, 소염, 식욕 촉진, 신
미건위, 이뇨, 통풍, 지방질 음식 소화 촉
진 효능이 있고, 기관지염, 류머티즘, 신

경통, 폐출혈, 호흡기 및 비뇨기 감염, 생
선 및 조류 고기 중독을 치료한다.
용도⇒ 잎, 줄기, 근경, 종자, 전초를 식
용, 약용, 일본 요리 향미료로 이용한다.

❊ 재배 및 관리
기후 환경⇒ 추위에는 약하며, 서늘한
기후를 좋아한다. 15~16℃ 정도의 수온
에서 잘 자란다.
토양⇒ 배수가 잘 되고 습기가 있는 토양
에서 잘 자란다.
번식 방법 및 시기⇒ 실생(4월)
수확 시기⇒ 7~8월(잎, 줄기), 9월(종자),
9~10월(근경)

| 1 | 2 | 3 | 4 | 5 | 6 | 7 | 8 | 9 | 10 | 11 | 12 |

구아바　　　　　열매

8. 구아바

도금양과 Myrtaceae

학 명 *Psidium guajava* L.
영 명 Common guava, Guava, Yellow guava, Apple guava
원산지 열대 아메리카

특성⇒ 상록 활엽 관목 또는 상록 소교목. 높이 4~9m. 가지는 많이 갈라지고, 어린 가지는 사각이며, 붉은 갈색이 나고, 수피가 벗겨진다. 잎은 난형 또는 타원형으로 양 끝이 둔하게 뾰족하며, 길이 10~15cm이다. 4~5월에 엽액에서 지름 2~2.5cm의 흰색 꽃이 2~3개 핀다. 열매는 둥글거나 서양배 모양이며, 약간 길쭉하고, 길이 2.5~10cm, 노란색 또는 오렌지색이다.
성분⇒ malic acid, eugenol, tannic acid, iron, sugar, vitamin C 등이 함유되어 있으며, 사향과 같은 향이 난다.
약효⇒ 완하, 진해 효능이 있으며, 소화불량, 하리, 적리, 치통, 이질을 치료한다.

용도⇒ 잎, 수피, 뿌리, 열매를 식용, 약용, 젤리, 주스, 지방유, 휘발유로 이용한다.

✽ 재배 및 관리
기후 환경⇒ 5℃에서 월동하며, 20~35℃에서 잘 자란다.
토양⇒ 배수가 잘 되도록 하고, 밭흙과 부엽토, 개울 모래를 4:4:2의 비율로 혼합하여 재배한다.
번식 방법 및 시기⇒ 아접, 절접, 취목, 삽목, 실생
수확 시기⇒ 6~10월(북반구), 2~3월(남반구)

| 1 | 2 | 3 | 4 | 5 | 6 | 7 | 8 | 9 | 10 | 11 | 12 |

33

구절초

분홍구절초

산구절초

9. 구절초

국화과 Compositae

학 명 *Chrysanthemum zawadskii* Herbich var. *latilobum* Kitamura
원산지 한국, 일본, 중국, 우수리

특성⇒ 다년초. 높이 50~100cm. 잎은 2~3회 우상으로 깊게 갈라지며, 8~10월에 흰색 또는 분홍색 꽃이 핀다. 짙은 향기를 지닌 약용 허브 식물로, 우리 나라에서는 예로부터 부인병 치료에 많이 사용하였다. 원종인 산구절초(*C. zawadskii* Herbich) 외에 분홍색 꽃이 피는 분홍구절초, 높은 산 정상에 자생하는 바위구절초(*C. zawadskii* Herbich var. *alpinum* Kitamura) 등의 품종이 있다.
성분⇒ linarin(acacetin-7-rutinoside), caffeic acid, 3,5-o-dicaffeoyl quinic acid, 4,5-o-dicaffeoyl quinic acid 등이 함유되어 있다.

약효⇒ 소화 촉진, 온중 효능이 있고, 생리불순, 자궁냉증, 불임증, 위냉을 치료한다.
용도⇒ 잎, 줄기, 꽃을 관상, 약용, 포푸리, 주류향 첨가제로 이용한다.

❋ **재배 및 관리**
기후 환경⇒ 노지에서 월동하며, 더위에 잘 견딘다.
토양⇒ 배수가 잘 되는 비옥한 사질 양토에서 잘 자란다.
번식 방법 및 시기⇒ 실생(4월, 9월), 삽목(5~7월), 분주(4월, 10월)
수확 시기⇒ 11월(잎, 줄기, 꽃)

| 1 | 2 | 3 | 4 | 5 | 6 | 7 | 8 | 9 | 10 | 11 | 12 |

국화

10. 국화

국화과 Compositae

학 명	*Dendranthema grandiflorum* (Ramat.) Kitamura
	(*Chrysanthemum morifolium* Ramat.)
영 명	Chrysanthemum, Mum, Florist's chrysanthemum

원산지 중국

특성⇒ 다년초. 높이 60~150cm. 9~10월에 흰색, 노란색, 붉은색 등의 꽃이 핀다. 중국에서 전래된 것으로 사군자 중의 하나이며, 예로부터 불로장생의 영화(靈花)라 하여 술로 만들어 마셨다. 향기가 좋고 꽃 색깔과 형태, 크기가 다양하여 관상용으로 애용된다.

성분⇒ beta-carotene, calcium, iron, kalium, natrium, camphor, chrysanthemine, niacin, vitamin A, B₁, B₂, C 등이 함유되어 있다.

약효⇒ 강장, 건위, 보익, 정혈, 식욕 촉진, 보온 효능이 있고, 신경통, 중풍, 부인병을 치료한다.

용도⇒ 어린싹, 잎, 꽃을 관상(절화, 압화), 식용, 차, 포푸리, 입욕제, 향 첨가제로 이용한다.

❊ 재배 및 관리

기후 환경⇒ 노지에서 월동하나 추위에 약한 품종은 온실에서 월동한다. 일반적으로 더위에 잘 견딘다.

토양⇒ 배수가 잘 되고, 적당한 습기가 있는 비옥한 사질 양토에서 잘 자란다. 습해에 약하다.

번식 방법 및 시기⇒ 실생(4월), 삽목(4~8월, 온실 내 연중 가능), 분주(4월, 10월)

수확 시기⇒ 4~5월(잎), 9~10월(꽃)

1	2	3	4	5	6	7	8	9	10	11	12

종자   귀리

11. 귀리 (燕麥)

벼과 Gramineae

학 명 *Avena sativa* L.
원산지 터키, 이란, 이라크, 아르메니아

영 명 Oat, Oat straw, Groats

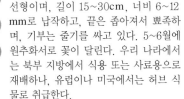

특성 ⇒ 2년초. 높이 60~100cm. 잎은 선형이며, 길이 15~30cm, 너비 6~12 mm로 납작하고, 끝은 좁아져서 뾰족하며, 기부는 줄기를 싸고 있다. 5~6월에 원추화서로 꽃이 달린다. 우리 나라에서는 북부 지방에서 식용 또는 사료용으로 재배하나, 유럽이나 미국에서는 허브 식물로 취급한다.

성분 ⇒ 종자에 campesterol, carotene, ionone, benzaldehyde, caffeic acid, caryophyllene, ferulic acid, lignin, scopoletin, sinapic acid, vitamin, stigmasterol 등이 함유되어 있다.

약효 ⇒ 강장, 발한, 신경 안정 효능이 있

으며, 대상포진에 의한 피부 쇠약, 근경화, 불면증, 스트레스 등을 치료하고, 갱년기 에스트로겐 부족 보완제, 습진통 완화제, 세정제로 쓰인다.

용도 ⇒ 잎, 종자를 식용, 양조, 사료, 알코올 원료, 과자 원료, 퇴비로 이용한다.

❋ 재배 및 관리

기후 환경 ⇒ 노지에서 월동하고, 고온 건조에 약하며, 서늘한 기후에서 잘 자란다.
토양 ⇒ 배수가 잘 되는 비옥한 사질 양토에서 잘 자란다.
번식 방법 및 시기 ⇒ 실생(4월, 9~10월)
수확 시기 ⇒ 수시(잎), 6월(종자)

1	2	3	4	5	6	7	8	9	10	11	12

근대

잎

붉은잎근대

12. 근대

명아주과 Chenopodiaceae

학 명 *Beta vulgaris* L.
영 명 Swiss chard, Chard leaf beet, White beet, Spinach beet
원산지 유럽 남부의 지중해 연안

특성⇒ 2년초. 높이 40~90cm. 6~7월에 녹황색 꽃이 핀다. 원예 품종으로는 잎줄기가 붉은색인 사이클라근대(*B. vulgaris* L. 'Cicla')와 붉은잎근대(*B. vulgaris* L. 'Burpee's rhubarb chard')가 있으며, 화단에 식재하여 키친 가든이나 허브 가든 장식용으로 사용한다. 변종으로는 설탕의 원료가 되는 사탕무(*B. vulgaris* L. 'Rapa')가 있다.
성분⇒ beta-carotene, sodium, calcium, vitamin A, saponin, glucuronide, oleanolic acid, phytosterin, lecithin, starch, invertase, diastase, thyrosinase 등이 함유되어 있다.
약효⇒ 소아 해열 효능이 있고, 치루로 인한 하혈을 치료한다.
용도⇒ 잎, 잎자루를 관상, 식용(수프, 나물, 생채, 샐러드)한다.

❋ 재배 및 관리
기후 환경⇒ 추위와 더위에 강하다.
토양⇒ 배수가 잘 되는 비옥한 사질 양토에서 잘 자란다.
번식 방법 및 시기⇒ 실생(4월)
수확 시기⇒ 5~8월(잎)

| 1 | 2 | 3 | 4 | 5 | 6 | 7 | 8 | 9 | 10 | 11 | 12 |

겹꽃   금잔화

13. 금잔화

학 명 *Calendula officinalis* L.
영 명 Calendula, Pot marigold, Common marigold
원산지 유럽 남부, 이란, 지중해 연안

특성⇒ 1~2년초. 높이 30~60cm. 줄기는 곧게 위로 자라며, 가지가 많이 갈라지고, 잎은 긴 난형이다. 3~5월에 노란색, 오렌지색 꽃이 피며, 홑꽃과 겹꽃이 있다. 가을에 파종하여 이른 봄에 개화시켜 관상하며, 더위에 약해서 우리 나라에서는 5월 이후에 죽는다. 임산부는 복용을 피하는 것이 좋다.

성분⇒ caryophyllene, kaempferol, flavonoid, lutein, lycopene, malic acid, oleanolic acid, phytofluene, quercetin, salicylic acid, saponin, carotinoid, vitamin C, E 등이 함유되어 있다.

약효⇒ 발한, 수렴, 지혈, 항균, 항염, 근육통 완화(삔 데) 효능이 있고, 소화불량, 위궤양, 십이지장궤양, 생리불순, 상처,

화상, 피부병을 치료하며, 구충제, 흥분제, 담즙 분비 촉진제, 상처나 염증 연고제, 피부 조합제로 쓰인다.

용도⇒ 어린순, 잎, 꽃을 관상, 요리(수프, 소스, 오믈렛, 샐러드, 빵, 로스트 치킨), 포푸리, 입욕제, 피로 회복제, 노란색 염료, 아로마세라피에 이용한다.

✿ 재배 및 관리
기후 환경⇒ 추위나 더위에 약하며, 온실에서 월동한다.
토양⇒ 배수가 잘 되고, 적당한 습기가 있는 비옥한 사질 양토에서 잘 자란다.
번식 방법 및 시기⇒ 실생(4월, 9월, 직파)
수확 시기⇒ 4~5월(잎, 꽃)

| 1 | 2 | 3 | 4 | 5 | 6 | 7 | 8 | 9 | 10 | 11 | 12 |

꽃생강

14. 꽃생강

생강과 Zingiberaceae

학 명 *Hedychium coronarium* J. König
영 명 Garland flower, Butterfly ginger, White ginger, Cinnamon jasmine
원산지 인도, 말레이시아

특성⇒ 다년초. 높이 1~2m. 잎은 선상 피침형이며, 길이 20~60cm, 너비 5~11cm, 녹색으로 앞면에는 광택이 나고, 뒷면에는 털이 있다. 여름에서 가을에 걸쳐 흰색 꽃이 피며, 줄기 정상에서 길이 15~30cm의 집산화서에 4~6개의 꽃이 달린다. 꽃은 향기가 있다.

성분⇒ pinene, carotene, ionone, camphor, capsaicin, geraniol, vitamin, zingiberone 등이 함유되어 있다.

용도⇒ 잎, 꽃, 근경을 관상, 약용한다.

❋ 재배 및 관리

기후 환경⇒ 8℃ 이상에서 월동하며, 20~35℃에서 잘 자란다.

토양⇒ 배수가 잘 되도록 하고, 밭흙과 부엽토, 개울 모래를 4:4:2의 비율로 혼합하여 재배한다.

번식 방법 및 시기⇒ 분주(4월)

수확 시기⇒ 9~10월(근경)

| 1 | 2 | 3 | 4 | 5 | 6 | 7 | 8 | 9 | 10 | 11 | 12 |

꽈리

15. 꽈리

가지과 Solanaceae

학 명 *Physalis alkekengi* L. (*P. franchetii* M.T. Mast., *P. bunyardii* Mak.)
영 명 Bladder cherry, Chinese lantern, Winter Cherry
원산지 유럽 남동부, 중국, 일본

특성⇒ 다년초. 높이 60~90cm. 뿌리는 지하경이 있다. 잎은 넓은 난형이며 잎자루가 길고, 끝은 뾰족하다. 6~7월에 유백색 꽃이 피며, 꽃받침이 자라서 둥근 주머니 모양이 되는데, 그 안에 액과가 달리고 붉은색으로 익는다. 열매는 쓴맛이 나며 달콤하다. 우리 나라 각지에서 화단에 재배한다. 임산부는 복용을 금한다.
성분⇒ 열매에는 KNO_3, luteolin, luteolin-7-glucoside, physalin A, B, C, 뿌리에는 3 alpha-tigloyloxytropane이 함유되어 있다.
약효⇒ 이수, 이뇨, 진해, 청열, 해독, 해열 효능이 있고, 설사, 인후종통, 황달, 부종, 말라리아, 해수를 치료한다.
용도⇒ 전초, 열매를 관상, 약용, 음료로 이용한다.

✻ **재배 및 관리**
기후 환경⇒ 노지에서 월동하고, 더위에 보통이다.
토양⇒ 배수가 잘 되는 비옥한 사질 양토에서 잘 자란다.
번식 방법 및 시기⇒ 실생(4월), 분주(4월, 9월)
수확 시기⇒ 9~10월(전초 건조)

1	2	3	4	5	6	7	8	9	10	11	12

꿀풀   흰꿀풀

16. 꿀풀

꿀풀과 Labiatae

학 명 *Prunella vulgaris* L. var. *lilacina* Nakai   **영 명** Self-heal, Heal-all
원산지 한국, 일본, 타이완, 유럽, 아시아, 북아메리카

특성⇒ 다년초. 높이 20~30cm. 잎은 대생하며, 난상 타원형이다. 5~7월에 보라색의 순형화가 아래부터 위로 핀다. 원예 변종으로는 흰색 꽃이 피는 흰꿀풀(*P. vulgaris* L. var. *albiflora* Nakai) 등이 있다.

성분⇒ rosmarinic acid, oleanolic acid, ursolic acid, rutin, hyperoside 등이 함유되어 있다.

약효⇒ 강장, 소염, 이뇨, 청간(淸肝), 산결(散結), 소종(消腫), 해열, 과다월경 조절 효능이 있고, 고혈압, 자궁염, 영류, 두통, 이하선염, 급성유선염, 유방염, 안질, 갑상선종, 임질, 두창, 연주창, 목주

야통(目珠夜痛), 두목현훈(頭目眩暈), 폐결핵, 간염, 근골동통, 혈붕, 대하를 치료한다.

용도⇒ 잎, 줄기, 꽃, 전초를 관상(지피식물), 약용, 차, 과자, 밀원으로 이용한다.

❋ 재배 및 관리

기후 환경⇒ 자생 식물로 노지에서 월동하며, 더위에 강하다.

토양⇒ 배수가 잘 되는 비옥한 사질 양토에서 잘 자란다.

번식 방법 및 시기⇒ 실생, 분주(4월, 9월)

수확 시기⇒ 5~9월(전초)

| 1 | 2 | 3 | 4 | 5 | 6 | 7 | 8 | 9 | 10 | 11 | 12 |

나팔나리

17. 나팔나리 (백합, 나팔백합, 철포백합)

백합과 Liliaceae

학 명 *Lilium longiflorum* Thunb.
영 명 Trumpet lily, Easter lily
원산지 타이완, 일본 규슈 남부 섬 지방

특성⇒ 다년초. 높이 60~80cm. 인경은 구형, 납작한 구형, 난형 등이며, 크림색을 띠고, 인편은 넓은 피침형이다. 줄기는 굵고 곧게 자란다. 잎은 피침형으로 끝이 뾰쪽하며, 잎자루는 없고, 길이 15~18cm, 너비 0.7~1.5cm, 연녹색 또는 녹색, 앞면은 광택이 난다. 5~6월에 흰색 꽃이 피며, 꽃가루는 노란색이다. 꽃은 향기가 짙다.

성분⇒ starch, protein, colchicine 등이 함유되어 있다.

약효⇒ 소염, 이뇨, 진정, 진통, 진해 효능이 있고, 습진, 종기를 치료한다.

용도⇒ 꽃, 인경을 관상(화단용, 절화), 식용, 약용, 화장품, 향수, 연고제로 이용한다.

✿ 재배 및 관리

기후 환경⇒ 노지에서 월동하고, 더위에 약하다.
토양⇒ 배수가 잘 되는 비옥한 사질 양토에서 잘 자란다.
번식 방법 및 시기⇒ 실생, 분구(9~10월)
수확 시기⇒ 5~6월(꽃), 9~10월(인경)

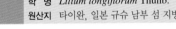

| 1 | 2 | 3 | 4 | 5 | 6 | 7 | 8 | 9 | 10 | 11 | 12 |

18. 너트메그 (메이스, 육두구)

육두구과 Myristicaceae

학 명 *Myristica fragrans* Houtt.
원산지 인도네시아 몰루카 제도, 반다 섬

영 명 Nutmeg, Mace, Jatiphala

특성⇒ 상록 소교목. 높이 10~20m. 수피는 검은 회색이다. 잎은 호생하며 잎자루가 있고, 타원형으로 양 끝은 뾰족하며, 길이 12cm 가량, 약간 광택이 나는 암녹색이다. 6~7월에 지름 1cm 가량의 미황색 꽃이 핀다. 종자는 핵과로 단단한 각질 속에 너트(nut)가 들어 있으며, 너트는 레이스 같은 붉은 가종피(假種皮)로 싸여 있다. 잎에서 향기가 난다.

성분⇒ pinene, camphene, terpinenes, limonene, eugenol myristicin, fragransin 등이 함유되어 있다.

약효⇒ 장내 가스 제거, 구토, 소화불량, 설사를 치료하고, 훈증제, 방향 건위제,

구풍약 등으로 쓰인다.

용도⇒ 잎, 열매, 종자를 식용, 향미료, 요리 장식, 화장품, 알코올 음료 재료, 정유, 향수, 최음제로 이용한다.

❋ 재배 및 관리

기후 환경⇒ 13℃ 이상에서 월동하고, 16~35℃에서 잘 자란다.
토양⇒ 배수가 잘 되는 사질 양토에서 잘 자란다.
번식 방법 및 시기⇒ 실생 및 삽목(6~7월), 접목(봄, 가을)
수확 시기⇒ 연중(잎), 열매(황숙과)

| 1 | 2 | 3 | 4 | 5 | 6 | 7 | 8 | 9 | 10 | 11 | 12 |

노랑꽃창포

19. 노랑꽃창포

학 명 *Iris pseudoacorus* L.　　　　　**영 명** Yellow flag iris
원산지 유럽, 소아시아, 시리아, 북아프리카, 시베리아

특성⇒ 다년초. 높이 60~100cm. 잎은 납작한 칼 모양이고, 기부는 서로 감싸며 자란다. 5~6월에 선명한 노란색 꽃이 피며, 꽃잎에는 다갈색과 자주색 맥이 있다. 연못가나 습지 주변에서 자생한다. 뿌리와 꽃에서 염료를 채취하며, 잎과 뿌리에는 강한 독성이 있으므로 사용에 주의해야 한다.
성분⇒ 독성이 있다.
약효⇒ 월경 촉진 효능이 있고, 치통을 치료한다. 하리와 구토를 일으키므로 현재는 사용하지 않는다.

용도⇒ 꽃과 뿌리를 관상(수재 화단 및 수변 조경용), 염료(검은색, 회색, 파란색)로 이용한다.

※ **재배 및 관리**
기후 환경⇒ 노지에서 월동하고, 더위에는 보통이다.
토양⇒ 부식질의 습지에서 잘 자란다.
번식 방법 및 시기⇒ 실생, 분주(4월, 9월)
수확 시기⇒ 연중

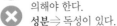

| 1 | 2 | 3 | 4 | 5 | 6 | 7 | 8 | 9 | 10 | 11 | 12 |

녹나무

20. 녹나무 (樟腦)

녹나무과 Lauraceae

학 명 *Cinnamomum camphora* Sieb.   **영 명** Camphor tree
원산지 제주도, 일본, 타이완, 중국 남부, 인도네시아 등

특성⇒ 상록 교목. 높이 20m, 수간 지름 2m 가량. 어린가지는 황녹색이며, 윤기가 난다. 잎은 호생하며 잎자루가 있고, 난상 타원형으로 양 끝이 뾰족하며, 길이 6~10cm, 너비 3~6cm, 녹색, 뒷면은 회록색, 3~5개의 잎맥이 있으며, 광택이 나는 혁질이다. 새로 자라는 새순은 붉은 빛을 띤다. 5~6월에 새로 자란 가지의 엽액에서 원추화서로 흰색 꽃이 피며, 후에 노란색으로 변한다. 열매는 둥글고, 10월에 흑자색으로 익는다.
성분⇒ (+)-(1R)-camphor, pinene, camphene, safrole 등이 함유되어 있다.
약효⇒ 신경통, 타박상을 치료한다.
용도⇒ 줄기와 뿌리를 잘라 증류하여 장뇌나 장뇌유를 추출한다.

✽ 재배 및 관리
기후 환경⇒ 5℃ 이상에서 월동하고, 16~25℃에서 잘 자란다.
토양⇒ 배수가 잘 되는 사질 양토에서 잘 자란다.
번식 방법 및 시기⇒ 실생(4~5월)
수확 시기⇒ 연중(줄기와 뿌리)

1	2	3	4	5	6	7	8	9	10	11	12

니겔라

21. 니겔라

미나리아재비과 Ranunculaceae

학 명 *Nigella damascena* L.
원산지 유럽 남부

영 명 Nigella

특성⇒ 1년초. 높이 30~50cm. 줄기는 곧게 자라며, 가지가 많이 갈라진다. 잎은 호생하며, 우상으로 가는 실 모양이다. 5~7월에 흰색, 분홍색, 파란색, 보라색 꽃이 가지 끝에서 한 개씩 피며, 꽃잎 주변에 베일처럼 포엽이 있다. 잎과 줄기에 달콤한 바닐라향이 있어 향료로 쓰이며, 주로 인도 요리에 사용한다. 원예 품종으로 왜성종과 겹꽃종이 있다.

성분⇒ alkaloid의 damascenin이 함유되어 있으며, 이용은 피하는 것이 좋다.

약효⇒ 소화, 장내 가스 감소, 발한 촉진, 모유 분비 촉진, 이뇨 효능이 있고, 회충, 신경 장애를 치료한다.

용도⇒ 잎, 줄기, 꽃, 종자를 관상(절화), 약용, 향료, 향미료, 향신료(피클), 제과, 제빵, 조미료(매운맛)로 이용한다.

❋ 재배 및 관리

기후 환경⇒ 추위나 더위에 약하다. 온실에서 월동하고, 서늘한 기후에서 잘 자란다.

토양⇒ 배수가 잘 되고, 적당한 습기가 있는 사질 양토에서 잘 자란다.

번식 방법 및 시기⇒ 실생(4월, 9월)

수확 시기⇒ 6~7월(꽃), 7월 중순~8월(종자)

| 1 | 2 | 3 | 4 | 5 | 6 | 7 | 8 | 9 | 10 | 11 | 12 |

다이어스 캐모마일

22. 다이어스 캐모마일

국화과 Compositae

학 명 *Anthemis tinctoria* L.
영 명 Dyer's chamomile, Golden marguerite, Ox-eye chamomile
원산지 유럽, 이란, 카프카스

특성⇒ 다년초. 높이 50~70cm. 줄기와 잎은 튼튼하고 곧게 자라며, 가지가 많이 갈라진다. 잎은 호생하며, 2회 우상으로 갈라진다. 6~10월에 노란색 꽃이 긴 꽃대 끝에 한 송이씩 피며, 꽃에서 노란색 염료를 채취한다. 원예 품종으로는 진노란색, 연노란색, 흰색 등의 꽃이 피는 것이 있다.

성분⇒ apigenin, luteolin, quercetagetin, patuletin 등이 함유되어 있다.

약효⇒ 발한, 신경 진정, 피로 회복, 소화 촉진 효능이 있고, 습진, 여드름, 거친 피부, 초기 감기, 불면증, 두통, 스트레스, 이통(耳痛), 난청을 치료한다.

용도⇒ 꽃을 관상(드라이 플라워), 약용, 차, 입욕제, 매염제(연노란색, 올리브색, 녹황색)로 이용한다.

❋ 재배 및 관리

기후 환경⇒ 노지에서 월동하고, 더위에 강하다.

토양⇒ 배수가 잘 되는 사질 양토에서 잘 자란다.

번식 방법 및 시기⇒ 실생(4월), 분주, 엽아삽(5~8월)

수확 시기⇒ 7~9월(꽃봉오리)

| 1 | 2 | 3 | 4 | 5 | 6 | 7 | 8 | 9 | 10 | 11 | 12 |

달맞이꽃

23. 달맞이꽃

바늘꽃과 Onagraceae

학 명 *Oenothera odorata* Jacq.
영 명 Evening primrose
원산지 남아메리카 칠레, 아르헨티나

특성⇒ 다년초. 높이 60~90cm. 싹은 로제트상으로 자라며, 고온이 되면 추대한다. 7~8월에 지름 5~6cm의 노란색 꽃이 핀다. 꽃은 2년생에서 피며, 저녁에 피었다가 다음 날 오전에 시든다. 꽃에서 향기가 나며, 뿌리는 파스닙과 같은 단맛이 난다. 미국 동부에서 우리 나라로 들어온 귀화 식물로, 번식력이 강하여 전국에 퍼져 자생한다. 아메리칸 인디언은 어린싹과 뿌리를 식용하였다.

약효⇒ 해열 효능이 있으며, 고혈압, 당뇨병, 화종, 감기, 신장염, 인후염, 기관지염, 피부염을 치료한다.

용도⇒ 어린싹, 뿌리, 종자를 관상, 식용(샐러드, 피클, 스튜), 약용한다.

❋ 재배 및 관리

기후 환경⇒ 노지에서 월동하고, 더위에 강하다.

토양⇒ 건조한 토양에서 잘 자란다.

번식 방법 및 시기⇒ 실생(9~10월)

수확 시기⇒ 11월(종자), 연중(뿌리)

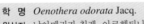

| 1 | 2 | 3 | 4 | 5 | 6 | 7 | 8 | 9 | 10 | 11 | 12 |

대추

24. 대추(大棗)

갈매나무과 Rhamnaceae

학 명 *Zizyphus jujuba* Mill. var. *inermis* Rehder
영 명 Common jujube

원산지 한국, 중국

특성⇒ 낙엽 활엽 교목. 높이 6~8m. 줄기는 굴곡하며 자라고, 수피는 세로로 터져서 검은 갈색을 띤다. 가지에는 가시가 없다. 잎은 호생하고 우상복엽이며, 난형으로 끝은 뾰족하고 기부는 둥글고, 길이 2~6cm, 너비 1~2.5cm, 가장자리에 둔한 거치가 있으며, 광택이 나는 연녹색이다. 5~6월에 엽액에서 연황색 작은 꽃이 핀다. 열매는 타원형이며, 길이 2.5~3.5cm이고, 9~10월에 붉은 갈색으로 익는다.
성분⇒ fructose, glucose, sucrose, malic acid, tartaric acid, saponin, oleanolic acid, maslinic acid, ursolic acid, betulinic acid 등이 함유되어 있다.
약효⇒ 강장, 완화, 이뇨, 진정 효능이 있다.
용도⇒ 잎, 열매를 관상, 식용, 약용한다.

❋ **재배 및 관리**
기후 환경⇒ 광선을 요하며, 노지에서 월동하고, 16~30℃에서 잘 자란다.
토양⇒ 배수가 잘 되고, 적당한 습기가 있는 사질 양토에서 잘 자란다.
번식 방법 및 시기⇒ 실생, 분주(4월), 접목(4월, 6~7월)
수확 시기⇒ 9월(열매)

더덕

25. 더덕

초롱꽃과 Campanulaceae

학 명 *Codonopsis lanceolata* (Sieb. et Zucc.) Trautv.
영 명 Lance Asia bell

원산지 한국, 일본, 중국, 우수리

특성⇒ 다년초. 길이 2m 가량. 줄기는 덩굴성이며, 자르면 끈적끈적한 유액이 나온다. 잎은 호생하며, 짧은 가지에 4장이 모여 나고, 타원형이다. 8~9월에 아래를 향해 꽃이 피며, 겉은 초록빛을 띤 흰색, 안쪽은 자갈색에 반점이 있다. 특유의 향이 있으며, 우리 나라 각지의 산야에서 자생하거나 재배한다.

성분⇒ 뿌리에 oleanolic acid, albi-genic acid, N9-formylharman, per-lolyrine, norharman, cycloartenol 등이 함유되어 있다.

약효⇒ 강장, 거담, 건위, 배농, 소종, 해독 효능이 있으며, 기관지염, 해수, 천식, 폐농양, 유선염, 종독, 나력, 유즙 부족, 백대하, 심복통, 흉부신경통, 악창, 개선, 기허, 변비를 치료하고, 두드러기를 예방한다.

용도⇒ 어린잎, 뿌리를 관상, 식용(나물, 장아찌), 약용한다.

❊ 재배 및 관리

기후 환경⇒ 노지에서 월동하고, 더위에 강하다.
토양⇒ 배수가 잘 되고, 적당한 습기가 있는 비옥한 사질 양토에서 잘 자란다.
번식 방법 및 시기⇒ 실생(4월)
수확 시기⇒ 9~10월(뿌리)

| 1 | 2 | 3 | 4 | 5 | 6 | 7 | 8 | 9 | 10 | 11 | 12 |

도라지   겹꽃

26. 도라지 (桔梗)

초롱꽃과 Campanulaceae

학 명 *Platycodon grandiflorum* (Jacq.) A. DC.
영 명 Balloonflower, Japanese bellflower, Chinese bellflower
원산지 한국, 일본, 중국, 우수리

특성⇒ 다년초. 높이 40~100cm. 잎은 호생 또는 대생하며, 3개가 윤생하는 것도 있다. 7~8월에 푸른 보라색 또는 흰색 꽃이 피며, 연분홍색 꽃이나 겹꽃이 피는 원예종도 있다. 우리 나라 각지의 산야에서 자생하거나 재배한다.

성분⇒ 뿌리에 platycodin A, B, C, D, polygalacin D, D₂, alpha-spinasterol, stigmasta-7-enol 등이 함유되어 있다.

약효⇒ 거담, 배농, 보익, 지혈, 용혈, 국소 자극, 위액 분비 억제, 항염, 항알레르기, 항궤양, 말초 혈관 확장, cortico-steroid 분비 촉진 효능이 있으며, 천식,

폐기선개, 외감해수, 인후종통, 흉만협통, 이질복통을 치료한다.

용도⇒ 어린잎, 꽃, 뿌리를 관상, 식용, 약용한다.

✹ 재배 및 관리

기후 환경⇒ 노지에서 월동하고, 더위에 강하다.

토양⇒ 배수가 잘 되는 비옥한 사질 양토에서 잘 자란다.

번식 방법 및 시기⇒ 실생(4월)

수확 시기⇒ 9~10월(뿌리)

| 1 | 2 | 3 | 4 | 5 | 6 | 7 | 8 | 9 | 10 | 11 | 12 |

ㄷ

독말풀

27. 독말풀

가지과 Solanaceae

| 학 명 | *Datura stramonium* L. |
| 원산지 | 열대 아메리카 |

영 명 Thorn apple, Jimson weed

특성⇒ 1년초. 높이 1~2m. 잎은 호생하며 잎자루가 있고, 난형으로 가장자리에는 넓은 결각상 거치가 불규칙하게 나고, 거치 끝은 뾰족하다. 8~9월에 가지 끝 엽액에서 흰색 또는 노란색 꽃이 나팔 모양으로 핀다. 열매는 삭과로 둥글고, 표면에 가시가 밀생하며, 종자는 검은 갈색이다. 식물 전체에 독성이 있고, 악취 비슷한 특유의 냄새가 난다. 과다 복용하면 정신착란을 일으켜 사망에 이를 수 있으므로, 반드시 전문가의 처방을 받아야 한다. 변종으로는 연보라색 꽃이 피는 *D. stramonium* L. var. *calybea* Koch가 있다.

성분⇒ hyoscyamine, scopolamine, atropine, meteloidin 등이 함유되어 있다.

약효⇒ 거풍, 동공 확대, 마취, 완화, 환각, 지통, 진정, 타액 분비 경감 효능이 있으며, 각기, 비통, 천식, 탈항, 평천, 경간, 류머티즘을 치료한다.

용도⇒ 잎, 줄기, 꽃, 뿌리, 종자를 관상, 약용한다.

❋ 재배 및 관리

기후 환경⇒ 노지에서 종자로 월동하고, 더위에 강하다.

토양⇒ 배수가 잘 되는 비옥한 사질 양토에서 잘 자란다.

번식 방법 및 시기⇒ 실생(4월)

수확 시기⇒ 7~9월(꽃), 10~11월(종자, 뿌리), 7~10월(전초)

| 1 | 2 | 3 | 4 | 5 | 6 | 7 | 8 | 9 | 10 | 11 | 12 |

동의나물

28. 동의나물

미나리아재비과 Ranunculaceae

학 명 *Caltha palustris* L. var. *membranacea* Turcz.
영 명 Marsh marigold, American cowslip, Meadowbright, Palsywort, Water dragon
원산지 한국, 일본, 중국, 시베리아, 아무르

특성⇒ 다년초. 높이 50~60cm. 잎은 신장형 또는 난상 신장형이며, 잎자루는 길고, 가장자리에 물결 모양의 둔한 거치가 있거나 없다. 근생엽은 크고 경생엽은 작다. 4~5월에 광택이 나는 노란색 꽃이 핀다. 고산 지역의 흐르는 냇가 주변에서 자라는 습생 식물로, 우리 나라에는 이 속의 식물이 한 종만 자생한다.
약효⇒ 거풍, 산한(散寒) 효능이 있으며, 타박상, 염좌, 현기증, 전신 동통을 치료한다.

용도⇒ 어린싹, 잎, 꽃, 뿌리를 관상(수생 식물 정원용), 식용, 약용한다.

✿ 재배 및 관리
기후 환경⇒ 노지에서 월동하고, 서늘한 곳에서 잘 자란다.
토양⇒ 배수가 잘 되는 습지의 부식질 사양토에서 잘 자란다.
번식 방법 및 시기⇒ 실생(4월, 8월 말 ~9월)
수확 시기⇒ 4월(잎), 9~10월(뿌리)

| 1 | 2 | 3 | 4 | 5 | 6 | 7 | 8 | 9 | 10 | 11 | 12 |

열매 속의 과육   열매

29. 두리안

물밤나무과 Bombacaceae

| **학 명** *Durio zibethinus* J. Murr. | **영 명** Durian, Tiger fruit |
| **원산지** 동남 아시아, 말레이시아, 보르네오 | |

특성⇒ 상록 활엽 교목. 높이 35~37m. 수피는 갈색 또는 회갈색이다. 잎은 타원형 또는 긴 타원형이며, 길이 8~20cm, 앞면은 광택이 나는 연녹색이고, 뒷면은 갈색 또는 회갈색이다. 5~6월에 황백색 꽃이 피며, 수간의 굵은 줄기나 가지에서 꽃대가 나와 소화병을 분지하여 화서를 형성한다. 꽃대의 길이는 16cm 가량이며, 소화병의 길이는 5~8cm, 꽃 지름은 5cm 가량이다. 열매는 황록색 또는 황갈색으로 익으며, 길이 30cm, 지름 15cm 가량이고, 과피에는 불규칙하게 뾰족한 오각뿔 모양의 가시가 있으며, 고약한 냄새가 난다.

성분⇒ carbohydrate, dextrin, sugar, iron, vitamin B, E 등이 함유되어 있다.

약효⇒ 강한 열을 내는 과일로, 더위를 견디는 활력원이 된다. 두리안을 먹은 후에는 주류를 마시지 않는 것이 좋다.

용도⇒ 잎, 꽃, 수피, 열매, 종자를 관상, 식용, 약용, 조미료, 잼, 셔벗, 아이스크림, 과자 등 조리 가공용으로 이용한다.

❉ 재배 및 관리

기후 환경⇒ 15℃ 이상에서 월동하고, 더위에 강하다.

토양⇒ 배수가 잘 되고, 습기가 있는 부식질이 많은 점질 양토에서 잘 자란다.

번식 방법 및 시기⇒ 실생(4월)

수확 시기⇒ 3~4월(열매), 연중(잎, 수피)

| 1 | 2 | 3 | 4 | 5 | 6 | 7 | 8 | 9 | 10 | 11 | 12 |

두송

30. 두송 (杜松)

측백나무과 Cupressaceae

학 명 *Juniperus communis* L. **영 명** Common Juniper
원산지 유럽, 아시아, 아프리카 북부

특성⇒ 상록 관목. 높이 15m 가량. 잎은 침엽으로 짧고, 선상 피침형이며, 길이 1.2~2cm, 회록색이다. 4~5월에 꽃이 피며, 암수딴그루로 수꽃은 황색, 암꽃은 녹색이다. 열매는 둥글며, 지름 6~8mm, 녹색에서 익으면 검은색이 되고, 향기가 나며, 표면에는 백분이 덮여 있다. 열매에서 정유를 채취한다. 해변가에서 자생하며, 우리 나라에 자생하는 노간주나무와 유사하다. 임신 중에는 복용을 삼간다.
성분⇒ abietic acid, caryophyllene, cadinene, humulene, limonene, pinene, myrcene, terpinene-4-ol 등이 함유되어 있다.
약효⇒ 살균, 소독, 이뇨, 해독 효능이

있으며, 류머티즘, 방광염, 수종, 생식기 질환, 통풍을 치료한다.
용도⇒ 전초, 열매를 관상, 향 첨가제(요리, 주류), 요리 향미료, 향료, 공기 정화, 갈색 염료, 살충제로 이용한다.

❊ 재배 및 관리
기후 환경⇒ 노지에서 월동하며 여름에 잘 자란다.
토양⇒ 배수가 잘 되는 비옥한 사질 양토에서 잘 자란다.
번식 방법 및 시기⇒ 실생(4월), 삽목(6~7월)
수확 시기⇒ 9~10월(열매)

| 1 | 2 | 3 | 4 | 5 | 6 | 7 | 8 | 9 | 10 | 11 | 12 |

ㄷ

두충(우)

31. 두충 (杜沖, 원두충)

두충과 Eucommiaceae

학 명 *Eucommia ulmoides* Oliver
원산지 중국

영 명 Gutta-percha tree, Duzhong

특성⇒ 낙엽 교목. 높이 20m 가량. 수피
는 회색이다. 잎은 타원형 또는 타원상
난형으로 기부는 둥글고 끝은 뾰족하며,
길이 7~18cm, 너비 4~7cm, 가장자리에
거치가 있고, 광택이 나며, 앞면은 진녹
색, 뒷면은 회록색이다. 4~5월에 꽃이 피
며, 암수딴그루이다. 수피와 잎을 뜯으면 고
무 즙 같은 유액의 섬유질이 나온다.
성분⇒ caffeic acid, gutta-percha,
aucubin, fumaric acid 등이 함유되어
있다.
약효⇒ 강장(간장과 신장), 혈압 강하,
콜레스테롤 감소, 산후 회복, 안태 효능

이 있으며, 요배산통, 무릎 마비, 잔뇨감,
음하습양, 조유산, 장치하혈, 정서 장애를
치료하고, 근육과 뼈를 튼튼하게 한다.
용도⇒ 잎, 수피, 열매를 관상, 약용, 차
로 이용한다.

✿ **재배 및 관리**
기후 환경⇒ 15℃ 이상에서 월동하고,
더위에 강하다.
토양⇒ 배수가 잘 되는 비옥한 사질 양토
에서 잘 자란다.
번식 방법 및 시기⇒ 실생(4월)
수확 시기⇒ 10월(열매), 연중(잎, 수피)

| 1 | 2 | 3 | 4 | 5 | 6 | 7 | 8 | 9 | 10 | 11 | 12 |

56

동굴레   무늬동굴레

32. 둥굴레 (玉竹)

백합과 Liliaceae

학 명 *Polygonatum odoratum* Druce var. *pluriflorum* Ohwi
영 명 Angled Solomon's seal   **원산지** 한국, 일본, 중국

특성⇒ 다년초. 높이 20~50cm. 뿌리는 근경으로 짧고 굵으며, 옆으로 뻗고, 마디마다 잔뿌리가 성글게 난다. 줄기는 활 모양으로 굽는다. 잎은 호생하며, 양측에 수평으로 난다. 4~6월에 잎 아래쪽 각 마디마다 흰색 꽃이 2개씩 늘어져 달리며, 끝부분은 초록빛이 난다. 꽃은 향기가 있다. 근경은 둥굴레차로 이용된다. 원예 품종으로는 무늬둥굴레(*P. odoratum* Druce 'Variegatum')가 있다.
성분⇒ 근경에 convallamarin, convallarin, chelidonic acid, azetidine-2-carbonic acid 등이 함유되어 있다.

약효⇒ 강심, 강장, 명목(明目), 자양 효능이 있으며, 당뇨, 풍습(風濕), 폐렴, 폐창을 치료한다.
용도⇒ 어린순, 잎, 꽃, 뿌리를 관상, 식용, 약용, 차로 이용한다.

❊ 재배 및 관리
기후 환경⇒ 노지에서 월동하고, 16~30℃에서 잘 자라며, 더위에 약하다.
토양⇒ 배수가 잘 되고, 습기가 있는 부식질이 많은 점질 양토에서 잘 자란다.
번식 방법 및 시기⇒ 분주(4월, 9월)
수확 시기⇒ 4~5월(어린순), 9월(뿌리)

1	2	3	4	5	6	7	8	9	10	11	12

들깨

33. 들깨

꿀풀과 Labiatae

학 명 *Perilla frutescens* (L.) Britton var. *japonica* Hara
영 명 Perilla   **원산지** 동남 아시아

특성⇒ 1년초. 높이 60~90cm. 잎은 넓은 난형이며, 가장자리에 거치가 있다. 8~9월에 흰색 꽃이 핀다. 잎에는 정유가 많이 함유되어 있고, 종자로는 들기름을 짜 식용유로 이용한다. 고대부터 중국에서 재배하였으며, 우리 나라 각지에서 재배한다. 많은 품종이 있다.

성분⇒ potassium, calcium, iron, beta-carotene, vitamin A, perillaketone, l-perillaldehyde, egomaketone, l-linalool 등이 함유되어 있다.

약효⇒ 강기(降氣), 발한, 이뇨, 소담, 윤폐, 활장, 진해, 진통 효능이 있고, 해역, 담천, 기체 변비를 치료하며, 옻 해독제로 쓰인다.

용도⇒ 어린싹, 잎, 종자를 식용(나물, 쌈), 약용, 들기름으로 이용한다.

❀ 재배 및 관리
기후 환경⇒ 종자로 월동하고, 더위에는 강하다.
토양⇒ 토양은 가리지 않는 편이나, 비옥한 사질 양토에서 잘 자란다.
번식 방법 및 시기⇒ 실생(4월), 삽목(6~7월)
수확 시기⇒ 6~10월(깻잎), 9~10월(종자)

1	2	3	4	5	6	7	8	9	10	11	12

디기탈리스

34. 디기탈리스

현삼과 Scrophulariaceae

학 명 *Digitalis purpurea* L.
원산지 지중해 연안, 발칸 제국, 헝가리

영 명 Common foxglove

특성⇒ 2년초. 높이 60~130 cm. 5~6월에 흰색, 분홍색, 자홍색 꽃이 종 모양으로 피며, 화관 안쪽에 진한 자색의 반점 무늬가 있다. 전초에 독성 성분이 있으므로 반드시 전문가의 지시에 따라 사용해야 하며, 많은 양을 복용하면 구토, 두통, 부정맥, 심부전이 일어난다. 원예 품종이 많으며, 심장병을 치료하고 흥분제 작용을 하는 그리시안 폭스글로브(*D. lanata* L.), 종기나 상처를 치료하는 스트로 폭스글로브(*D. lutea* L.) 등이 있다.
성분⇒ purpurea glycoside A, B, digitoxin, digoxin, gitaloxin 등이 함유되어 있다.

약효⇒ 강심, 이뇨, 흥분 작용이 있으며, 심기능부전증, 심장무력, 만성판막증, 부종을 치료한다.
용도⇒ 잎, 꽃을 관상, 약용, 염료로 이용한다.

❖ **재배 및 관리**
기후 환경⇒ 추위에 강하고 더위에는 약하다.
토양⇒ 배수가 잘 되는 비옥한 사질 양토에서 잘 자란다.
번식 방법 및 시기⇒ 실생(5월, 9월)
수확 시기⇒ 5~6월(꽃), 9~10월(잎)

| 1 | 2 | 3 | 4 | 5 | 6 | 7 | 8 | 9 | 10 | 11 | 12 |

꽃

줄기

종자

딜

35. 딜 (소회향)

산형과 Umbelliferae

학 명 *Anethum graveolens* L.	**영 명** Dill
원산지 지중해 연안, 서아시아	

특성⇒ 1~2년초. 높이 60~120cm. 잎은 2~3회 우상복엽이며, 청록색이다. 5~7월에 노란색 꽃이 복산형화서로 핀다. 고대 이집트부터 이용하던 허브 식물로, 기원전 3세기경의 고분에서 재배 사용한 기록이 발견되었다. 종자를 물에 달여 마시면 위통과 유아의 복통을 치료하며, 종자를 천에 싸서 향기를 들이마시면 딸꾹질이 멎는다고 기록되어 있다.

성분⇒ mineral, limonene, terpinene, pinene, camphor, 1,8-cineole 등이 함유되어 있다.

약효⇒ 거담, 건위, 구취 제거, 식욕 촉진, 모유 분비 촉진, 가스 제거, 소화, 진정, 최면 효능이 있고, 동맥경화 예방, 통증, 불면증을 치료하며, 방향성 구풍제로 쓰인다.

용도⇒ 줄기, 꽃, 종자를 관상, 식용, 약용, 향미료(피클, 빵, 쿠키, 케이크, 카레가루), 향신료, 딜 식초, 비누향으로 이용한다.

✿ 재배 및 관리

기후 환경⇒ 더위와 추위에 약하다.
토양⇒ 적당한 습기가 있는 비옥한 사질양토에서 잘 자란다.
번식 방법 및 시기⇒ 실생(4월, 9월)
수확 시기⇒ 4~5월(꽃봉오리가 생기기 전)

1	2	3	4	5	6	7	8	9	10	11	12

ㄷ

60

땅콩　　　　　　　　열매

36. 땅콩 (낙화생)

콩과 Leguminosae

학 명 *Arachis hypogaea* L.
영 명 Peanut, Ground nut, Earth nut, Monkey nut, Pinda, Goober nut, Grass nut
원산지 중앙 아메리카, 남아메리카

특성⇒ 1년초. 높이 50~60cm. 줄기는
사방으로 퍼져 자라며, 털이 있다. 잎은
호생하고 긴 잎자루가 있으며, 1회 우상
복엽이다. 소엽은 4개이며, 도란형 또는
난형으로 끝이 둥글고, 짧은 돌기가 있
다. 탁엽은 크고, 끝이 길게 뾰족해진다.
7~9월에 엽액에서 노란색 꽃이 한 개씩
핀다. 땅 속에서 긴 타원형의 허리가 잘
록한 꼬투리가 자라며, 꼬투리 안에는
1~3개의 종자가 들어 있다.
성분⇒ lecithine, glycyrrhizin, fat,
starch, 질소 화합물 등이 함유되어 있다.
약효⇒ 윤폐, 화위, 지혈, 산어소종, 출

혈 억제 효능이 있으며 번위, 각기병을
치료한다.
용도⇒ 잎, 줄기, 종자를 식용, 약용, 화
초 배양토로 이용한다.

❊ **재배 및 관리**
기후 환경⇒ 종자로 월동하며 충분한 광
선을 요한다.
토양⇒ 배수가 잘 되고, 적당한 습기가
있는 비옥한 고운 모래에서 잘 자란다.
번식 방법 및 시기⇒ 실생(4월)
수확 시기⇒ 9~10월(종자)

| 1 | 2 | 3 | 4 | 5 | 6 | 7 | 8 | 9 | 10 | 11 | 12 |

괴경   뚱딴지

37. 뚱딴지(돼지감자)

국화과 Compositae

학 명 *Helianthus tuberosus* L.
영 명 Jerusalem artichoke, Girasole, Canada potato
원산지 북아메리카 동북부

특성⇒ 다년초. 높이 1.5~3m. 줄기와 잎에 털이 있고, 잎은 난형으로 끝이 뾰족하다. 8~10월에 노란색 두상화가 핀다. 괴경은 적자색, 노란색, 흰색 등이며, 단맛이 나 생식용으로 쓰인다. 러시아, 인도, 이집트, 터키, 독일, 이탈리아, 프랑스에서 많이 재배하며, 우리 나라에서도 구황 식물로 이용되었다.
성분⇒ heliangine이 함유되어 있다.
약효⇒ 거어, 양혈, 청열, 활혈 효능이 있고, 골절, 열성병(熱性病), 당뇨병을 치료한다.
용도⇒ 꽃, 괴경을 관상(절화), 식용, 사료로 이용한다.

❋ 재배 및 관리
기후 환경⇒ 노지에서 월동하고, 더위에 강하다.
토양⇒ 배수가 잘 되는 사질 양토에서 잘 자란다.
번식 방법 및 시기⇒ 분구(3~4월)
수확 시기⇒ 3월, 11월(괴경)

| 1 | 2 | 3 | 4 | 5 | 6 | 7 | 8 | 9 | 10 | 11 | 12 |

라미움 마쿨라툼

38. 라미움 마쿨라툼

꿀풀과 Labiatae

학 명 *Lamium maculatum* L.
원산지 유럽, 아시아, 북아프리카

영 명 Spotted dead nettle

특성⟹ 다년초. 처음에는 줄기가 포복하며, 윗부분은 20cm 가량 곧게 자란다. 잎은 대생하며, 심장형으로 가장자리에 조밀한 거치가 있고, 잎 중앙에는 주맥을 따라 은백색 무늬가 있다. 4~6월에 붉은 보라색 꽃이 핀다. 원예 품종으로는 꽃색이 분홍색, 흰색이 있다. 난대 지방에서는 지피 식물로 이용한다.
약효⟹ 풍여(風呂), 요통을 치료한다.
용도⟹ 잎, 줄기, 꽃을 관상, 식용, 약용, 차, 요리 장식으로 이용한다.

✽ 재배 및 관리
기후 환경⟹ 온실에서 월동하고, 더위에 약하다.
토양⟹ 배수가 잘 되고, 적당한 습기가 있는 배양토에서 잘 자란다.
번식 방법 및 시기⟹ 삽목, 분주(5~8월, 연중 온실 내)
수확 시기⟹ 연중(잎, 줄기, 꽃)

| 1 | 2 | 3 | 4 | 5 | 6 | 7 | 8 | 9 | 10 | 11 | 12 |

프린지드 라벤더   라벤더

39. 라벤더

꿀풀과 Labiatae

학 명 *Lavandula angustifolia* Mill. (*L. officinalis* Chaix¸ *L. vera* DC., *L. spica* L.)
영 명 Lavender, Common lavender, English lavender, Narrow leaved lavender
원산지 지중해 연안

특성⇒ 상록 관목. 높이 30~100 cm. 잎은 대생하며 선형이고, 회녹색, 가장자리에 거치가 있다. 6~7월에 보라색 또는 흰색 꽃이 핀다. 맵고 화한 독특한 향이 나는 허브 식물로, 향의 여왕이라 불린다. 허브로 이용되는 라벤더는 약 25종이 있으며, 프린지드 라벤더(*L. dentata* L.), 스파이크 라벤더(*L. latifolia* Medic.), 프렌치 라벤더(*L. stoechas* L.) 등이 있다.

성 분 ⇒ pinene, beta-santalene, borneol, 1,8-cineole, caryophyllene, camphor, coumarin, geraniol, linalool-ester, limonene, luteolin, rosmarinic acid 등이 함유되어 있다.

약효⇒ 강심, 강장, 구풍, 발한, 이뇨, 이담, 진정, 진통, 항독, 해열 효능이 있고, 신경성 편두통, 소화불량, 불면, 스트레스, 화상, 상처, 저혈압, 류머티즘, 수족마비, 근육통, 졸도, 기관지염, 인후염, 결핵, 백일해, 독감, 간질, 탈모증, 중풍, 신경쇠약, 우울증, 부스럼, 등창, 곤충에 쏘이거나 물린 데 등을 치료한다.

용도⇒ 잎, 줄기, 꽃을 관상(화단용, 드라이 플라워, 리스), 차, 향료, 식품 첨가제(사탕, 과자), 포푸리, 비누, 입욕제, 피부 미용제(오일), 향수, 염색, 밀원, 구제제(나방, 좀벌레), 구충제, 살균제, 방부제, 살충제, 방취제로 이용한다.

❈ 재배 및 관리

기후 환경⇒ 온실에서 월동하며, 더위에 약하다. 공중 습도는 건조하게 관리한다.
토양⇒ 배수가 잘 되고, 건조한 듯한 비옥한 사질 양토에서 잘 자란다.
번식 방법 및 시기⇒ 실생, 분주(4월), 삽목(연중)
수확 시기⇒ 6~7월(잎, 줄기, 꽃, 오일)

1	2	3	4	5	6	7	8	9	10	11	12

라일락   흰색 꽃

40. 라일락

물푸레나무과 Oleaceae

학 명 *Syringa vulgaris* L.   **영 명** Common lilac
원산지 유럽 동남부

특성⇒ 낙엽 관목. 높이 3~5m. 잎은 대생하며, 난형, 넓은 난형, 심장형 등이고, 4~5월에 흰색, 보라색, 연보라색 꽃이 핀다. 꽃의 향기가 좋아서, 서양에서는 여러 문인들의 시나 수필에 등장하여 유명해지게 되었다. 흰라일락(*S. vulgaris* L. var. *alba* Ait.) 등 많은 원예 품종이 있다. 잎에서 매우 쓴맛이 난다.
성분⇒ 꽃과 수피에 oleonolic acid, beta-sitosterol이 함유되어 있다.
약효⇒ 간염, 만성 기관지염, 열병을 치료한다.

용도⇒ 꽃, 수피를 관상, 약용, 향료, 정유 추출용, 밀원으로 이용한다.

❋ 재배 및 관리
기후 환경⇒ 노지에서 월동하고, 더위에 강하다.
토양⇒ 토질은 가리지 않으나, 적당한 습기가 있는 비옥한 토양에서 잘 자란다.
번식 방법 및 시기⇒ 접목(2~3월), 실생(4월), 분주(4월)
수확 시기⇒ 4~5월(꽃)

| 1 | 2 | 3 | 4 | 5 | 6 | 7 | 8 | 9 | 10 | 11 | 12 |

란타나

41. 란타나

마편초과 Verbenaceae

학 명 *Lantana camara* L. **영 명** Common lantana, Shrub verbena
원산지 열대 아메리카, 서인도

특성⇒ 관목. 높이 50~200cm. 잎은 대
생하며, 난형, 진녹색으로 광택이 나고
억세며, 뒷면에는 회백색 가는 털이 나고,
가장자리에 거치가 있다. 6~9월에 흰색,
오렌지색, 노란색, 분홍색, 붉은색 꽃이
피며, 두상화이다. 열매는 장과로 검은색
이며, 강한 레몬향이 나고, 독성이 있다.
잎에서는 세이지 비슷한 자극적인 고약
한 향이 난다.
성분⇒ lantanin이 함유되어 있다.
약효⇒ 진경, 해독, 해열 효능이 있으며,
기관지 질환, 다래끼, 발열, 위통, 암통
(癌痛)을 치료한다.
용도⇒ 잎, 뿌리를 관상, 약용한다.

❋ **재배 및 관리**
기후 환경⇒ 온실에서 월동하며, 더위에
강하다.
토양⇒ 배수가 잘 되는 일반 토양에서 잘
자라며, 건조에 강하다.
번식 방법 및 시기⇒ 실생(4월, 9~10
월), 삽목(6~7월)
수확 시기⇒ 연중(잎)

| 1 | 2 | 3 | 4 | 5 | 6 | 7 | 8 | 9 | 10 | 11 | 12 |

러비지

42. 러비지 (유럽당귀)

산형과 Umbelliferae

학 명 *Levisticum officinale* W.D.J. Koch **영 명** Lovage, Garden lovage
원산지 지중해 연안 동부, 유럽 남부

특성⇒ 다년초. 높이 1~1.8m. 전초에 털
이 없다. 잎은 다즙질이고, 근생엽과 경생
엽이 있으며, 진녹색으로 광택이 나고, 근
생엽은 크다. 소엽은 도란형으로 1회 또는
2회 3출복엽이며, 가장자리에 거치가 있
다. 7~8월에 녹황색 꽃이 복산형화서로
피며, 종자는 길이 6mm 가량이다. 잎은
약간 쓴맛이 나고 잎자루를 생식한다. 종
자는 셀러리 같은 강한 향이 나며, 임신
부나 간질환이 있는 사람은 사용을 금한다.
성분⇒ vitamin C가 대량 함유되어 있다.
약효⇒ 강장, 구풍, 발한, 소화, 이뇨, 진
정, 항균, 해열, 혈액 순환 촉진, 간장 ·
심장 기능 강화 효능이 있으며, 기관지
염, 간장 장애, 전염병, 인후염, 편도선
염, 방광염, 생리통, 변비, 위점막 염증,

황달을 치료하고, 가글제, 액취 제거제,
탈취제로 이용된다.
용도⇒ 잎, 줄기, 뿌리, 종자를 식용, 약
용, 향 첨가제(요리, 맥주), 조미료, 빵,
비스킷, 치즈, 입욕제, 오일, 향료로 이용
한다.

✱ 재배 및 관리
기후 환경⇒ 노지에서 월동하며, 더위에
약하다.
토양⇒ 토질은 가리지 않으나 습기가 적
당한 비옥한 토양에서 잘 자란다.
번식 방법 및 시기⇒ 실생(4월, 9~10
월), 분주(4월, 9~10월)
수확 시기⇒ 연중(잎), 식용은 싹트기 전
(뿌리)

| 1 | 2 | 3 | 4 | 5 | 6 | 7 | 8 | 9 | 10 | 11 | 12 |

렁워트

43. 렁워트

지치과 Boraginaceae

학 명 *Pulmonaria officinalis* L. (*P. maculata* F. Dietr.)
영 명 Blue lungwort, Jerusalem cowslip, Jerusalem sage
원산지 유럽

특성⇒ 다년초. 높이 30cm 가량. 5~6월에 꽃이 피며, 분홍색에서 청자색으로 변한다. 초록색 잎에 은회색의 점자무늬가 있어 관엽 식물로 매력적이며, 꽃의 색이 변해 관화 식물로도 인기가 있다. 중세 유럽인들은 잎이 폐의 폐포를 닮았다 하여 폐병을 고치는 약으로 여겼으며, 속명도 '폐의 풀'이란 의미의 *Pulmonaria*라고 붙였다. 폐를 튼튼하게 회복시키는 효능이 있으며, 잎을 말려 차로 마시면 심한 기침이 치료된다.

성분⇒ tannin, saponin, allantoin, silicon dioxide, mineral, kalium, iron, vitamin C 등이 함유되어 있다.

약효⇒ 거담, 수렴, 이뇨, 세포 재생, 피부 연화 효능이 있고, 결핵성 기침, 기관지염, 천식, 치질, 외상 출혈, 하리, 폐와 목의 염증을 치료한다.

용도⇒ 잎, 꽃을 관상, 식용(샐러드, 수프), 목캔디, 차, 가글제로 이용한다.

❋ 재배 및 관리

기후 환경⇒ 서늘한 기후를 좋아하며, 추위에는 약하다.

토양⇒ 배수가 잘 되고, 보수력이 있는 비옥한 토양에서 잘 자란다.

번식 방법 및 시기⇒ 실생(4월), 근삽(4월), 분주(9~10월)

수확 시기⇒ 개화 전(잎)

| 1 | 2 | 3 | 4 | 5 | 6 | 7 | 8 | 9 | 10 | 11 | 12 |

레드 캠피언

44. 레드 캠피언

석죽과 Caryophyllaceae

학 명 *Silene dioica* (L.) Clairv. 〔*Lychnis dioica* L., *Lychnis silvestris* Schkuhr,
Melandrium diurnum (Sibth.) Fries, *Melandrium rubrum* (Weigel) Garcke〕
영 명 Red campion, Morning campion
원산지 유럽

특성⇒ 다년초. 높이 80~90cm. 줄기와
잎에 털이 조밀하게 난다. 근생엽은 타원
형이며, 잎자루가 있다. 4~5월에 흰색,
분홍색, 붉은 자홍색 꽃이 피고, 꽃잎은
5장이며, 지름 2.5cm 가량이고, 수평으
로 퍼져서 핀다. 꽃대에서 점액성 분비물
이 나온다.
용도⇒ 잎, 꽃을 관상(화단용, 압화, 드
라이 플라워)한다.

❋ 재배 및 관리
기후 환경⇒ 노지에서 월동하며, 고온에
약하다. 고온 다습하면 줄기와 잎이 썩
는다.
토양⇒ 토양은 비교적 가리지 않는 편이
며, 배수가 잘 되는 사질 양토에서 잘 자
란다.
번식 방법 및 시기⇒ 실생(9월)
수확 시기⇒ 5~6월(꽃)

1	2	3	4	5	6	7	8	9	10	11	12

레드 클로버

45. 레드 클로버 (붉은토끼풀)

콩과 Leguminosae

학 명 *Trifolium pratense* L.
영 명 Red clover, Vine clover, Pea vine clover
원산지 유럽, 아프리카 서부, 아시아 중서부

특성⇒ 다년초. 높이 30~50cm. 잎은 호생하며, 긴 잎자루 끝에 3개의 잎이 달린다. 5~8월에 붉은색 또는 분홍색 꽃이 핀다. 종명인 pratense는 '목초의' 라는 뜻이다. 처음에는 사료용 작물로 도입되었으나 지금은 지피 식물로 이용된다. 서늘한 기후에서 잘 자라는 식물로, 우리나라에서는 여름이 너무 더워 시간이 지나면서 쇠약해진다.

성분⇒ carotene, sitosterol, caffeic acid, campesterol, chlorogenic acid, daidzein, eugenol, isorhamnetin, methyl salicylate, myricetin, vitamin B₃, C, E 등이 함유되어 있다.

약효⇒ 거담, 이뇨, 지혈, 항염 효능이 있으며, 관절염, 관동맥 혈전을 치료한다.

용도⇒ 잎, 꽃을 관상(지피 식물), 식용, 약용, 밀원, 사료로 이용한다.

❋ 재배 및 관리

기후 환경⇒ 노지에서 월동하며, 추위와 더위에 약하다.

토양⇒ 배수가 잘 되는 비옥한 사질 양토에서 잘 자란다.

번식 방법 및 시기⇒ 실생, 분주(4월)

수확 시기⇒ 4~10월(잎), 5~8월(꽃)

1	2	3	4	5	6	7	8	9	10	11	12

레몬

46. 레몬

운향과 Rutaceae

학 명 *Citrus limon* (L.) Burm. f. (*C. limonia* Osbeck)
영 명 Lemon
원산지 인도 동부, 미얀마, 중국, 히말라야 서부, 동남 아시아

특성⇒ 상록 관목. 높이 3~5m. 7~8월에 보라색 또는 연붉은색 꽃이 피며, 꽃잎 안쪽은 흰색, 바깥쪽은 연자색이 난다. 열매는 타원형으로 끝이 뾰족하고, 익으면 노란색이 된다. 향기가 강하고, 신맛이 나며, 산(酸)이 많아 고기 요리나 과자, 잼의 향을 내는 데 사용한다.
성분⇒ vitamin C, citric acid가 함유되어 있다.
약효⇒ 피로 회복, 살균, 수렴 효능이 있으며, 변비, 불안증을 치료하고, 각질 제거, 모발 탈색, 활성 작용(정유), 물 정화 기능이 있다.

용도⇒ 잎, 수피, 열매를 식용, 약용, 음료, 육류 연화제, 향료, 화장품, 향수로 이용한다.

❋ 재배 및 관리
기후 환경⇒ 온실에서 월동하며, 더위에는 강하다.
토양⇒ 배수가 잘 되고, 부식질이 함유된 사질 양토에서 잘 자란다.
번식 방법 및 시기⇒ 접목(3~4월), 삽목(6월), 취목(5~6월)
수확 시기⇒ 12월~다음 해 3월(열매)

1	2	3	4	5	6	7	8	9	10	11	12

줄기, 종자, 잎   레몬그래스

47. 레몬그래스

벼과 Gramineae

학 명 *Cymbopogon citratus* (DC.) Stapf
영 명 Lemongrass, West Indian lemongrass
원산지 불명. 인도 남부와 스리랑카에서 자생

특성⇒ 다년초. 높이 100~180cm. 잎은 갈댓잎 모양이다. 7~9월에 다갈색 꽃이 피지만, 온대 지방에서는 꽃이 피지 않는다. 잎과 줄기를 비비면 레몬과 같은 향기가 나며, 정유를 추출한다. 열대와 아열대에서 재배하는 식물로 동남 아시아에서는 향료로 이용하며, 수확할 때 지상에서 10cm 정도 남기고 자른다.

성분⇒ 잎과 줄기에 pinene, sitosterol, caryophyllene, citral(오일의 70~80% 함유), citronellol, geraniol, limonene, luteolin, myrcene, 1,8-cineole, rutin, saponin 등이 함유되어 있다.

약효⇒ 구충, 원기 회복, 살균 효능이 있고, 소화불량, 빈혈, 두통, 위통, 관절통,
발열, 복통, 하리, 유행성 독감, 생리불순, 식욕부진, 요통, 류머티즘, 신경계 통증을 치료하며, 뇌혈전을 예방한다.

용도⇒ 잎, 줄기, 전초를 관상, 약용, 차, 향신료, 입욕제, 향 첨가제(린스, 향수, 비누), 정유로 이용한다.

❀ 재배 및 관리
기후 환경⇒ 더위에 강하며, 추위에 약해 온실에서 월동한다.
토양⇒ 배수가 잘 되는 비옥한 토양에서 잘 자란다.
번식 방법 및 시기⇒ 실생(5월), 분주 (4~6월)
수확 시기⇒ 6~10월

| 1 | 2 | 3 | 4 | 5 | 6 | 7 | 8 | 9 | 10 | 11 | 12 |

72

48. 레몬 메리골드 (숙근메리골드)

국화과 Compositae

학 명 *Tagetes lemmoni* L.　　　　　**영 명** Lemon marigold
원산지 불명

특성⇒ 다년초. 우리 나라에서는 1년초로 취급한다. 높이 1m 가량. 잎은 기수우상 복엽이며, 소엽은 거치가 있다. 9~11월에 노란색 꽃이 핀다. 잎에서 강한 레몬향이 나며, 차로 이용한다. 뿌리에서 나오는 분비액에는 네마토다(선충)와 민달팽이 기피 효능이 있어, 화단이나 밭에 작물과 함께 심으면 피해를 줄일 수 있다.
용도⇒ 잎, 꽃을 관상, 식용(샐러드), 차, 방충제로 이용한다.

✻ 재배 및 관리
기후 환경⇒ 온실에서 월동하며, 더위에 강하다.
토양⇒ 내건성 식물로, 배수가 잘 되는 건조한 듯한 토양에서 잘 자란다.
번식 방법 및 시기⇒ 실생(4월), 엽아삽 (6~7월)
수확 시기⇒ 수시

1	2	3	4	5	6	7	8	9	10	11	12

종자   레몬 밤

49. 레몬 밤 (서양산박하)

꿀풀과 Labiatae

학 명 *Melissa officinalis* L.
영 명 Lemon balm, Balm, Horsemint, Melissa
원산지 유럽 남부, 근동 지역

특성⇒ 다년초. 높이 50~100cm. 잎은 대생하며, 난형, 황녹색이 난다. 6~8월에 흰색, 붉은 보라색, 보랏빛 연분홍색 꽃이 핀다. 꽃이 피기 시작할 무렵에 잎의 향기가 강하며, 약간 쓴맛이 난다. 잎을 끓이면 맛과 향이 없어지므로 가열하는 요리에는 사용하지 않는 것이 좋다. 유럽에서는 레몬 밤의 향기가 머리를 맑게 해준다 하여, 수험생이나 학자들이 허브차로 즐겨 마신다.
성분⇒ citral, citronellal, geraniol, linalool, tannin 등이 함유되어 있다.
약효⇒ 강심, 강장, 건위, 구풍, 노화 방지, 발한, 신경 안정, 진정, 진통, 소화, 해열 효능이 있고, 저혈압, 위·간·담의 통증, 알레르기, 천식, 감기, 복통, 구토,

우울증, 이질, 소화불량, 고혈압, 생리불순, 불면, 편두통, 멀미, 현기증을 치료하며, 구충제로 쓰인다.
용도⇒ 잎, 전초를 관상, 요리 향미료, 차, 식초, 청량 음료, 포푸리, 화장품, 입욕제, 정유, 향수 원료, 냉장고 탈취제로 이용한다.

❊ 재배 및 관리
기후 환경⇒ 노지에서 월동하며, 더위에 강하다.
토양⇒ 배수가 잘 되는 비옥한 사질 양토에서 잘 자란다.
번식 방법 및 시기⇒ 삽목(4~6월), 분주(9~10월)
수확 시기⇒ 4~11월(전초)

| 1 | 2 | 3 | 4 | 5 | 6 | 7 | 8 | 9 | 10 | 11 | 12 |

레몬 버베나

50. 레몬 버베나

마편초과 Verbenaceae

학 명 *Aloysia triphylla* (L'Hér.) Britt. (*Lippia citriodora*)
영 명 Lemon verbena
원산지 페루, 칠레, 아르헨티나

특성⇒ 낙엽 또는 반상록 관목. 높이 1~
8m. 잎은 긴 타원형이며, 7~9월에 흰색
또는 연분홍색 꽃이 핀다. 남미 안데스
지방에서 애용하던 허브 식물로, 고대 페
루인들이 고산 지역에서 순응하며 살기
위해 약용 및 음료수로 이용하였다. 세계
제일의 장수촌으로 알려져 있는 에콰도
르의 비루바밤바 지역에서도 이 차를 애
용하여 마셨다고 한다. 많은 양을 복용하
는 것은 위에 부담이 되므로 좋지 않다.
약효⇒ 강장, 신경 완화, 원기 회복, 소
화 촉진, 식욕 증진, 해열, 진정, 진경, 이
뇨 효능이 있으며, 편두통을 치료한다.
용도⇒ 잎을 관상, 약용, 요리, 차, 제빵,

장식, 요리 부향제(흰살 생선), 요리향 첨
가제, 입욕제, 향료(향수, 비누, 화장품),
아로마세라피, 정유, 살충제, 살균제로
이용한다.

❀ 재배 및 관리
기후 환경⇒ 온실에서 월동하며, 추위에
약하고 더위에는 보통이다.
토양⇒ 내건성 식물로, 배수가 잘 되는
건조한 듯한 토양에서 잘 자란다.
번식 방법 및 시기⇒ 삽목(6~7월)
수확 시기⇒ 6~7월(향을 추출할 때에는
개화 직전 수확), 7~9월(잎)

1	2	3	4	5	6	7	8	9	10	11	12

레몬 베르가못

51. 레몬 베르가못

꿀풀과 Labiatae

학 명 *Monarda citriodora* Cerv. ex Lag. (*M. dispersa* Small)
영 명 Lemon bergamot, Lemon mint
원산지 멕시코, 미국 플로리다 주, 텍사스 주

특성⇒ 1~2년초. 높이 50~100cm. 줄기는 곧게 자란다. 잎은 긴 타원형 또는 선형이며, 레몬향이 난다. 6~9월에 줄기 상부의 마디에서 윤산화서로 층층이 연분홍색 꽃이 핀다. 생장이 왕성하다.
용도⇒ 잎, 꽃을 관상, 차, 포푸리로 이용한다.

❋ 재배 및 관리
기후 환경⇒ 종자로 월동하며, 내한성이 강해 -5℃까지 견디고, 더위에 강하다.
토양⇒ 배수가 잘 되는 사질 양토에서 잘 자란다.
번식 방법 및 시기⇒ 실생(4월, 9~10월)
수확 시기⇒ 4~11월(전초)

1	2	3	4	5	6	7	8	9	10	11	12

레몬 유칼리

52. 레몬 유칼리

도금양과 Myrtaceae

학 명 *Eucalyptus citriodora* Hook.
영 명 Lemon scented gum, Lemon scented spotted gum
원산지 오스트레일리아의 퀸즐랜드 주

특성⇒ 상록 교목. 높이 15~20m. 수피
는 회색에서 붉은 갈색이 나며, 백분을 뿌
린 것 같고, 거칠고 벗겨진다. 6~8월에
미백색 꽃이 핀다. 유칼리나무의 일종으
로 강한 레몬향이 나며, 정유를 추출한다.
약효⇒ 강장, 수렴, 살균 효능이 있고,
무좀, 비듬, 포진, 천식, 후두염, 농가진
(膿痂疹), 패혈증을 치료한다.
용도⇒ 잎, 수피, 수지를 관상, 약용(멘
소래담), 향료, 오일, 세척제, 방충제, 냉
장고 탈취제로 이용한다.

✵ 재배 및 관리
기후 환경⇒ 5~7℃에서 월동하며, 고온
건조한 기후에서 잘 자란다.
토양⇒ 배수가 잘 되고, 비옥한 토양에서
잘 자란다.
번식 방법 및 시기⇒ 실생(4월, 9월)
수확 시기⇒ 연중(잎)

| 1 | 2 | 3 | 4 | 5 | 6 | 7 | 8 | 9 | 10 | 11 | 12 |

레몬 제라늄

53. 레몬 제라늄

쥐손이풀과 Geraniaceae

학 명 *Pelargonium crispum* (L.) L'Hér. ex Ait.
영 명 Lemon geranium

원산지 케이프 지방 내륙

특성⇒ 다년초. 높이 90cm, 포기 너비 50cm 가량. 줄기는 어린 것은 초본이지만 오래 된 것은 목질화한다. 줄기나 잎에는 경모(硬毛)나 선모(腺毛)가 함께 나며, 잎은 작고 3갈래로 갈라진다. 6~9월에 줄기 끝에 산형화서로 1~3개의 꽃이 달리며, 위쪽에 2개의 큰 꽃잎이 있고, 아래쪽에 3개의 작은 꽃잎이 있으며, 안쪽에 붉은색 무늬가 있다. 레몬향이 나며, 겨울에도 실내에서 분화로 재배하여 수시로 수확이 가능하다.

성분⇒ geraniol이 함유되어 있다.

약효⇒ 신경 안정, 정서 안정의 효능이 있다.

용도⇒ 잎을 관상, 식용, 약용, 차, 향료, 요리 향미료, 마사지, 습포, 가글제, 포푸리, 입욕제, 에어로졸, 향기볼, 화장품 및 비누 첨가제, 모기 기피제(오일)로 이용한다.

❊ 재배 및 관리

기후 환경⇒ 10℃ 이상에서 월동하며, 고온 건조한 기후에서 잘 자란다.

토양⇒ 배수가 잘 되고, 부식질이 많은 사질 양토에서 잘 자란다.

번식 방법 및 시기⇒ 삽목(4~7월)

수확 시기⇒ 연중(잎)

| 1 | 2 | 3 | 4 | 5 | 6 | 7 | 8 | 9 | 10 | 11 | 12 |

ㄹ

78

레이디스 맨틀

54. 레이디스 맨틀

장미과 Rosaceae

학 명 *Alchemilla vulgaris* L.
원산지 유럽, 서아시아

영 명 Lady's mantle

특성⇒ 다년초. 높이 40~60cm. 잎은 판초형으로 둥근 결각이 지며, 가장자리에 거치가 있다. 5월 말~7월에 노란색 꽃이 핀다. 부인병 치료제로 사용되었으나 독성이 있어 사용을 금하는 나라도 있다. 유사종으로 알케밀라 파에렌시스(*A. faerensis* L.), 알케밀라 몰리스(*A. mollis* L.), 알케밀라 크산토클로라(*A. xanthochlora* L.) 등이 있으며, 약효도 비슷하다.
성분⇒ 꽃과 잎에 achilleine, pinene, menthol, carotene, sitosterol, borneol, caffeic acid, caryophyllene, eugenol, limonene, luteolin, salicylic acid, vitamin B, C 등이 함유되어 있다.

약효⇒ 산후 회복 촉진, 소독, 지혈 효능이 있고, 생리불순, 갱년기 장애, 눈의 염증, 하리, 피부통증, 찰과상을 치료한다.
용도⇒ 잎, 꽃을 관상, 식용(샐러드), 차, 브랜디, 녹색 염료, 사료로 이용한다.

❋ 재배 및 관리
기후 환경⇒ 노지에서 월동하고, 서늘한 기후에서 잘 자란다.
토양⇒ 배수가 잘 되고, 건조한 듯한 석회질 토양에서 잘 자란다.
번식 방법 및 시기⇒ 실생 및 근경 분주 (연중)
수확 시기⇒ 4~10월(잎, 꽃)

| 1 | 2 | 3 | 4 | 5 | 6 | 7 | 8 | 9 | 10 | 11 | 12 |

로만 웜우드

55. 로만 웜우드

국화과 Compositae

학 명 *Artemisia pontica* L.
원산지 중부 및 동부 유럽

영 명 Roman wormwood

특성⇒ 다년초. 높이 40~120cm. 줄기
는 곧게 자란다. 잎은 호생하며, 기수우상
복엽이고, 회록색이 난다. 7~9월에 흰빛
을 띤 노란색 꽃이 핀다. 잎은 향이 강하
며 쓴맛이 나고, 우상의 섬세한 형태가
압화에 적당하다. 방충 효과가 있으며,
독성이 있어 사용을 금하는 나라도 있다.
성분⇒ eugenol, rutin, linoleic acid,
capillarin 등이 함유되어 있다.
약효⇒ 강심, 강장 효능이 있다.
용도⇒ 잎, 꽃을 관상(압화), 와인향 첨

가제, 방충제로 이용한다.

✻ **재배 및 관리**
기후 환경⇒ 노지에서 월동하고, 더위에
는 보통이다.
토양⇒ 배수가 잘 되고, 건조한 듯한 토
양에서 잘 자란다.
번식 방법 및 시기⇒ 실생 및 근경 분주
(연중)
수확 시기⇒ 4~10월(잎, 꽃)

1	2	3	4	5	6	7	8	9	10	11	12

로만 캐모마일

56. 로만 캐모마일

국화과 Compositae

학 명 *Anthemis nobilis* L. 〔*Chamaemelum nobile* (L.) All.〕
영 명 Roman chamomile, Perennial chamomile
원산지 서유럽, 북아프리카, 아시아

특성⇒ 다년초. 높이 30cm 가량. 잎은 호생하며, 가는 우상복엽이다. 5월에 꽃이 피며, 관상화는 노란색, 설상화는 흰색이다. 사과향이 나며, 곤충 기피제로 사용된다. 저먼 캐모마일에 비해 잎의 색깔이 짙고 두꺼우며, 줄기가 포복성이고, 꽃이 크며, 1개월 정도 늦게 꽃이 핀다. 꽃과 줄기, 잎에서 모두 향기가 난다. 유럽에서는 가정 상비약으로 감기나 두통, 피로할 때 차로 마시며, 병에 걸린 식물 가까이에 심으면 원기를 회복시켜 준다 하여 '식물 의사'라는 별명도 있다. 임산부는 복용을 피한다.

성분⇒ 잎과 꽃에 apigenin, azulene, borneol, caffeic acid, kaempferol, luteolin, rutin, salicylic acid, vitamin B_1, B_3, C 등이 함유되어 있다.

약효⇒ 소화 촉진, 신경 진정, 진통, 피로 회복, 항염 효능이 있으며, 불면, 요로 감염, 치통, 이통, 구강염, 인후염, 두통, 스트레스, 신경통, 류머티즘, 감기, 알레르기, 생리통을 치료한다.

용도⇒ 잎, 꽃을 관상, 요리, 약용, 차, 입욕제, 화장품, 비누, 냉장고 탈취제, 해충 구제제로 이용한다.

✿ 재배 및 관리

기후 환경⇒ 노지에서 월동하고, 더위에는 보통이다.

토양⇒ 배수가 잘 되고, 적당한 습기가 있는 토양에서 잘 자란다.

번식 방법 및 시기⇒ 실생(4~5월, 9~10월)

수확 시기⇒ 4~10월(잎, 꽃)

| 1 | 2 | 3 | 4 | 5 | 6 | 7 | 8 | 9 | 10 | 11 | 12 |

프로스트라투스 로즈메리

종자

로즈메리

ㄹ

57. 로즈메리

꿀풀과 Labiatae

학 명 *Rosmarinus officinalis* L.
원산지 유럽 중부

영 명 Rosemary

특성⟹ 상록 관목. 높이 60~120cm. 잎은 선형이며 억세다. 4~5월에 분홍색, 연푸른 보라색, 자분홍색, 흰색 꽃이 핀다. 세계적으로 널리 알려진 허브 식물로, 잎에서 강하고 독특한 향이 난다. 원예 품종은 줄기가 곧게 자라는 것, 포복하는 것 등 다양하며 대표적인 것으로는 프로스트라투스 로즈메리(*R. officinalis* L. 'Prostratus')가 있다. 임신 중에는 사용을 금한다.

성분⟹ pinene, apigenin, carotene, bornyl acetate, borneol, camphor, rosmanol, sitosterol, caffeic acid, geraniol, menthol, linalool, luteolin, cineole, rosmarinic acid, salicylates, tannin, thymol, ursolic acid, vitamin B, C 등이 함유되어 있다.

약효⟹ 기억력 · 집중력 향상, 피로 회복, 혈행 촉진, 혈압 조절, 소화 촉진, 산화 방지, 살균, 활력 증가, 항균, 항진균 효능이 있으며, 근육통, 관절통을 치료하고, 월경 조절 기능이 있다.
용도⟹ 잎, 꽃을 관상, 약용, 차, 향신료, 염료, 식초, 소금, 사탕, 방향제, 입욕제, 오일, 방충제로 이용한다.

☀ 재배 및 관리
기후 환경⟹ 더위에는 비교적 잘 견디고, 추위에 약하다.
토양⟹ 배수가 잘 되는 건조한 점질 양토에서 잘 자란다.
번식 방법 및 시기⟹ 실생(4~5월), 삽목(9~10월)
수확 시기⟹ 4~12월

| 1 | 2 | 3 | 4 | 5 | 6 | 7 | 8 | 9 | 10 | 11 | 12 |

82

로즈 제라늄

58. 로즈 제라늄

쥐손이풀과 Geraniaceae

학 명 *Pelargonium graveolens* L'Hér. (*Geranium graveolens* Thunb.)
영 명 Rose geranium, Scented geranium
원산지 남아프리카 희망봉

특성⇒ 다년초. 높이 50~100cm. 줄기는
다육질이며 털이 있다. 잎은 둥근 심장형
이며, 결각이 많이 지고 털이 있다. 6~9
월에 흰색 바탕에 분홍색이나 붉은색 무
늬가 있거나, 붉은색 또는 붉은 분홍색
꽃이 핀다. 장미향 같은 특유의 향이 있
어 장미유 재료로 쓰인다.
성분⇒ 정유에 geraniol 등이 함유되어
있다.
약효⇒ 강장, 방부, 살균, 소독, 지사, 지
혈, 항진균 효능이 있으며, 우울증, 불면
증, 류머티즘, 부종, 치질, 요도감염, 갱
년기 장애, 월경과다, 화상, 빈혈, 악취,
정서불안, 습진, 호르몬 이상을 치료한다.

용도⇒ 잎, 꽃을 관상, 식용, 약용, 차,
향료, 방향제, 향미료, 에어로졸, 아로마
세라피, 가글제, 향 첨가제(화장품, 식
품), 냉장고 탈취제로 이용한다.

❉ 재배 및 관리
기후 환경⇒ 더위에는 강하고 추위와 비
에 약하다.
토양⇒ 배수가 잘 되는 비옥한 사질 양토
에서 잘 자란다.
번식 방법 및 시기⇒ 삽목(4~8월)
수확 시기⇒ 4~10월(잎, 꽃)

1	2	3	4	5	6	7	8	9	10	11	12

분홍색 꽃

흰색 꽃

로켓 샐러드

59. 로켓 샐러드

십자화과 Cruciferae

학 명 *Eruca vesicaria* (L.) Cav. ssp. *sativa* (Mill) Thell.
영 명 Rocket salad, Arugula, Rucola　　**원산지** 지중해 연안, 서아시아

특성⇒ 1년초. 높이 50~100cm. 잎은 1회 우상복엽이며, 무 잎과 비슷하다. 4월 중순~5월에 걸쳐 흰색, 연보라색, 분홍색 꽃이 핀다. 유럽을 비롯하여 북아메리카 등 많은 나라에서 향채 허브로 이용한다.
성분⇒ vitamin C가 함유되어 있다.
약효⇒ 건위, 이뇨 작용을 하며, 위통을 진정시킨다.
용도⇒ 어린순, 잎, 꽃봉오리, 꽃, 종자를 식용(샐러드, 향채, 수프, 소스, 피클), 식용유로 이용한다.

✻ 재배 및 관리
기후 환경⇒ 추위와 더위에 강하고, 습기가 많고 서늘한 기후에서 잘 자란다.
토양⇒ 배수가 잘 되는 비옥한 사질 양토에서 잘 자란다.
번식 방법 및 시기⇒ 실생(4월~8월, 수시 파종 가능)
수확 시기⇒ 파종 시기에 따라 연중 수확

| 1 | 2 | 3 | 4 | 5 | 6 | 7 | 8 | 9 | 10 | 11 | 12 |

루

60. 루 (운향)

운향과 Rutaceae

학 명 *Ruta graveolens* L.
영 명 Rue, Herb of grace, Garden rue, Common rue
원산지 유럽 동남부 지중해 연안

특성⇒ 상록성 관목. 높이 50~90cm.
잎은 2회 우상복엽이며, 소엽은 타원형
이다. 6~7월에 노란색 꽃이 핀다. 향이
강하여 마취제나 자극제로 사용하였으
며, 잎과 줄기에 강한 살균, 살충 성분이
있으므로 꽃을 다발로 묶어 실내에 달아
놓으면 좋다. 단, 독성이 있어 임산부는
사용을 금한다.
성분⇒ methylnonylketone, methyl-
heptylketone, alcohol, acetate, rutin,
pinene, kokusaginine, skimianine,
iron, mineral 등이 함유되어 있다.
약효⇒ 구풍, 식욕 촉진, 월경 촉진, 담
즙 분비 촉진, 모세혈관 강화 효능이 있
으며, 신경통과 고혈압을 치료한다.

용도⇒ 잎, 꽃, 뿌리를 관상(드라이 플라
워, 꽃꽂이), 향신료, 약용, 울타리, 섬
유 염료, 소독약, 살충제, 방충제로 이
용한다.

✻ 재배 및 관리
기후 환경⇒ 추위와 더위에 강하다.
토양⇒ 배수가 잘 되는 사질 양토에서 건
조하게 관리한다.
번식 방법 및 시기⇒ 삽목, 분주(4월)
수확 시기⇒ 4~9월(잎, 꽃), 10월(뿌리)

| 1 | 2 | 3 | 4 | 5 | 6 | 7 | 8 | 9 | 10 | 11 | 12 |

루바브

61. 루바브

마디풀과 Polygonaceae

학 명 *Rheum rhaponticum* L. (*R. rhabarbarum* L.)
영 명 Rhubarb, Garden rhubarb, Pie plant, Wine plant
원산지 시베리아 남부, 불가리아

특성⇒ 다년초. 높이 1~2m. 잎은 삼각상 넓은 난형이며, 가장자리는 물결 모양이고, 잎자루는 길고 다육질이다. 4~5월에 미황색 꽃이 겹총상화서로 핀다. 잎자루는 독특한 신맛과 향이 나 식용 또는 완하제로 쓰인다. 산성 식품으로 변비에 좋지만, 신장염, 요도염이 있는 사람은 사용을 금한다. 잎에는 수산이 함유되어 있어 주전자, 그릇 등 놋 또는 구리 제품을 잎과 함께 물에 끓이면 찌든 때가 없어진다.

성분⇒ 뿌리와 줄기에 acetic acid, caffeic acid, chrysophanol, ferulic acid, fumaric acid, gallic acid, lutein, *p*-coumaric acid, rutin, sinapic acid, vanillic acid, calcium, vitamin B, C, E, 잎자루에 malic acid, citric acid, phenol이 함유되어 있다.

약효⇒ 이뇨, 정장 효능이 있으며, 변비를 치료한다.

용도⇒ 잎자루, 뿌리를 관상, 식용, 약용, 향료(담배)로 이용한다.

❉ 재배 및 관리

기후 환경⇒ 서늘한 기후를 좋아하고, 추위와 더위에 약하다.

토양⇒ 배수가 잘 되고, 보수력이 있는 비옥한 토양에서 잘 자라며, 습한 토양에 약하다.

번식 방법 및 시기⇒ 실생(4~5월), 분주(4월)

수확 시기⇒ 4~5월(파종 후 3년째 수확)

1	2	3	4	5	6	7	8	9	10	11	12

루피너스

62. 루피너스

학 명	*Lupinus hirsutus* L.
원산지	북아메리카 서부

영 명 Lupin

특성⇒ 1년초. 높이 25~75cm. 5~6월에 붉은색, 오렌지색, 파란색, 진분홍색, 흰색 꽃이 핀다. 우리 나라에서는 가을에 파종하여 5~6월에 꽃이 핀다. 많은 원예 품종이 있으며, 꽃의 색이 다양해 화단이나 화분에 식재하여 관상한다. 19세기부터 품종 개량이 시작되었으며, 주로 교잡에 의해 새로운 품종을 육성한다.
약효⇒ 종자를 불에 볶아 해독제로 쓴다.
용도⇒ 꽃, 종자, 전초를 관상, 약용, 차로 이용한다.

✽ 재배 및 관리
기후 환경⇒ 0℃ 이상에서 월동하고, 추위와 더위에 약하다.
토양⇒ 배수가 잘 되고, 습한 토양에서 잘 자란다.
번식 방법 및 시기⇒ 실생(4~5월, 8월 말)
수확 시기⇒ 5~7월(꽃, 종자)

1	2	3	4	5	6	7	8	9	10	11	12

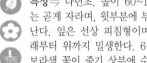 리아트리스

63. 리아트리스

국화과 Compositae

학 명 *Liatris pycnostachya* Michx. (*L. spicata* Willd.)
영 명 Gayfeather, Cattail gayfeather, Kansas gayfeather
원산지 북아메리카 동부

특성⇒ 다년초. 높이 60~150cm. 줄기는 곧게 자라며, 윗부분에 부드러운 털이 난다. 잎은 선상 피침형이며, 줄기의 아래부터 위까지 밀생한다. 6~7월에 붉은 보라색 꽃이 줄기 상부에 수상화서로 조밀하게 피며, 화서에 부드러운 털이 있다. 주로 화단용이나 절화로 많이 사용하며, 품종에 따라 연보라색, 흰색 꽃도 있다.
성분⇒ terpene이 함유되어 있다.
약효⇒ 이뇨, 발한, 항균 효능이 있으며,

인후염, 임질을 치료한다.
용도⇒ 잎, 꽃, 뿌리를 관상, 약용한다.

❋ **재배 및 관리**
기후 환경⇒ 내한성 다년초로 노지에서 월동하고, 더위에는 약하다.
토양⇒ 습기가 있는 비옥한 사질 양토에서 잘 자란다.
번식 방법 및 시기⇒ 실생, 분구(4월)
수확 시기⇒ 8~9월

| 1 | 2 | 3 | 4 | 5 | 6 | 7 | 8 | 9 | 10 | 11 | 12 |

리코리스

64. 리코리스 (스페인감초)

콩과 Leguminosae

학 명 *Glycyrrhiza glabra* L.
원산지 유럽 남부, 아프가니스탄

영 명 Licorice, Liquorice

특성⇒ 다년초. 높이 1m 가량. 잎은 기수우상복엽이다. 6~8월에 흰색 또는 연보라색 꽃이 총상화서로 핀다. 뿌리에서 단맛이 나 감초로 쓰이나, 고혈압 환자는 사용을 금한다. 이집트의 파피루스에 기록될 정도로 오래 전부터 재배되어 온 허브 식물이다.

성분⇒ estriol, eugenol, ferulic acid, geraniol, glabrene, glycyrrhetinic acid, glycyrrhizin(당도가 설탕의 150배), saponin, mannitol, phenol, salicylic acid, sinapic acid, stigmasterol, thymol, vitamin B, C, starch, amino acid, saccharoid, essential oil 등이 함유되어 있다.

약효⇒ 거담, 항궤양, 항알레르기, 항염, 이뇨, 부신기능 촉진 효능이 있으며, 류머티즘, 관절염, 기관지염, 위궤양, 알레르기성 천식, 위염, 인후염, 간장병을 치료한다.

용도⇒ 뿌리를 식품, 담배, 음료, 차, 약품 등의 향신료나 감미료로 이용한다.

❖ 재배 및 관리

기후 환경⇒ 추위에는 약하고 더위에는 강하다.

토양⇒ 배수가 잘 되고, 표토가 깊은 비옥한 사질 양토에서 잘 자란다.

번식 방법 및 시기⇒ 실생(4월, 9월), 러너(3~4월)

수확 시기⇒ 정식 후 2~3년 되는 해 가을 잎이 황변할 때 수확(뿌리)

1	2	3	4	5	6	7	8	9	10	11	12

괴근

열매

둥근마

마

65. 마 (山藥)

마과 Dioscoreaceae

학 명 *Dioscorea batatas* Decne.
원산지 한국, 중국

영 명 Chinese yam, Cinnamon vine

특성⇒ 덩굴성 다년초. 길이 1~2m. 덩굴줄기가 다른 물체를 감고 자란다. 괴근은 곤봉 모양이다. 잎은 마주나고, 삼각상 난형 또는 심장형이며, 잎자루가 있다. 6~7월에 흰색 꽃이 수상화서로 1~3개 피며, 엽액에 둥근 육질의 주아가 달린다. 우리 나라에서는 밭에 재배하며, 괴근을 건강식 또는 약용으로 쓴다.

성분⇒ saponin, batatasin, dioscin, diastase 등이 함유되어 있다.

약효⇒ 강장, 강정, 자양, 지사, 건비, 보폐, 보신, 익정, 보허, 보요각 효능이 있으며, 습진, 이명, 정수 고갈, 유정, 야뇨증, 당뇨병, 대하증, 설사를 치료한다.

용도⇒ 괴근을 식용, 약용한다.

❋ 재배 및 관리

기후 환경⇒ 노지에서 월동하고, 더위에 강하다.

토양⇒ 배수가 잘 되는 비옥한 사질 양토에서 잘 자란다.

번식 방법 및 시기⇒ 실생(4월, 9월), 분구(9월)

수확 시기⇒ 10월(괴근)

| 1 | 2 | 3 | 4 | 5 | 6 | 7 | 8 | 9 | 10 | 11 | 12 |

인경과 뿌리

인경

마늘

66. 마늘

백합과 Liliaceae

학 명 *Allium sativum* L.　　　　　**영 명** Garlic
원산지 중앙 아시아, 인도, 유럽

특성⇒ 다년초. 높이 60cm 가량. 잎은 선형으로 길게 늘어지며, 7월에 연보라색 꽃이 핀다. 고대 이집트 시대 이전부터 재배된 것으로 보이며, 고대 그리스나 로마에서도 식용하였다. 과거에는 주로 우리 나라, 인도, 중국, 일본에서 재배했으나, 오늘날 항암 효과가 알려져 전세계적으로 재배한다.

성분⇒ allicin, carotene, sitosterol, caffeic acid, chlorogenic acid, ferulic acid, geraniol, linalool, phloroglucinol, phytic acid, rutin, saponin, vitamin B_3, C 등이 함유되어 있다.

약효⇒ 강심, 강장, 강정, 건위, 구풍, 살균, 발한, 방부, 정장(整腸), 행기체(行氣滯), 난비위(暖脾胃), 이뇨, 감기 및 세균 감염 예방, 혈압 및 콜레스테롤 저하, 피로 회복, 항균, 활혈, 혈관 확장, 혈행 개선, 해독, 살충 효능이 있다.

용도⇒ 인경을 식용, 조미료, 향신료, 방충제(바구미), 장미 해충 구제제(인도)로 이용한다.

✽ 재배 및 관리

기후 환경⇒ 노지에서 월동하고, 더위에 약하다.
토양⇒ 배수가 잘 되는 비옥한 사질 양토에서 잘 자란다.
번식 방법 및 시기⇒ 분구(9월)
수확 시기⇒ 6~7월(인경)

| 1 | 2 | 3 | 4 | 5 | 6 | 7 | 8 | 9 | 10 | 11 | 12 |

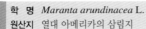
마란타 바리에가타   마란타 아룬디나케아

67. 마란타 아룬디나케아

마란타과 Marantaceae

학 명 *Maranta arundinacea* L.   **영 명** Arrowroot, Obedience plant
원산지 열대 아메리카의 삼림지

특성⇒ 상록 다년초. 높이 40~200cm. 구근성으로 다육질이며, 줄기는 가늘고 잘 갈라진다. 잎은 난상 긴 타원형 또는 난상 피침형으로 끝은 뾰족하며, 잎자루가 길고, 길이 15~30cm, 너비 10cm 가량, 앞면은 녹색으로 광택이 나며, 뒷면은 연녹색이다. 꽃은 흰색이다. 원예 품종으로는, 잎의 녹색 바탕에 유백색 무늬가 주맥 양측에 들어 있는 마란타 바리에가타(*M. arundinacea* L. 'Variegata')가 있다.
성분⇒ 근경에 전분질이 함유되어 있다.
약효⇒ 독충에 물린 데, 가시에 찔린 데,

장염, 하리를 치료하며, 어린이와 노인의 병 후 영양 보신제로 쓰인다.
용도⇒ 뿌리를 식용, 약용, 화장품, 증점제(增粘劑), 사탕, 과자로 이용한다.

✽ 재배 및 관리
기후 환경⇒ 15℃ 이상에서 월동하고, 20~30℃에서 잘 자란다.
토양⇒ 습기 있는 토양에서 잘 자라며, 밭흙과 부엽토, 개울 모래를 4:4:2의 비율로 혼합하여 재배한다.
번식 방법 및 시기⇒ 분주(4월, 9월)
수확 시기⇒ 연중(뿌리)

1	2	3	4	5	6	7	8	9	10	11	12

마시맬로

68. 마시맬로

아욱과 Malvaceae

학 명 *Althaea officinalis* L.
원산지 유럽

영 명 Marshmallow

특성⇒ 다년초. 높이 1.5m 가량. 잎에는 부드러운 솜털이 나며, 뿌리와 줄기에 점액이 있고, 식물 전체에서 향긋한 향기가 난다. 7~8월에 분홍색 꽃이 핀다. 어린 잎과 꽃은 그대로, 뿌리는 껍질을 벗겨 살짝 삶아서 샐러드로 이용한다. 보통 못가나 물가에 심어 재배하나, 배수가 잘 되고 적당히 습도가 유지되는 곳이면 잘 자란다.

성분⇒ 잎, 꽃, 뿌리에 caffeic acid, chlorogenic acid, ferulic acid, pectin, salicylic acid, scopoletin, sorbitol, tannin, vanillic acid, amino acid, vitamin B, C 등이 함유되어 있다.

약효⇒ 기관지염, 기침, 폐렴, 방광염, 요

도결석, 외상, 화상, 위궤양, 십이지장궤양, 위염, 장염, 구내염, 인후염, 비염, 근육통, 벌에 쏘인 데, 벌레 물린 데, 삔 데를 치료한다.

용도⇒ 잎, 꽃, 뿌리를 관상, 식용, 약용, 목캔디, 벌 구제제 등으로 이용한다.

✿ 재배 및 관리
기후 환경⇒ 더위에 강하다.
토양⇒ 배수가 잘 되고, 보수력이 있는 토양에서 잘 자란다.
번식 방법 및 시기⇒ 실생(4월, 9월), 분주(9~10월), 삽목(6월)
수확 시기⇒ 7~8월(개화 직전 수확), 10월(뿌리)

| 1 | 2 | 3 | 4 | 5 | 6 | 7 | 8 | 9 | 10 | 11 | 12 |

꽃   마조람

69. 마조람

꿀풀과 Labiatae

학 명 *Origanum majorana* L. (*Majorana hortensis* Moench.)
영 명 Sweet marjoram, Knotted marjoram
원산지 유럽 남부, 지중해 연안, 아프리카 북부, 인도, 아라비아 반도, 터키

특성⇒ 다년초. 높이 20~60cm. 7~8월에 흰색 또는 분홍색 꽃이 핀다. 달콤하고도 쓴맛이 나며, 박하향 비슷한 향이 난다. 향신료로 토마토 요리 및 스튜, 수프의 맛을 내는 데 주로 쓰인다.

성분⇒ borneol, caffeic acid, camphor, eugenol, geraniol, kaempferol, limonene, linalool, luteolin, myristic acid, oleanolic acid, rosmarinic acid, rutin, thymol, ursolic acid, vanillic acid, vitamin A, B, C 등이 함유되어 있다.

약효⇒ 강장, 건위, 구풍, 소화 촉진, 두통 및 신경통 완화, 월경 촉진, 혈행 개선, 노화 지연, 항바이러스, 최면, 흥분, 진정 효능이 있으며, 간장병, 신장병, 동맥경화, 피부병, 괴혈병을 치료한다.

용도⇒ 잎, 꽃을 식용, 차, 식품 향미료, 향신료, 방향제, 입욕제, 화장품, 향수, 산화 방지제, 맥주의 쓴맛 원료, 방부제(미라)로 이용한다.

❈ 재배 및 관리

기후 환경⇒ 온실에서 월동하고, 더위와 추위에 약하다.

토양⇒ 배수가 잘 되며, 건조하고 비옥한 토양에서 잘 자란다.

번식 방법 및 시기⇒ 실생, 삽목, 분주 (4~5월)

수확 시기⇒ 4~10월(잎, 꽃)

| 1 | 2 | 3 | 4 | 5 | 6 | 7 | 8 | 9 | 10 | 11 | 12 |

망고   열매

70. 망고

옻나무과 Anacardiaceae

학 명 *Mangifera indica* L.
원산지 인도 북부, 미얀마, 말레이 반도

영 명 Mango, Amchoor

특성⇒ 상록 교목. 높이 20~40m. 수관은 너비 35m 가량 퍼지며 자란다. 잎은 호생하며, 난상의 긴 선형으로 끝이 뾰족하고, 광택이 나는 녹색이다. 7~9월에 분홍빛을 띤 흰색 꽃이 길이 10~60cm의 원추화서로 달린다. 열매는 도란형이며, 향기가 나고, 과피는 초록색, 노란색, 붉은색이며, 단단하다. 열매 안에 섬유질로 싸인 넓적하고 긴 종자가 들어 있다. 생장이 빠르다.

성분⇒ calcium, essential fatty acids, iron, magnesium, manganese, zinc, phosphorus, potassium, sucrose, vitamin 등이 함유되어 있다.

약효⇒ 내출혈, 적리, 인후통, 이질, 화상을 치료한다.
용도⇒ 어린싹, 꽃, 열매, 과피, 종자, 수지를 식용, 약용, 향료, 음료, 조미료, 노란색 염료, 구충제로 이용한다.

❉ 재배 및 관리
기후 환경⇒ 온실에서 월동하고, 더위에 강하다.
토양⇒ 배수가 잘 되는 비옥한 사질 양토에서 잘 자란다.
번식 방법 및 시기⇒ 접목(3월), 실생(4월), 삽목(6~7월)
수확 시기⇒ 9~10월(열매)

1	2	3	4	5	6	7	8	9	10	11	12

매더

71. 매더(서양꼭두서니)

꼭두서니과 Rubiaceae

학 명 *Rubia tinctorum* L.
영 명 Dyer's madder, European madder
원산지 유럽 남부, 소아시아

특성⇒ 덩굴성 다년초. 길이 100cm 가량. 줄기는 네모지고, 갈고리 모양의 날카로운 가시가 있다. 잎은 윤생하며, 거친 털이 나고, 7~9월에 황백색 꽃이 핀다. 열매는 붉은 갈색 또는 검은색으로 익는다. 뿌리는 육질로 된 근경으로 오렌지색이며, 붉은색 염료로 쓰인다.

성분⇒ alizarin(붉은색 염료), oxiantorakinon, ruberitrin acid, arisanin 배당체, purpurin 배당체, rubiasin 배당체가 함유되어 있다.

약효⇒ 강장, 거담, 식욕 촉진, 통경, 활혈 효능이 있으며, 신장결석, 변비, 빈혈, 외상, 타박상 통증, 궤양, 좌골신경통, 만성 관절염을 치료한다.

용도⇒ 뿌리, 종자를 약용, 입욕제, 염료로 이용한다.

✿ 재배 및 관리

기후 환경⇒ 더위에 잘 견디고 추위에는 약하다.

토양⇒ 토심이 깊고 보수력이 있는 알칼리성 토양으로 다비(多肥)를 요한다.

번식 방법 및 시기⇒ 실생(4월), 삽목(6~7월), 분주(4월, 9월)

수확 시기⇒ 10~11월(뿌리)

| 1 | 2 | 3 | 4 | 5 | 6 | 7 | 8 | 9 | 10 | 11 | 12 |

매화나무

72. 매화나무 (매실)

장미과 Rosaceae

학 명 *Prunus mume* Sieb. et Zucc.
영 명 Japanese apricot, Japanese flowering apricot
원산지 중국

특성⇨ 낙엽 교목. 높이 5~10m. 가지는 비스듬히 또는 직립하여 자라며, 일년생 가지는 녹색이다. 잎은 호생하며, 양 끝은 뾰족하고, 길이 5~8cm, 양 면에는 미세한 털이 있으며, 가장자리에 이중 거치가 있고, 앞면은 진녹색, 뒷면은 연녹색이다. 3~4월에 지름 2.5cm 가량의 연녹색 꽃이 피며, 향기가 난다. 열매는 핵과로 둥글고, 6월에 노란색으로 익으며, 붉은색을 띠기도 한다. 열매 표면에는 털이 밀생하며, 신맛이 난다. 많은 품종이 있다.

성분⇨ 5-hydroxymethyl(열매를 볶을 때 당이 열분해하여 생성.)이 함유되어 있다.

약효⇨ 수렴, 항균(탄저균, 디프테리아균,

포도상구균), 항진균(백선균), 간디스토마 살충 작용을 하며, 설사, 생진(生津), 만성 해수, 하리, 기생충에 의한 복통, 풍비, 담낭염, 나력을 치료한다.

용도⇨ 잎, 줄기, 꽃, 뿌리, 열매를 관상, 식용, 약용, 산미료, 주류로 이용한다.

✼ 재배 및 관리

기후 환경⇨ 노지에서 월동하며, 충분한 광선을 요한다.

토양⇨ 배수가 잘 되는 비옥한 사질 양토에서 잘 자란다.

번식 방법 및 시기⇨ 실생(4월), 접목(2~3월)

수확 시기⇨ 5월(미숙과), 4~5월(잎, 줄기), 연중(뿌리)

| 1 | 2 | 3 | 4 | 5 | 6 | 7 | 8 | 9 | 10 | 11 | 12 |

맨드라미

73. 맨드라미 (鷄冠花)

비름과 Amaranthaceae

학 명 *Celosia cristata* L.
원산지 열대 아시아, 인도

영 명 Cockscomb

특성⇒ 1년초. 높이 60~90cm. 줄기는 굵고 곧게 자라며, 붉은빛이 돈다. 잎은 호생하며 잎자루가 길고, 난형 또는 난상 피침형으로 끝은 뾰족하다. 7~10월에 붉은 갈색, 노란색, 흰색 꽃이 핀다. 전세계적으로 화단에 식재하여 관상하는 관상용 화훼 식물이며, 원예 품종은 형태와 꽃의 색이 다양하다. 꽃은 지사제로 쓰인다.

성분⇒ betacyanins, betaxanthins, celosianin amaranthin, isoamaranthin, isocelosianin, sodium, nitrite 등이 함유되어 있다.

약효⇒ 양혈, 지혈 효능이 있으며, 치루로 인한 하혈, 적백리, 토혈, 해혈, 대하, 치질, 이질, 비출혈, 혈붕, 두드러기, 장풍변혈, 붕대, 임탁, 간장병, 눈병을 치료한다.

용도⇒ 잎, 꽃, 종자, 전초를 관상, 약용한다.

❈ 재배 및 관리

기후 환경⇒ 더위에 강하고 추위에는 약하다.

토양⇒ 배수가 잘 되는 비옥한 사질 양토에서 잘 자란다.

번식 방법 및 시기⇒ 실생(4~5월)

수확 시기⇒ 5~10월

1	2	3	4	5	6	7	8	9	10	11	12

98

맬로

74. 맬로(錦葵)

아욱과 Malvaceae

학 명 *Malva sylvestris* L.
원산지 유럽 동부

영 명 Common mallow, Blue mallow

특성⇒ 다년초. 높이 1m 가량. 줄기는 곧게 자라며, 가지가 많이 갈라지고, 거친 털이 있다. 잎은 큰 심장형으로 5개의 결각이 지고, 가장자리에 잔거치가 있다. 6~7월에 붉은 보라색, 연보라색, 흰색 꽃이 핀다. 고대 로마에서는 식용 및 약용 식물로 재배하였다. 변종으로 당아욱(*M. sylvestris* L. var. *mauritiana* Boiss.)이 있으며, 용도는 같다.
성분⇒ MVS-Ⅰ, MVS-ⅡA, MVD-ⅡA, MVD-ⅡG, MVA-ⅢA, MVS-V, protein 등이 함유되어 있다.
약효⇒ 소염, 수렴, 완화, 진정 효능이 있으며, 위염, 위궤양, 인후염, 기관지염, 감기, 기침을 치료한다.
용도⇒ 잎, 꽃, 뿌리를 식용(샐러드, 수프), 약용, 차, 입욕제로 이용한다.

❋ 재배 및 관리
기후 환경⇒ 추위와 더위에 강하다.
토양⇒ 배수가 잘 되고, 보수력이 있는 비옥한 사질 양토에서 잘 자란다.
번식 방법 및 시기⇒ 실생(직파, 4~5월, 9~10월), 분주(9~10월)
수확 시기⇒ 5~10월(개화 직전의 잎 수확), 10월(2년생 뿌리)

1	2	3	4	5	6	7	8	9	10	11	12

무늬머그워트   머그워트

75. 머그워트

국화과 Compositae

학 명 *Artemisia vulgaris* L.
영 명 Mugwort, Chinese moxa, Felon herb
원산지 유럽, 시베리아, 북아프리카

특성⇒ 다년초. 높이 60~170cm. 7~8월에 붉은 갈색 꽃이 핀다. 쑥 향기가 나며, 유럽에서는 어린가지와 잎을 육류 요리에 향신료로 쓴다. 중국에서는 약초로 사용하거나 떡에 넣어 먹는다. 부인병 치료에 쓰이나, 임산부는 사용을 금한다. 원예 품종으로는 잎에 무늬가 있는 무늬머그워트가 있다.

성분⇒ cineol, eucalyptol, adetone, cajeputol, artemisin, heptadecatriin-2,4,9-triene-8,10,16, monogynin, ponticaepoxide, dihydrofalcarinene, tridecatrine, triene 등이 함유되어 있다.

약효⇒ 기혈(氣血), 온경(溫經), 지혈, 안태, 소화 촉진 효능이 있으며 한습, 복부냉증, 설사전근(泄瀉轉筋), 만성이질, 토혈, 생리불순, 산후통을 치료한다.

용도⇒ 잎, 줄기를 관상(지피 식물), 식용, 약용, 모기 기피제로 이용한다.

✤ 재배 및 관리

기후 환경⇒ 노지에서 월동하고, 더위에 강하다.

토양⇒ 배수가 잘 되는 비옥한 사질 양토에서 잘 자란다.

번식 방법 및 시기⇒ 분주(4월, 9월)

수확 시기⇒ 4~9월(잎, 줄기)

1	2	3	4	5	6	7	8	9	10	11	12

머스크 맬로

꽃

76. 머스크 맬로

아욱과 Malvaceae

학 명 *Malva moschata* L.
영 명 Musk mallow, Musk rose, Cut-leaf mallow
원산지 유럽 중부, 남부

특성⇒ 상록 다년초. 높이 30~60cm.
줄기는 곧추서고, 잎은 호생하며, 잎자루
가 있다. 근생엽은 둥글고 얕게 갈라지
며, 경생엽은 5갈래로 깊게 갈라지고, 갈
래는 다시 우상으로 잘게 갈라진다. 7~9
월에 분홍색, 연분홍색, 흰색 꽃이 핀다.
꽃에서 사향 비슷한 향이 나며, 꽃과 잎
을 말려서 차나 입욕제로 사용한다.
성분⇒ vitamin A, B, C가 함유되어
있다.
약효⇒ 통증을 완화한다.

용도⇒ 잎, 줄기, 꽃을 관상, 요리, 차,
입욕제, 화장품 재료로 이용한다.

✻ 재배 및 관리
기후 환경⇒ 추위에 약하고 더위에는 보
통이다.
토양⇒ 적당한 습기가 있고, 배수가 잘
되는 비옥한 사질 양토에서 잘 자란다.
번식 방법 및 시기⇒ 실생(4월)
수확 시기⇒ 연중(잎, 줄기, 꽃)

1	2	3	4	5	6	7	8	9	10	11	12

검은색갓

흰색갓의 꽃

머스터드

77. 머스터드(갓, 겨자)

십자화과 Cruciferae

학 명 *Brassica* spp. **영 명** Mustard
원산지 중국, 지중해 연안, 유럽, 북아메리카

특성⇒ 1~2년초. 높이 90~180cm. 4~5월에 노란색 꽃이 핀다. 저온 처리에 의해 개화 결실한다. 맵고 톡 쏘는 쌉쌀한 향기가 나는 식물로, 일본 요리에 많이 사용된다. 겨자로 이용되는 종(種)으로, 흰색갓〔*B. alba* L.: 종자가 연갈색인 화이트 머스터드(white mustard)〕, 갈색갓〔*B. juncea* (L.) Czerniak.: 종자가 갈색인 브라운 머스터드(brown mustard)〕, 검은색갓〔*B. nigra* (L.) W.D.J. Koch: 종자가 검은색인 블랙 머스터드(black mustard)〕이 있다.

성분⇒ 종자에 allyl isothiocyanate, caffeic acid, chlorogenic acid, ferulic acid, *p*-coumaric acid, protocatechuic acid, sinapic acid, vanillic acid, sinigrin, sinalbin 등이 함유되어 있다.

약효⇒ 진해, 거담 효능이 있고, 위통, 복통, 류머티즘, 신경통, 폐렴을 치료하며, 피부 자극제, 토제, 습포제로 쓰인다.

용도⇒ 어린잎, 꽃, 종자를 관상(절화, 키친 가든용), 식용, 약용, 향신료(겨자), 식용유로 이용한다.

✻ 재배 및 관리

기후 환경⇒ 노지에서 월동하고, 더위에 강하다.

토양⇒ 내건성 식물로, 배수가 잘 되고 적당한 습기가 있는 토양에서 잘 자란다.

번식 방법 및 시기⇒ 실생(4월, 9월)

수확 시기⇒ 4~5월(잎, 꽃), 6월(종자)

1	2	3	4	5	6	7	8	9	10	11	12

머위   꽃

78. 머위
국화과 Compositae

학 명 *Petasites japonicus* Max.   **영 명** Japanese butterbur, Fuki
원산지 한국, 일본, 중국

특성⇒ 다년초. 높이 25~60cm. 잎은 넓
은 부채 모양이며, 잎자루가 길고, 가장
자리에 거치가 있다. 4월에 미황색 꽃이
핀다. 잎자루는 껍질을 벗겨 삶아서 나물
로 먹는다. 우리 나라 자생 식물이다.
성분⇒ 뿌리에 9-acetoxyfukinanolide,
fukiic acid가 함유되어 있으며, 뿌리의
정유에는 petasin(50-55%), carene,
eremophilene, thymolmethylether,
ligularone, petasalbin, albopetasin 등
이 함유되어 있다.
약효⇒ 건정신, 건위, 보신, 보비(補脾),
식욕 촉진, 진정, 안면, 이뇨, 해독, 거어

혈 효능이 있으며, 종창, 수종, 풍습, 편
도선염, 창독, 독사 교상을 치료한다.
용도⇒ 잎, 잎자루, 뿌리를 관상(지피 식
물), 식용, 약용한다.

❋ 재배 및 관리
기후 환경⇒ 추위와 더위에 강하다
토양⇒ 습기가 있는 비옥한 사질 양토에
서 잘 자란다.
번식 방법 및 시기⇒ 실생, 분구(4월, 9
월)
수확 시기⇒ 4~9월(잎자루)

103

아틱 스노 멀레인   멀레인

79. 멀레인 (베르바스쿰, 毛蕊花)

현삼과 Scrophulariaceae

학 명 *Verbascum thapsus* L.
영 명 Common mullein, Flannel plant, Velvet plant
원산지 유럽, 아시아

특성⇒ 2년초 또는 다년초. 높이 80~
200cm. 줄기는 곧고, 잎은 로제트상으
로 자라며, 털이 있다. 7~8월에 노란색
꽃이 피며, 줄기 끝에 긴 화수가 달린다.
원예 품종으로는 줄기와 잎이 은백색이
나는 실버 멀레인(Silver mullein), 다크
멀레인(Dark mullein), 아틱 스노 멀레인
(Arctic snow) 등이 있다. 유럽에서는 호
흡기 계통 치료제로 쓰이며, 미국에서는
치통이나 신경통에 고약으로 쓰인다.
성분⇒ carotene, sitosterol, coumarin,
hesperidin, saponin, phosphorus,
potassium, selenium, zinc, vitamin B,
C, aucubin 정유가 함유되어 있다.
약효⇒ 거담, 진경, 진정, 진통, 진해, 항

결핵, 염증 완화, 이뇨, 마취 효능이 있
으며, 기침, 기관지염, 천식, 백일해, 불
면증, 폐병, 관절염, 습진, 편두통, 쉰 목
소리, 귓병, 타박상, 종기를 치료한다.
용도⇒ 잎, 줄기, 꽃, 뿌리를 관상(드라
이 플라워), 약용, 횃불, 린스, 밀원, 담배
첨가제로 이용한다.

✿ 재배 및 관리
기후 환경⇒ 노지에서 월동하고, 더위에
약하다.
토양⇒ 배수가 잘 되고, 부식질이 많은
비옥한 토양에서 잘 자란다.
번식 방법 및 시기⇒ 실생(5월, 9~10월)
수확 시기⇒ 7~8월(꽃)

| 1 | 2 | 3 | 4 | 5 | 6 | 7 | 8 | 9 | 10 | 11 | 12 |

메도스위트

80. 메도스위트

장미과 Rosaceae

학 명 *Filipendula ulmaria* L.
원산지 유럽, 아시아, 북아메리카

영 명 Meadowsweet

특성⇒ 다년초. 높이 60~100 cm. 7~8월에 크림색 꽃이 핀다. 꽃과 잎, 근경에서 향기가 나며, 꽃에서는 아몬드 비슷한 달콤한 향이 난다. 무늬종과 겹꽃종이 있으며, 꽃이 아름다워 관상용으로 이용된다. 꽃봉오리는 아스피린 원료로 쓰인다.
성분⇒ 꽃봉오리에 salicylic acid가 함유되어 있다.
약효⇒ 소화, 이뇨, 해열, 항염증, 정신안정 효능이 있으며, 감기, 위염 및 위궤양, 위산과다, 두통, 류머티즘, 관절염,

설사, 복통, 이질을 치료한다.
용도⇒ 꽃, 근경을 관상(절화), 약용, 맥주·잼·와인 향미용, 방향제로 이용한다.

❊ 재배 및 관리
기후 환경⇒ 고온과 건조를 싫어한다.
토양⇒ 습하고 비옥한 사질 양토에서 잘 자란다.
번식 방법 및 시기⇒ 실생(4~6월, 9~10월), 분주(4월, 10월)
수확 시기⇒ 7~8월(꽃), 10월(근경)

| 1 | 2 | 3 | 4 | 5 | 6 | 7 | 8 | 9 | 10 | 11 | 12 |

멕시칸 세이지

81. 멕시칸 세이지

꿀풀과 Labiatae

학 명 *Salvia leucantha* Cav.
원산지 멕시코

영 명 Mexican bush sage

특성⇒ 초본성 반관목. 높이 50~100cm, 포기 너비 40~90cm. 생육이 왕성하다. 줄기는 흰 털로 덮인다. 잎은 난형, 피침형, 긴 타원형, 선형 등이며, 길이 15cm 가량, 녹색, 뒷면에 흰 털이 있으며, 가장자리에 거치 또는 가는 둔거치가 있다. 8~10월에 줄기 끝에 흰색 꽃이 총상화서로 달리며, 꽃받침은 청보라색이다. 꽃은 벨벳 같은 특이한 광택이 나서 화려하다.

성분⇒ tanshinon, salviol, salvilenone, salvianolic acid A, ursolic acid, isoferulic acid 등이 함유되어 있다.

약효⇒ 항염, 항균 효능이 있다.
용도⇒ 꽃을 관상(절화, 드라이플라워), 포푸리로 이용한다.

✽ 재배 및 관리
기후 환경⇒ 5℃ 이상에서 월동하고, 16~30℃에서 잘 자란다.
토양⇒ 배수가 잘 되는 비옥한 사질 양토에서 잘 자란다.
번식 방법 및 시기⇒ 실생(4~5월)
수확 시기⇒ 9~10월(꽃)

1	2	3	4	5	6	7	8	9	10	11	12

마편초과 Verbenaceae

멕시칸 스위트 허브

82. 멕시칸 스위트 허브

학 명 *Lippia dulcis* Trevir.
원산지 중앙 아메리카

영 명 Mexican sweet herb

특성⇒ 다년초. 길이 2m 가량. 줄기는 포
복하며, 마디에서 뿌리가 내린다. 잎은 대
생하며, 난형으로 끝이 뾰족하다. 7~8월
에 흰색 꽃이 핀다. 잎과 꽃, 뿌리에 향
이 있다. 식물 전체의 당도가 설탕의
1000배에 이르며, 원산지에서는 마테차
의 감미료로 사용한다.
약효⇒ 발한, 최면 효능이 있으며, 기관
지 질환, 백일해를 치료한다.
용도⇒ 잎, 꽃을 관상, 식용, 약용, 차로
이용한다.

※ 재배 및 관리

기후 환경⇒ 온실에서 월동하고, 더위에
는 보통이다.
토양⇒ 배수가 잘 되고, 건조한 듯한 비
옥한 토양에서 잘 자란다.
번식 방법 및 시기⇒ 실생, 분주(4~5월)
수확 시기⇒ 6~9월(잎, 꽃)

| 1 | 2 | 3 | 4 | 5 | 6 | 7 | 8 | 9 | 10 | 11 | 12 |

명아주

83. 명아주

명아주과 Chenopodiaceae

학 명 *Chenopodium album* L. var. *centrorubrum* Makino
영 명 Lamb's-quarters, Pigweed   **원산지** 한국, 일본, 중국

특성⇒ 1년초. 높이 1m 가량. 잎은 호생하며, 삼각상 난형으로 가장자리는 물결 모양이고, 흰색 가루로 덮이며, 어린잎은 연홍색 가루의 수모가 기부에 있다. 6~7월에 녹황색 꽃이 수상화서로 달린다. 우리 나라 전역에서 자라는 귀화 식물로 흰 명아주의 변종이다. 어린순은 식용하나, 오랫동안 먹으면 독이 있어 몸이 붓는다.

성분⇒ fatty acid, vitamin A, B, C, essential amino acid가 함유되어 있다.

약효⇒ 강장, 건위, 살충, 이습, 청열 효능이 있으며, 이질, 복사(腹瀉), 습창양진 (濕瘡痒疹), 벌레 물린 데를 치료한다.

용도⇒ 어린싹, 잎, 줄기를 식용, 약용, 사료로 이용한다.

❊ 재배 및 관리

기후 환경⇒ 종자로 월동하고, 더위에 강하다.

토양⇒ 배수가 잘 되는 사질 양토에서 잘 자란다.

번식 방법 및 시기⇒ 실생(4~5월)

수확 시기⇒ 5~7월(잎, 줄기)

| 1 | 2 | 3 | 4 | 5 | 6 | 7 | 8 | 9 | 10 | 11 | 12 |

모과   꽃

84. 모과 (木瓜)

장미과 Rosaceae

학 명 *Chaenomeles sinensis* Koehne (*Cydonia sinensis* Thouin)
영 명 Chinese quince   **원산지** 중국

특성⇒ 낙엽 교목. 높이 12m, 지름 1m
가량. 어린가지에는 가시가 없고 털이 나
며, 2년지는 자갈색으로 광택이 난다. 잎
은 호생하고, 타원상 난형 또는 긴 타원
형이며, 가장자리에 잔거치가 있다. 5월에
분홍색 꽃이 핀다. 열매는 9월에 노란색
으로 익으며, 딱딱하다. 열매는 향이 강
하고 신맛이 나며, 과육을 끓이면 분홍빛
이 난다. 종자는 독성이 있으며, 물에 담
가 생긴 침전물을 채취하여 헤어로션과
마스카라 원료로 쓴다. 유사종으로는 지
중해 연안과 중앙 아시아, 크레타 섬이
원산지인 서양모과(*Cydonia oblonga*
Mill.)가 있다.
성분⇒ oleanolic acid가 함유되어 있다.

약효⇒ 소담, 거풍습 효능이 있으며, 인
후염, 이질, 토사, 근육통을 치료한다.
용도⇒ 꽃, 열매를 관상(조경, 분재), 음
료 및 식품의 향미용, 차, 헤어로션, 마스
카라 재료로 이용한다.

❋ 재배 및 관리
기후 환경⇒ 중부 이남의 노지에서 월동
하며, 더위에는 강하고, 환기를 요한다.
토양⇒ 배수가 잘 되는 비옥하고 적당한
습도의 사질 양토에서 잘 자란다.
번식 방법 및 시기⇒ 실생(4월), 삽목, 접
목(3월)
수확 시기⇒ 5~10월(꽃, 열매)

1	2	3	4	5	6	7	8	9	10	11	12

목향

85. 목향 (엘리캠페인)

국화과 Compositae

학 명 *Inula helenium* L.
영 명 Elecampane, Horseheal, Scabwort, Yellow starwort
원산지 유럽, 북아시아

특성⇒ 다년초. 높이 1~2m. 잎은 호생하며 넓은 타원형이고, 뒷면에 벨벳 같은 털이 있다. 7~8월에 노란색 두상화가 산방화서로 달린다. 바나나향이 나나 말리면 파인애플향이 난다.

성분⇒ inulin, alantolactone, alantolic acid 등이 함유되어 있다.

약효⇒ 강장, 거담, 소염, 수렴, 진해, 항균, 항진균, 소화 촉진, 살균, 건위, 이뇨, 구충 효능이 있으며, 개선, 천식, 기관지염, 폐감염증, 담즙 분비로 인한 소화불량을 치료한다.

용도⇒ 꽃, 뿌리, 전초를 관상, 약용, 와

인 향료, 제과, 포푸리, 염료, 방충제로 이용한다.

❋ 재배 및 관리

기후 환경⇒ 종자로 월동하고, 더위에는 강하다. 반그늘에서 잘 자란다.

토양⇒ 배수가 잘 되는 사질 양토에서 잘 자란다.

번식 방법 및 시기⇒ 실생(4월), 분주(3월)

수확 시기⇒ 9~10월(뿌리)

| 1 | 2 | 3 | 4 | 5 | 6 | 7 | 8 | 9 | 10 | 11 | 12 |

몬스테라   꽃과 열매

86. 몬스테라

천남성과 Araceae

학 명 *Monstera deliciosa* Liebm.
영 명 Swiss cheese plant, Window plant, Cut-leaf philodendron, Ceriman
원산지 멕시코, 중앙 아메리카

특성⇒ 상록 다년초. 높이 6~7m. 기근
(氣根)이 생긴다. 잎은 원형이며, 잎자루
가 길고, 지름 1m 가량, 깊게 갈라지며,
주맥 주변의 잎맥 사이에 구멍이 뚫려 있
고, 진녹색 광택이 난다. 8~9월에 유백
색 꽃이 육수화서로 핀다. 열매는 바나나
크기이며, 바나나 또는 파인애플향이 난
다. 실내 원예 식물로 관상한다.
약효⇒ 준하제(峻下劑), 간 치료제 등으
로 쓴다.
용도⇒ 잎, 열매, 종자를 관상, 식용, 음
료, 빙과로 이용한다.

❀ **재배 및 관리**
기후 환경⇒ 온실에서 월동하고, 고온
다습한 곳에서 잘 자란다.
토양⇒ 배수가 잘 되고, 부식질이 많은
사양토에서 잘 자란다.
번식 방법 및 시기⇒ 실생, 삽목(5~7월,
온실에서는 연중 번식 가능)
수확 시기⇒ 연중(열매)

| 1 | 2 | 3 | 4 | 5 | 6 | 7 | 8 | 9 | 10 | 11 | 12 |

보라색 꽃

흰색 꽃

87. 무스카리

백합과 Liliaceae

학 명 *Muscari armeniacum* Leichtl. ex Baker
영 명 Blue grape hyacinth   **원산지** 아르메니아, 서부 이란, 유럽

특성⇒ 다년초. 높이 10~30cm. 잎은 구근에서 2~4장 나오며, 4~5월에 보라색, 흰색 꽃이 핀다. 원산지에서는 들에서 자라며, 재배시에는 가을에 구근을 심는다. 꽃에서 향기가 나며, 향료로 사용한다. 원예종으로 겹꽃무스카리(*M. armeniacum* Leichtl. ex Baker 'Blue spike')와 흰꽃무스카리(*M. botryoides* (L.) Mill. 'Album')가 있다.

용도⇒ 꽃을 관상, 향료로 이용한다.

❋ **재배 및 관리**
기후 환경⇒ 노지에서 월동하고, 더위에 약하다.
토양⇒ 배수가 잘 되는 토양에서 잘 자란다.
번식 방법 및 시기⇒ 분구(8~9월)
수확 시기⇒ 4~5월(꽃)

1	2	3	4	5	6	7	8	9	10	11	12

무화과

88. 무화과 (無花果)

뽕나무과 Moraceae

학 명 *Ficus carica* L.　　**영 명** Common fig, Fig tree
원산지 유럽, 아시아 서부, 지중해 연안

특성⇒ 낙엽 관목. 높이 3~5m. 줄기는 회갈색이 난다. 잎은 호생하며, 넓은 난형으로 끝은 뾰족하다. 8~9월에 꽃이 피는데, 봄부터 여름에 걸쳐 엽액에서 주머니 같은 화서가 발달하며, 그 속에 많은 꽃들이 은화로 숨어 있어 무화과라고 한다. 열매는 난형이며, 길이 5~8cm, 8~10월에 암자색으로 익는다. 재배종 과수이다.
성분⇒ 열매에 auxin, 뿌리에 psoralen, bergapten, guaiazulene, 잎에는 psoralen, bergapten, guaiacol, rutin, triterpenoid, paralene, ficin, malic acid 등이 함유되어 있다.
약효⇒ 건위청장(健胃淸腸), 소종, 해독, 완화, 자양, 살충, 회충 구충 효능이 있으며, 장염, 이질, 변비, 개선, 종독, 심통, 치통, 염증, 피부병, 탈항을 치료한다.
용도⇒ 잎, 수피, 열매를 관상, 식용, 약용, 건과, 제지, 음료, 발효주, 입욕제로 이용한다.

✻ **재배 및 관리**
기후 환경⇒ 추위에 약하고 더위에는 강하다.
토양⇒ 배수가 잘 되는 사질 양토에서 잘 자란다.
번식 방법 및 시기⇒ 실생(4월), 분주(4월), 삽목(6~7월)
수확 시기⇒ 9~10월(열매)

1	2	3	4	5	6	7	8	9	10	11	12

물냉이

89. 물냉이 (크레송)

학 명 *Nasturtium officinale* R. Br. 〔*Rorippa nasturtium-aquaticum* (L.) Hayek〕
영 명 Watercress, Cresson, Water pepper　　**원산지** 유럽, 아시아 서남부

특성⇒ 다년초. 높이 30~80cm. 잎은 호생하며, 기수우상복엽이고, 소엽은 1~4개가 대생한다. 4~5월에 줄기 끝에서 흰색 꽃이 핀다. 물이 맑은 습지에서 자라며, 자극적인 향과 매운맛이 나 유럽에서는 향신 채소로 이용된다. 야생종은 간디스토마에 감염될 위험이 있다.

성분⇒ manganese, urea, iron, potassium, calcium, vitamin A, B_1, B_2, C, niacin, protein, fat, sucrose, lignin, natrium 등이 함유되어 있다.

약효⇒ 강장, 거담, 건위, 이뇨, 정혈, 증혈, 양혈, 니코틴 분해, 해독, 해열, 소화, 흥분, 항암, 명안(明眼) 효능이 있으며,

빈혈, 결핵, 체내 종양, 당뇨병, 신경통, 통풍을 치료한다.
용도⇒ 어린싹, 잎, 줄기를 식용한다.

❊ 재배 및 관리
기후 환경⇒ 추위에 강하고 더위에는 약하다.
토양⇒ 수온 10~20℃, 수심 5~10cm의 맑은 물이 흐르는 곳과 비옥한 알칼리성 점질 양토나 사질 양토에서 잘 자란다.
번식 방법 및 시기⇒ 실생(4~6월, 9~10월), 삽목(4~6월)
수확 시기⇒ 5~10월(잎, 줄기를 연 6회 수확)

1	2	3	4	5	6	7	8	9	10	11	12

미국자리공

90. 미국자리공

자리공과 Phytolaccaceae

학 명 *Phytolacca americana* L.
영 명 Pokeweed, Virginian poke, Pokeroot
원산지 북아메리카

특성⇒ 1년초. 높이 1~2m. 원산지에서는 다년초로 3~4m까지 자란다. 줄기는 붉은 보라색이고, 6~9월에 붉은빛이 도는 흰색 꽃이 핀다. 열매는 편구형이며 검붉은 자주색으로 익고, 총상화서로 주렁주렁 길게 달린다. 미국에서 귀화하여 우리나라 전역에 자생하며, 어린잎을 식용하나 전초에 독성이 있으므로 식용으로 적합하지 않다. 면역계에 유효한 성분이 있으며, 백혈병을 억제하는 효과가 있다. 열매 즙을 염료나 잉크로도 사용한다.

성분⇒ 뿌리에 phytolacca saponin B, C_2, D, E, F와 KNO_3, betanin 등이 함유되어 있다.

약효⇒ 항염, 이뇨, 마취, 살정(殺精) 효능이 있으며, 이하선염, 구토, 이질, 복통, 관절염, 진균성 감염, 피부병을 치료한다.

용도⇒ 잎, 열매, 전초를 관상, 식용, 습포, 염료로 이용한다.

❋ 재배 및 관리

기후 환경⇒ 종자로 월동하고, 더위에 강하다.

토양⇒ 배수가 잘 되는 비옥한 사질 양토에서 잘 자란다.

번식 방법 및 시기⇒ 실생(4월), 분주(9월)

수확 시기⇒ 4~6월(어린순), 6~9월(열매)

| 1 | 2 | 3 | 4 | 5 | 6 | 7 | 8 | 9 | 10 | 11 | 12 |

플라밍고미나리　　　미나리

91. 미나리

산형과 Umbelliferae

학 명 *Oenanthe javanica* (Bl.) DC.　　**영 명** Water dropwort, Water celery
원산지 한국, 일본, 중국, 동남 아시아, 오스트레일리아

특성⇒ 다년초. 높이 80cm 가량. 잎은 2
회 우상복엽이다. 7~8월에 흰색 꽃이 줄
기 끝에 겹산형화서로 핀다. 논이나 습
지, 늪지에서 자란다. 잎을 향미용으로 사
용하며, 특히 생선 요리의 비린 맛을 없
애기 위해 줄기와 잎을 생채로 쓴다. 원예
품종으로는 플라밍고미나리(*O. javani-
ca* 'Flamingo')가 있다.
성분⇒ 잎과 줄기에 coniine, hyperin,
coumarin, protein, fatty acid, lignin,
sucrose, calcium, natrium, kalium,
carotene, vitamin A, B, C 등이 함유
되어 있다.

약효⇒ 양신(養神), 익정(益精), 식욕 촉
진, 해열 효능이 있으며, 주독, 장염, 대
하, 수종, 고혈압, 신경통을 치료한다.
용도⇒ 잎, 줄기, 전초를 관상, 식용, 향
미용으로 이용한다.

❋ **재배 및 관리**
기후 환경⇒ 노지에서 월동하고, 더위에
강하다.
토양⇒ 비옥한 습지 토양에서 잘 자란다.
번식 방법 및 시기⇒ 실생, 분주, 삽목
(4~9월)
수확 시기⇒ 5~10월(잎, 줄기)

1	2	3	4	5	6	7	8	9	10	11	12

미모사 아카시아

92. 미모사 아카시아 (銀荊)

콩과 Leguminosae

학 명 *Acacia dealbata* Link.　　　　**영 명** Silver wattle, Mimosa
원산지 오스트레일리아 동남부, 태즈메이니아, 아열대 지방

특성⇒ 상록 교목. 높이 20m 가량. 꽃은 밝은 노란색이며, 건조에 강하고, 제비꽃과 같은 향기가 있다. 절화용으로 재배하기도 하며, 꽃에서 향료를 추출하거나 말려서 방향제로 사용한다. 개화기에는 나무 전체가 노란색 꽃으로 뒤덮이며, 원산지에서는 1~2월에 꽃이 핀다. 미국 캘리포니아에서는 정원용으로 많이 심는다. 수피에 타닌 성분이 많으며, 토박한 땅에 심으면 뿌리혹박테리아가 토양을 비옥하게 한다.
성분⇒ tannin과 고무질을 함유한다.
약효⇒ 수렴 효능이 있으며, 천식, 피부병을 치료한다.

용도⇒ 연한 잎, 줄기, 꽃, 종자, 수피, 수액을 관상(정원수, 절화), 식용, 약용, 타닌과 고무 물질 채취(남아프리카공화국 나탈 주), 향수용 정유 재료로 이용한다.

✲ 재배 및 관리
기후 환경⇒ 추위에 약하고 건조와 더위에 강하다.
토양⇒ 배수가 잘 되는 토양으로, 토질은 가리지 않는다.
번식 방법 및 시기⇒ 실생(4월)
수확 시기⇒ 개화기(꽃), 4월(어린순, 연한 줄기)

1	2	3	4	5	6	7	8	9	10	11	12

미치광이풀

93. 미치광이풀

가지과 Solanaceae

학 명 *Scopolia japonica* Maxim.
원산지 한국, 일본

특성⇒ 다년초. 높이 30~60cm. 근경은 옆으로 굵게 자라며, 끝에서 원줄기가 난다. 잎은 호생하며 잎자루가 있고, 타원상 난형, 길이 10~20cm, 너비 3~7cm이며, 가장자리에 1~2개의 거치가 있다. 4~5월에 검붉은 자주색 꽃이 핀다. 깊은 숲속에서 자생하며, 독성이 있으므로 주의해야 한다.

성분⇒ l-hyoscyamine, atropine, scopolamine 등이 함유되어 있다.

약효⇒ 위경련 억제, 해경(解痙), 진통, 수한, 소화액 분비 억제 효능이 있으며, 위통, 위·십이지장궤양, 삽장(澁腸), 동통, 정신광조, 주독에 의한 수전증, 외상출혈, 치질, 멀미를 치료한다.

용도⇒ 근경을 약용한다.

❋ **재배 및 관리**

기후 환경⇒ 노지에서 월동하고, 더위에는 보통이다.

토양⇒ 배수가 잘 되고, 부식질이 있는 토양에서 잘 자란다.

번식 방법 및 시기⇒ 실생(4월, 9월), 분주(4월)

수확 시기⇒ 4월, 9~10월(근경)

1	2	3	4	5	6	7	8	9	10	11	12

민들레   잎

94. 민들레 (蒲公英)

국화과 Compositae

학 명	*Taraxacum platycarpum* H. Dahlst. (*T. mongolicum* Hand.-Mazz.)
영 명	Dandelion **원산지** 한국, 일본, 중국

특성⇒ 다년초. 높이 15~30cm. 4~5월에 노란색 꽃이 핀다. 꽃줄기를 자르면 하얀 즙이 나온다. 우리 나라 자생 식물이며, 서양민들레와 대부분의 다른 민들레도 효능은 같다. 같은 속에 많은 종과 품종이 있는데, 흰민들레(*T. coreanum* Nakai), 산민들레(*T. ohwianum* Kitamura), 좀민들레(*T. hallaisanensis* Nakai), 서양민들레(*T. officinale* Weber) 등이 있다.

성분⇒ carotene, sitosterol, caffeic acid, cryptoxanthin, lutein, mannitol, saponin, taraxol, vitamin B, C, lignin, inulin, palmitin, selcin 등이 함유되어 있다.

약효⇒ 강장, 거담, 건위, 발한, 산결, 완하, 이뇨, 정혈, 모유 분비 촉진, 청열, 항균, 해독, 해열 효능이 있으며, 급성 유선염, 림프선염, 나력, 급성 결막염, 감기 발열, 위염, 요로감염, 노이로제, 복통, 간장병, 신장병, 황달, 담석증, 변비, 류머티즘, 야맹증, 천식, 오한, 열병, 종기, 우울증, 수종, 말라리아를 치료한다.

용도⇒ 잎, 꽃, 뿌리, 전초를 식용(나물, 쌈, 샐러드, 즙), 입욕제, 밀원으로 이용한다.

❋ **재배 및 관리**

기후 환경⇒ 노지에서 월동하고, 더위에 강하다.

토양⇒ 배수가 잘 되는 토양에서 잘 자란다.

번식 방법 및 시기⇒ 실생(4월, 9~10월)

수확 시기⇒ 연중(잎, 꽃, 뿌리)

| 1 | 2 | 3 | 4 | 5 | 6 | 7 | 8 | 9 | 10 | 11 | 12 |

밀크 시슬

95. 밀크 시슬(스코틀랜드 엉겅퀴)

국화과 Compositae

학 명 *Silybum marianum* (L.) Gaertn.
영 명 Milk thistle, St. Mary's thistle, Blessed thistle, Holy thistle
원산지 지중해 연안, 유럽 남서부

특성⇒ 2년초. 높이 80~150cm. 잎은 길이 75cm 가량, 너비 15~30cm이며, 흰색 그물맥이 또렷하고 가시가 있다. 7~8월에 자홍색 두상화가 핀다. 향이 약간 나며, 어린잎은 야채로 이용한다. 뿌리는 간장병 치료제로 쓰이나 전문가의 처방에 따라야 하며, 가정에서 직접 사용하는 것은 금한다. 스코틀랜드의 국화이다.

성분⇒ apigenin, beta-carotene, fumaric acid, kaempferol, naringenin, quercetin, silandrin, silymarin, silymonin, taxifolin 등이 함유되어 있다.

약효⇒ 진통, 소화 촉진, 모유 분비 촉진 효능이 있으며, 간장병, 기침, 소화관·담낭·비장 질환, 알코올 및 마약 중독, 만성 간염, 간경화, 카드뮴 중독에 의한 간장 손상을 치료한다.

용도⇒ 잎, 꽃, 뿌리, 종자를 관상, 식용, 약용한다.

✽ 재배 및 관리
기후 환경⇒ 추위에 약하고 고온에 잘 견딘다.
토양⇒ 배수가 잘 되는 토양에서 잘 자란다.
번식 방법 및 시기⇒ 실생(4월, 9~10월)
수확 시기⇒ 연중

1	2	3	4	5	6	7	8	9	10	11	12

바나나 슈럽

96. 바나나 슈럽

목련과 Magnoliaceae

학 명 *Michelia figo* (Lour.) K. Spreng.
　　〔*M. fuscata* (Andr.) Blume, *Magnolia fuscata* Andr.〕
영 명 Banana shrub　　　　　원산지 중국 남부

특성⇒ 상록 관목. 높이 3~5m. 가지는 사
방으로 불규칙하게 갈라지며, 어린가지
와 잎자루에는 황갈색 잔털이 있다. 수피
는 회갈색이다. 잎은 호생하고 짧은 잎자
루가 있으며, 도란상 피침형으로 양 끝이
뾰족하고, 혁질로 두껍고 광택이 나며, 앞
면은 암녹색, 뒷면은 연녹색이다. 5~6월
에 황백색 꽃이 엽액에서 액생하며, 가장
자리에 붉은색 테두리 무늬가 있고, 바나
나 비슷한 달콤한 향이 난다. 온실에서는 1~
3월에도 꽃이 피며, 열매는 골돌과이다.
약효⇒ 방향화습(芳香化濕), 행기(行氣)
효능이 있으며, 비염을 치료한다.

용도⇒ 잎, 꽃을 관상, 차, 향료, 포푸리,
헤어오일로 이용한다.

❋ 재배 및 관리
기후 환경⇒ 다습한 지역에서는 -5℃ 이
상에서 월동하고, 16~30℃에서 잘 자
란다.
토양⇒ 배수가 잘 되고, 적당한 습기가
있는 사질 양토에서 잘 자란다.
번식 방법 및 시기⇒ 실생(4월, 저온 처
리 후 파종), 삽목(6~8월), 취목(4월)
수확 시기⇒ 개화기(꽃), 연중(잎)

| 1 | 2 | 3 | 4 | 5 | 6 | 7 | 8 | 9 | 10 | 11 | 12 |

바닐라

97. 바닐라

난초과 Orchidaceae

학 명 *Vanilla fragrans* Ames (*V. planifolia* Andr.)
영 명 Common vanilla bean, Vanilla　　　**원산지** 멕시코 남동부, 열대 아메리카

특성⇒ 상록 다년초. 높이 30~150cm. 잎은 두껍고 긴 타원형이며, 7~8월에 흰색 꽃이 핀다. 열매는 꼬투리 모양이며 향이 있다. 덜 익은 열매를 채취하여 가열 발효시키면 특유의 달콤한 향이 나는데, 이를 향료로 쓴다. 멕시코에서는 아스텍 시대부터 초콜릿과 음료의 향 첨가제로 사용하였다. 1874년에 인공 바닐린 합성에 성공하면서 인공 향이 널리 쓰이고 있으나, 현재에도 천연 바닐라향의 수요는 여전히 급증하고 있다. 주생산국은 마다가스카르이다. 추출액을 지나치게 섭취하면 염증이나 종기를 일으킨다.

성분⇒ 열매에 glucovanillin, vanillin이 함유되어 있다.

약효⇒ 소화 촉진, 흥분 효능이 있으며, 열병, 히스테리, 생리불순을 치료한다.

용도⇒ 잎, 줄기, 꽃을 관상, 약용, 조미료, 향신료, 향초, 향수, 향 첨가제(아이스크림, 초콜릿, 과자, 푸딩, 담배, 주류, 화장품)로 이용한다.

✳ 재배 및 관리

기후 환경⇒ 추위와 고온에 약하다.
토양⇒ 오스만다루트나 수피에 착생한다.
번식 방법 및 시기⇒ 삽목(5~7월)
수확 시기⇒ 연중

1	2	3	4	5	6	7	8	9	10	11	12

루빈 바질

바질

퍼플러플스 바질

98. 바질

꿀풀과 Labiatae

학 명 *Ocimum basilicum* L.　　　**영 명** Basil, Sweet basil, Common basil
원산지 아프리카 및 유라시아 대륙의 열대 지역

특성⇒ 1년초. 높이 60cm 가량. 줄기는 네모지고 가지가 많이 갈라진다. 잎은 대생하며 난형이다. 7~10월에 줄기 끝에 흰색 또는 붉은 보라색 꽃이 총상화서로 윤생한다. 맵고 달콤한 독특한 향이 있어, 차로 마시거나 요리에 사용한다. 루빈 바질(Rubin), 퍼플러플스 바질(Purple Ruffles) 등의 많은 품종이 있다.

성분⇒ 정유에 methyl chavicol, linalool이 함유되어 있다.

약효⇒ 강장, 식욕 증진, 흥분, 해열, 구충, 항균, 방부, 진정, 부신피질 활성화 효능이 있으며, 두통이나 벌레 물린 데를 치료한다.

용도⇒ 잎, 꽃을 요리 향미료, 향신료, 차, 오일, 식초, 방향제, 입욕제, 냉장고 탈취제, 리큐르, 향수, 밀원으로 이용한다.

✻ 재배 및 관리

기후 환경⇒ 더위에 강하고, 종자로 월동한다.

토양⇒ 배수가 잘 되는 비옥한 사질 양토에서 잘 자란다.

번식 방법 및 시기⇒ 실생, 삽목(5~7월, 온실 내에서 연중 가능)

수확 시기⇒ 6~11월(잎)

| 1 | 2 | 3 | 4 | 5 | 6 | 7 | 8 | 9 | 10 | 11 | 12 |

박하

99. 박하(薄荷, 민트)

꿀풀과 Labiatae

학 명 *Mentha arvensis* L.　　　　**영 명** Mint, Cornmint, Fieldmint, Marshmint
원산지 한국, 일본, 중국(둥베이 지방), 몽골, 러시아(아무르, 사할린, 시베리아)

특성⇒ 다년초. 높이 60cm 가량. 7~9월에 흰색 꽃이 핀다. 잎과 줄기에서 특유의 신선하고 화한 향이 난다. 현재 전 세계에 600여 종이 있으며, 그 중 25종이 재배되고 있다. 품종으로는 페퍼민트, 스피어민트, 애플 민트 등과 변종으로 우리 나라의 자생종 박하(*M. arvensis* L. var. *piperascens* Malinv.)가 있다.

성분⇒ 정유에 l-menthol, methyl acetate, menthone, camphene, isomenthone, piperitone, pulegene, l-limonene 등이 함유되어 있다.

약효⇒ 거풍, 구풍, 소화, 진경, 진통, 해열, 해독, 구충, 이담, 국소 마취, 국소 자극, 청량감, 모세혈관 확장 효능이 있으며, 발열, 두통, 인통, 충혈, 인후종통, 간

기울결, 복만, 적목, 복부고창을 치료한다.

용도⇒ 잎, 줄기, 꽃, 전초를 관상, 요리, 차, 제과, 담배, 향료, 향 첨가제(과자, 사탕, 아이스크림, 껌, 치약, 약품), 포푸리, 입욕제, 밀원으로 이용한다.

❊ 재배 및 관리

기후 환경⇒ 노지에서 월동하고, 더위에는 강하다.

토양⇒ 배수가 잘 되며, 비옥하고 습기가 적당한 냇가 근처의 사질 양토에서 잘 자란다.

번식 방법 및 시기⇒ 실생, 분주, 삽목 (4~10월)

수확 시기⇒ 4~10월(잎, 줄기)

1	2	3	4	5	6	7	8	9	10	11	12

배초향　　　　　줄기와 잎

100. 배초향

꿀풀과 Labiatae

학 명 *Agastache rugosa* (Fisch. et Meyer) O. Kuntze
영 명 Korean mint, Wrinkled giant hyssop
원산지 한국, 일본, 중국, 타이완, 러시아(아무르)

특성⇒ 다년초. 높이 40~100cm. 잎은 대생하며, 난상 심장형이다. 8~10월에 보라색 꽃이 줄기나 가지 끝에 수상화서로 달린다. 우리 나라에서 자생하며, 잎에서 산초향 비슷한 박하향이 난다.

성분⇒ anethole, anisaldehyde, aldehyde, alpha-limonene, methyl chavicol, rosmarinic acid 등이 함유되어 있다.

약효⇒ 쾌기, 화중(和中), 지구(止嘔), 화습(化濕), 열사병 해열, 해서(解暑), 발한 효능이 있으며, 감기두통, 구토, 설사, 구

취, 더위에 의한 기체(氣滯), 흉번(胸煩), 오심을 치료한다.

용도⇒ 잎, 꽃을 관상, 식용, 약용, 차, 향료, 향미료, 포푸리로 이용한다.

※ 재배 및 관리

기후 환경⇒ 노지에서 월동하고, 더위에는 보통이다.

토양⇒ 배수가 잘 되는 사질 양토에서 잘 자란다.

번식 방법 및 시기⇒ 실생(4월, 9~10월)

수확 시기⇒ 수시(잎), 9~10월(전초 건조)

| 1 | 2 | 3 | 4 | 5 | 6 | 7 | 8 | 9 | 10 | 11 | 12 |

백리향

101. 백리향 (百里香)

꿀풀과 Labiatae

학 명 *Thymus quinquecostatus* Celak.　　　**영 명** Japanese thyme
원산지 한국, 일본, 중국, 몽골, 인도

특성⇒ 낙엽 소관목. 높이 10~15cm. 줄기는 가늘고, 가지가 많이 갈라지며, 지면에 퍼져 자란다. 잎은 대생하며, 6월에 연보랏빛을 띤 분홍색 꽃이 가지 끝에 핀다. 잎에서 강한 향이 나며, 2~3년에 한번씩 옮겨 심어야 죽지 않는다. *Thymus* 속은 전세계적으로 350여 종이 있으며, 허브로 이용되는 것은 20여 종이다. 높은 산이나 바닷가의 바위에서 자란다. 변종으로 섬백리향(*T. quinquecostatus* var. *japonica* Hara)이 있다.

성분⇒ thymol, apigenin 등이 함유되어 있다.

약효⇒ 온중(溫中), 산한(散寒), 구풍 효능이 있으며, 지통, 토역, 복통, 설사, 풍한해수, 인후종, 신통, 피부소양, 신경염,

신경근염을 치료한다.

용도⇒ 잎, 줄기를 관상, 식용, 약용, 차, 향료, 요리 향미료(육류, 생선), 포푸리, 입욕제로 이용한다.

❋ 재배 및 관리

기후 환경⇒ 노지에서 월동하고, 더위에는 보통이다. 건조한 것을 좋아하므로, 장마철에는 비가 직접 닿지 않게 해 주는 것이 좋다.

토양⇒ 배수가 잘 되고, 석회질이 많은 건조한 토양에서 잘 자란다.

번식 방법 및 시기⇒ 실생(4월), 취목(4월, 9~10월), 분주(4~5월, 9~10월), 삽목(6~7월)

수확 시기⇒ 수시

| 1 | 2 | 3 | 4 | 5 | 6 | 7 | 8 | 9 | 10 | 11 | 12 |

백작약   적작약

102. 백작약 (白芍藥)

미나리아재비과 Ranunculaceae

학 명 *Paeonia japonica* Miyabe et Takeda　　**영 명** Peony
원산지 한국, 일본

특성⇒ 다년초. 높이 40~50cm. 뿌리는
육질이며 굵고, 6월에 흰색 꽃이 핀다. 6
월 초까지 양지에서 잘 자라나 꽃이 핀 뒤
에는 그늘에서 잘 자란다. 유사종으로는 붉
은색 꽃이 피는 산작약(*P. obovata* Max.)
과 털백작약, 민산작약, 적작약이 있다.
성분⇒ monoterpene 배당체인 paeoni-
florine과 gallotannin, paeonin, ben-
zoic acid 등이 함유되어 있다.
약효⇒ 생리통, 어지럼증, 유간지통, 생
리불순, 복중경결, 흉복동통, 협통, 표허

자한, 혈리, 현훈을 치료한다.
용도⇒ 꽃, 뿌리를 관상, 약용한다.

❋ 재배 및 관리
기후 환경⇒ 노지에서 월동하고, 더위에
약하다.
토양⇒ 배수가 잘 되는 부식질 토양에서
잘 자란다.
번식 방법 및 시기⇒ 실생, 분주(4월,
9~10월)
수확 시기⇒ 9~10월(뿌리)

1	2	3	4	5	6	7	8	9	10	11	12

밸러리안

103. 밸러리안 (서양쥐오줌풀)

마타리과 Valerianaceae

학 명 *Valeriana officinalis* L.
영 명 Common valerian, Garden heliotrope, Allheal
원산지 유럽, 아시아

특성⇒ 다년초. 높이 60~150cm. 6~7월에 흰색, 연홍색 등의 꽃이 핀다. 쥐나 고양이의 오줌 냄새와 비슷한 향이 나며, 고양이가 이 냄새를 좋아하므로 말린 뿌리를 쥐 모양의 장난감으로 만들기도 한다. 진정제로 이용하나 장기 복용은 부작용을 일으키므로 삼가는 것이 좋다.

성분⇒ azulene, carotene, borneol, caffeic acid, caryophyllene, kaempferol, limonene, valerenic acid, vitamin B, C 등이 함유되어 있다.

약효⇒ 강심, 건위, 진통, 진경, 진정, 피로 회복 효능이 있으며, 불면증, 히스테리, 두통, 정신불안, 과민성 장염, 신경성 소화불량, 간질병, 신경통, 산통, 요통, 생리불순, 관절염, 백일해를 치료한다.

용도⇒ 잎, 꽃, 근경, 뿌리를 관상(절화), 약용, 요리, 담배 향료, 오일, 애완 동물 해충 구제제, 비듬 제거제로 이용한다.

✽ 재배 및 관리

기후 환경⇒ 노지에서 월동하고 서늘한 지역에서 잘 자란다.

토양⇒ 배수가 잘 되고, 부식질이 많으며, 약간 습지의 비옥한 토양에서 잘 자란다.

번식 방법 및 시기⇒ 실생(4월, 9~10월)

수확 시기⇒ 10월(근경, 뿌리)

| 1 | 2 | 3 | 4 | 5 | 6 | 7 | 8 | 9 | 10 | 11 | 12 |

버베인

104. 버베인 (마편초)

마편초과 Verbenaceae

학 명 *Verbena officinalis* L.
원산지 남부 유럽, 아시아, 아프리카 북부

영 명 Vervain

특성⇒ 다년초. 높이 30~80cm. 줄기는 곧게 자라며 잔털이 있다. 잎은 대생하며 3갈래로 갈라지고, 열편은 다시 우상으로 갈라진다. 6~9월에 가지 끝에 연보라색 꽃이 수상화서로 핀다. 생육이 왕성하여 잡초화한다. 고대 그리스 · 로마 시대에는 종교 행사의 제단을 장식하는 식물로 사용되었으며, 기독교 전설에 의하면 예수의 상처를 지혈시킨 풀이라고 전해진다. 임신 중에는 사용을 금한다.

성분⇒ verbenalin, ursolic acid, beta-sitosterol, lupeol, aucubin, stachyose, adenosin, beta-carotene 등이 함유되어 있다.

약효⇒ 강장, 발한, 소독, 소염, 이뇨, 지혈, 진정, 모유 분비 촉진, 최유, 항염증, 환각, 해독 효능이 있으며, 불면증, 신경

긴장, 통경, 황달, 설사, 학질, 수종, 부인병, 태독, 연주창, 경기, 이질, 종기, 생리통, 간장병, 방광결석, 신경성 두통, 비뇨기 질병, 치육염(齒肉炎)을 치료한다.

용도⇒ 꽃, 전초를 관상, 약용, 종교 의식용, 입욕제로 이용한다.

✽ 재배 및 관리

기후 환경⇒ 노지에서 월동하고, 더위에 강하다.

토양⇒ 토양은 가리지 않는 편이나, 질소질 비료가 많은 토양에서 잘 자란다.

번식 방법 및 시기⇒ 실생(4월), 분주 (9~10월)

수확 시기⇒ 꽃이 피기 시작하는 6월경 (전초)

| 1 | 2 | 3 | 4 | 5 | 6 | 7 | 8 | 9 | 10 | 11 | 12 |

범부채

105. 범부채

붓꽃과 Iridaceae

학 명 *Belamcanda chinensis* (L.) DC.　　**영 명** Blackberry lily, Leopard flower
원산지 한국, 일본, 중국

특성⇒ 다년초. 높이 50~100cm. 근경은 짧고 굵으며, 옆으로 뻗는다. 잎은 가늘고 납작한 칼 모양이며, 곧게 부채 모양으로 자란다. 7~8월에 주황색 꽃이 취산화서로 피며, 검은 갈색 점무늬가 있다. 민간 요법으로는 밀가루 음식을 먹고 체했을 때 근경을 달여 마신다. 원예 품종은 꽃의 색이 다양하다.
성분⇒ belamcandin, iridin이 함유되어 있다.
약효⇒ 강화(降火), 산혈, 소어(消瘀), 통경, 해독, 피부 사상균에 대한 항진균 효

능이 있으며, 인후통, 수종, 하리, 편도선염, 무월경을 치료한다.
용도⇒ 잎, 꽃, 근경을 관상, 약용한다.

✽ 재배 및 관리
기후 환경⇒ 노지에서 월동하고, 더위에는 보통이다.
토양⇒ 배수가 잘 되며, 비옥하고 적당한 습기가 있는 토양에서 잘 자란다.
번식 방법 및 시기⇒ 실생, 분주(4월)
수확 시기⇒ 10월(근경)

1	2	3	4	5	6	7	8	9	10	11	12

베르가못

106. 베르가못 (모나르다 디디마)

꿀풀과 Labiatae

학 명 *Monarda didyma* L.　　　**영 명** Bergamot, Bee balm, Fragrant balm
원산지 캐나다(퀘벡 주), 미국(미시간 주, 조지아 주 남부)

특성⇒ 다년초. 높이 40~120cm. 줄기
는 곧게 자라며, 네모지다. 잎은 난형이
며 끝은 뾰족하고, 6~9월에 붉은색, 연
분홍색, 흰색 꽃이 핀다. 아메리칸 인디
언은 잎의 침출액을 차로 마셨는데, 이
를 오스위고 티(oswego tea)라고 한다.
많은 원예 품종이 있으며, 매콤한 향과
맛이 난다.
약효⇒ 구풍, 수면, 진토 효능이 있으며,
기분 전환을 돕는다.
용도⇒ 잎, 줄기, 꽃을 관상(절화, 드라이

플라워), 식용, 차, 향신료, 요리 향미료,
아로마세라피로 이용한다.

❋ **재배 및 관리**
기후 환경⇒ 노지에서 월동하고, 더위에
강하며, 통풍을 요한다.
토양⇒ 배수가 잘 되고, 습기가 적당하
며, 비옥한 사질 양토에서 잘 자란다.
번식 방법 및 시기⇒ 실생, 분근(4월)
수확 시기⇒ 5~10월(잎, 꽃)

1	2	3	4	5	6	7	8	9	10	11	12

베토니

107. 베토니

꿀풀과 Labiatae

학 명 *Stachys officinalis* L.
원산지 소아시아, 터키, 유럽

영 명 Betony, Wood betony

특성⇒ 1년초. 높이 30~70cm. 5~7월에 붉은 자분홍색 또는 연분홍색 작은 꽃이 화수에 조밀하게 붙어서 핀다. 잎에서 향기가 나며, 생잎과 뿌리에는 독성이 있다. 잎을 말려서 차로 마시면 신경을 완화, 진정시켜 주는 효과가 있으나, 생잎을 차로 마시면 흥분 작용이 있다. 가정에서는 사용을 금한다.

성분⇒ tannin, saponin, alkaloid계의 triconerine 등이 함유되어 있다.

약효⇒ 긴장 완화 효능이 있고, 두통, 신경통, 기관지염, 폐질환을 치료하며, 타박상, 멍든 데, 벌레 물린 데에 습포제로 쓰인다.

용도⇒ 잎, 줄기, 꽃을 관상, 약용, 차, 노란색 염료, 밀원으로 이용한다.

❋ 재배 및 관리

기후 환경⇒ 0℃ 이상에서 월동하고, 더위에는 보통이다.

토양⇒ 배수가 잘 되고, 적당한 습기가 있는 비옥한 토양에서 잘 자란다.

번식 방법 및 시기⇒ 실생(5월), 삽목(6~7월), 분주(4월, 10월)

수확 시기⇒ 5~9월, 개화 직전(꽃봉오리, 잎)

| 1 | 2 | 3 | 4 | 5 | 6 | 7 | 8 | 9 | 10 | 11 | 12 |

별꽃

108. 별꽃

석죽과 Caryophyllaceae

학 명 *Stellaria media* (L.) Villars　　**영 명** Chickweed
원산지 한국, 일본, 중국, 아메리카

특성⇒ 2년초. 높이 10~20cm. 줄기는 밑에서부터 갈라지며, 가냘픈 포기를 형성한다. 잎은 대생하며, 난형으로 끝은 뾰족하고 기부는 둥글다. 5~6월에 흰색 꽃이 취산화서로 핀다. 전세계에서 자라는 잡초로 우리 나라에도 논이나 밭에서 자생한다. 임신 중에는 복용을 금한다
성분⇒ beta-carotene, genistein, rutin, calcium, essential fatty acids, magnesium, manganese, potassium, selenium, silicon, sulfur, zinc, vitamin B, C, E 등이 함유되어 있다.
약효⇒ 거어, 구토, 설사, 진정, 체질 개선, 모유 분비 촉진, 피임, 활혈 효능이 있으며, 산후복통, 악창종, 타박상, 습진, 질염, 궤양, 류머티즘, 개선, 두드러기, 종기를 치료한다.
용도⇒ 어린싹, 잎, 줄기, 전초를 관상(지피 식물), 식용, 약용한다.

✻ 재배 및 관리
기후 환경⇒ 노지에서 월동하고, 더위에 잘 견딘다.
토양⇒ 배수가 잘 되고, 적당한 습기가 있는 비옥한 토양에서 잘 자란다.
번식 방법 및 시기⇒ 실생(4월)
수확 시기⇒ 4월(어린싹), 수시(잎, 줄기)

| 1 | 2 | 3 | 4 | 5 | 6 | 7 | 8 | 9 | 10 | 11 | 12 |

병꽃풀

109. 병꽃풀 (네페타)

꿀풀과 Labiatae

학 명 *Glechoma hederacea* L. (*Nepeta glechoma* Benth.)
영 명 Ground ivy, Field balm   **원산지** 유럽, 러시아 카프카스 지방, 북아메리카

특성⟹ 다년초. 길이 2m 가량. 덩굴성으로 줄기는 지면을 포복하면서 자란다. 잎은 심장형이다. 5월에 연보라색 꽃이 피며, 꽃이 피는 줄기는 곧게 자란다. 식물 전체에 향이 있으며, 어린잎은 향이 짙어 차로 마신다. 영국에서는 홉이 사용되기 전에 맥주 원료로 이용되었다. 원예 품종으로는 무늬병꽃풀(*G. hederacea* L. 'Variegata')이 있다.

성분⟹ l-pinocamphene, l-menthone, l-pulegone 등이 함유되어 있다.

약효⟹ 강장, 거담, 발한, 이뇨, 해열, 혈액 정화 효능이 있으며, 두통, 방광염, 수종, 신장결석, 위염, 이명을 치료한다.

용도⟹ 어린잎, 줄기를 관상, 식용(샐러드), 약용, 차, 향료, 입욕제로 이용한다.

✽ 재배 및 관리

기후 환경⟹ 노지에서 월동하고, 더위에 잘 견딘다.

토양⟹ 배수가 잘 되고, 적당한 습기가 있는 토양에서 잘 자란다.

번식 방법 및 시기⟹ 실생, 분주(4월, 10월), 삽목(6월)

수확 시기⟹ 개화기(잎, 줄기)

| 1 | 2 | 3 | 4 | 5 | 6 | 7 | 8 | 9 | 10 | 11 | 12 |

보리

110. 보리 (大麥)

벼과 Gramineae

학 명 *Hordeum vulgare* L. var. *hexastichon* Aschers.
영 명 Barley

원산지 아시아, 유럽, 아메리카

특성⇒ 2년초. 높이 1m 가량. 줄기 속은
비어 있다. 4~5월에 연녹색 꽃이 총상화
서로 달리고, 소수에는 까락이 있다. 주
식 곡물로 밭에서 재배하였으며, 보리차
로 마시거나 보리를 싹 틔운 엿기름으로
식혜를 만든다.
성분⇒ vitamin B, E가 함유되어 있다.
약효⇒ 강장 효능이 있으며, 각기병, 식
욕부진, 목과 위장의 염증, 기관지염을
치료한다.
용도⇒ 잎, 줄기, 꽃, 종자를 관상(절화),

식용, 차, 주류, 스트로(빨대), 목초, 사료
로 이용한다.

✽ 재배 및 관리
기후 환경⇒ 노지에서 월동하고, 더위에
약하다.
토양⇒ 배수가 잘 되는 비옥한 사질 양토
에서 잘 자란다.
번식 방법 및 시기⇒ 실생(9월)
수확 시기⇒ 6~7월(종자)

1	2	3	4	5	6	7	8	9	10	11	12

보리수고무나무

111. 보리수고무나무

뽕나무과 Moraceae

학 명 *Ficus religiosa* L.
영 명 Bo tree, Sacred bo tree, Peepul tree of the Hindoos, Pipal tree, Sacred fig
원산지 인도, 스리랑카

특성⇒ 상록 교목. 높이 10~30m. 잎은 잎자루가 길며, 둥근 난형으로 끝은 길고 가늘며 뾰족하고, 길이 10~15cm, 녹색으로 광택이 나며, 잎맥은 유백색 또는 연붉은색이다. 5~7월에 꽃이 피며, 꽃과 열매는 은화과로 2개씩 달린다. 열매는 지름 1.5cm 가량이며, 익으면 검은 갈색을 띤 보라색이 된다.

약효⇒ 수렴, 완하 효능이 있으며, 치통, 피부가 추위에 터져 생긴 염증, 피부병, 변비, 천식을 치료한다.

용도⇒ 잎, 수피, 열매를 관상, 약용, 섬유, 노란색 염료, 도기(陶器) 접착제, 제지로 이용한다.

❊ **재배 및 관리**
기후 환경⇒ 4℃ 이상에서 월동하며, 20~35℃에서 잘 자란다.
토양⇒ 배수가 잘 되도록 하며, 밭흙과 부엽토, 개울 모래를 3:5:2의 비율로 혼합하여 재배한다.
번식 방법 및 시기⇒ 삽목(6~7월)
수확 시기⇒ 연중

1	2	3	4	5	6	7	8	9	10	11	12

보리지

112. 보리지 (서양지치)

지치과 Boraginaceae

학 명 *Borago officinalis* L.
영 명 Cool-tankard borage, Talewort, Starflower
원산지 지중해 연안, 북아프리카, 시리아

특성⇒ 1~2년초. 높이 50~70cm. 식물 전체에 까실까실한 흰 털이 있다. 5~7월에 짙푸른 보라색 꽃이 집산화서로 달리며, 은백색의 털로 덮인다. 어린잎에서는 오이향이 난다. 습기에 약해서 장마철에 죽기 쉬우며, 통풍을 요한다. 토양의 산도에 따라 꽃의 색이 파란색에서 분홍색으로 피기도 한다.

성분⇒ 잎과 종자에 carotene, rosmarinic acid, silicic acid, tannin, calcium, essential fatty acids, potassium, 어린잎에 vitamin B, C, mineral, calcium 등이 함유되어 있다.

약효⇒ 강심, 강장, 거담, 모유 분비 촉진, 발진, 발한, 이뇨, 정화, 진통, 피로 회복, 해열 효능이 있으며, 고혈압, 습진, 피부병, 월경 장애, 간장 염증, 방광염, 류머티즘, 호흡기 염증, 목소리 쉰 데, 신경쇠약을 치료한다.

용도⇒ 어린싹, 잎, 꽃, 종자를 식용, 약용, 차, 요리 첨가제, 와인 향료, 화장품, 입욕제, 청량 음료, 밀원으로 이용한다.

❋ 재배 및 관리

기후 환경⇒ 종자로 월동하고, 더위에는 약하다.

토양⇒ 배수가 잘 되고, 적당한 습기가 있는 비옥한 토양에서 잘 자란다.

번식 방법 및 시기⇒ 실생(4월, 9월, 발아 온도는 15~25℃)

수확 시기⇒ 5~7월(어린싹, 꽃), 9~10월(종자)

| 1 | 2 | 3 | 4 | 5 | 6 | 7 | 8 | 9 | 10 | 11 | 12 |

복분자딸기

113. 복분자딸기 (覆盆子)

장미과 Rosaceae

학 명 *Rubus coreanus* Miq.　　**영 명** Korean bramble
원산지 한국(황해도 이남), 중국

특성⇒ 낙엽 관목. 높이 2~3m. 줄기는 여러 대가 총생하며, 끝이 늘어져 땅에 닿으면 뿌리를 내린다. 줄기는 붉은 갈색이며, 가시가 있다. 잎은 호생하며 기수 우상복엽이고, 소엽에는 거치가 있다. 5~6월에 연한 붉은색 꽃이 핀다. 열매는 둥글고, 붉은색으로 익으며, 후에 검은색이 된다.

성분⇒ isocitric acid, astragalin, isoquercitrin, citronene이 함유되어 있다.

약효⇒ 지사, 강장, 보간신(補肝腎), 축뇨, 명목 효능이 있으며, 정력 감퇴, 유정, 빈뇨를 치료한다.

용도⇒ 꽃, 열매를 식용, 약용, 복분자주, 밀원, 공업용으로 이용한다.

❊ 재배 및 관리

기후 환경⇒ 노지에서 월동하며, 더위에 강하다.

토양⇒ 배수가 잘 되고, 비옥한 사질 양토에서 잘 자란다.

번식 방법 및 시기⇒ 분주(4월), 접목(2~3월)

수확 시기⇒ 7~9월(열매)

| 1 | 2 | 3 | 4 | 5 | 6 | 7 | 8 | 9 | 10 | 11 | 12 |

138

봉선화   겹꽃

114. 봉선화(鳳仙花)

봉선화과 Balsaminaceae

학 명 *Impatiens balsamina* L.
원산지 중국, 인도, 말레이시아

영 명 Garden balsam, Rose balsam

특성⇒ 1년초. 높이 20~60cm. 줄기는 육질이며, 줄기 아랫부분의 마디가 불룩하게 두드러진다. 잎은 호생하며 잎자루가 있고, 피침형이며, 가장자리에 거치가 있다. 7~8월에 주홍색, 붉은색, 분홍색, 흰색 꽃이 핀다. 열매는 삭과로 타원형이며, 흰 털이 있고, 익으면 터져서 종자가 멀리 튀어나간다. 예로부터 화단에 심어 관상하였고, 손톱에 물을 들이는 데 사용하였다. 민간 요법으로 피임이나 목에 생선 가시가 걸렸을 때 사용한다.
성분⇒ saponin, alpha-spinasterin, beta-amyrin, 지방유 등이 함유되어 있다.
약효⇒ 거풍, 소종, 지통, 파혈, 활혈, 소

적, 청간 효능이 있으며, 류머티즘성 관절염, 타박상, 산후복통, 월경폐지, 간염, 어독(魚毒)을 치료한다.
용도⇒ 잎, 꽃, 전초를 관상, 약용, 염료로 이용한다.

❋ 재배 및 관리
기후 환경⇒ 추위에 약하고, 12~30℃에서 잘 자란다.
토양⇒ 배수가 잘 되고, 습기가 있는 사질 양토에서 잘 자란다.
번식 방법 및 시기⇒ 실생(4~5월)
수확 시기⇒ 6~9월(잎, 꽃)

| 1 | 2 | 3 | 4 | 5 | 6 | 7 | 8 | 9 | 10 | 11 | 12 |

부레옥잠

115. 부레옥잠(부평초, 흑옥잠)

물옥잠과 Pontederiaceae

학 명 *Eichhornia crassipes* Solms-Laub.
영 명 Floating water hyacinth, Water hyacinth
원산지 열대 및 아열대 아메리카

특성⇒ 수생 다년초. 원산지에서는 다년 초이지만 우리 나라에서는 온실에서 월동한다. 잎자루 아랫부분에 불룩한 바람 주머니가 있어 물 위에 떠다니며 자란다. 7~9월에 연푸른색 꽃이 수상화서로 핀다. 잎은 담배를 마는 종이로 사용한다. 수중의 중금속을 흡수하고, 수질 오염 방지 및 수질 정화 능력이 있으며, 조류(藻類) 번식을 억제하는 효과가 있다. 타이에서는 수프에 잎자루를 넣어서 먹기도 한다.
용도⇒ 전초를 관상, 수질 오염 정화용, 지렁이 사육 먹이로 이용한다.

❊ **재배 및 관리**
기후 환경⇒ 추위에 약하고 고온에 강하다.
번식 방법 및 시기⇒ 분주, 포복지(6~7월)
수확 시기⇒ 없음

| 1 | 2 | 3 | 4 | 5 | 6 | 7 | 8 | 9 | 10 | 11 | 12 |

부시 바질

116. 부시 바질

꿀풀과 Labiatae

학 명 *Ocimum minimum* L. (*O. basilicum* L. var. *minimum* L.)
영 명 Bush basil, Greek basil   **원산지** 인도, 스리랑카

특성⇒ 1년초. 높이 15~30cm. 가지가 많이 갈라지며 둥글게 자란다. 잎은 작고 난형이며, 7~8월에 흰색 꽃이 핀다. 바질과 유사한 맵고 달콤한 향이 나며, 이탈리아 요리에 주로 사용한다. 임신 중에는 사용을 피하는 것이 좋다.

성분⇒ 정유에 methyl chavicol, linalool 등이 함유되어 있다.

약효⇒ 강장, 건위, 구풍, 살균, 소화 촉진, 진경, 진정, 항균, 해열 효능이 있으며, 구내염, 벌레 물린 데를 치료하고, 병해충 억제, 구충, 방부 작용이 있다.

용도⇒ 잎을 관상, 요리, 약용, 식초, 향료, 입욕제, 오일, 밀원, 냉장고 탈취제로 이용한다.

✸ 재배 및 관리

기후 환경⇒ 온실에서 월동하고, 더위에 강하다. 바질보다 추위에 강하다.

토양⇒ 배수가 잘 되는 사질 양토에서 잘 자란다.

번식 방법 및 시기⇒ 실생(온실 내 연중 파종), 삽목(연중)

수확 시기⇒ 6~10월(잎)

1	2	3	4	5	6	7	8	9	10	11	12

ㅂ

부용

117. 부용 (芙蓉)

아욱과 Malvaceae

학 명 *Hibiscus mutabilis* L.
원산지 중국 남부, 타이완

영 명 Cotton rose

특성⇒ 다년초. 원산지에서는 낙엽 반관목이다. 높이 1~3m. 잎은 호생하며 난상 심장형이고, 3~7갈래로 갈라지며, 끝은 뾰족하다. 8~10월에 연분홍색, 연붉은색, 흰색 꽃이 핀다. 화단이나 도로변에 심어 관상하며, 많은 원예 품종이 있다.
성분⇒ kalium이 함유되어 있다.
약효⇒ 소종, 숙취 개선, 양혈, 이뇨, 청열, 해독 효능이 있으며, 목의 통증, 변비, 옹종, 화상, 폐열에서 오는 해수, 토혈, 백대하를 치료한다.

용도⇒ 꽃, 뿌리껍질을 관상, 약용한다.

❈ **재배 및 관리**
기후 환경⇒ 노지에서 월동하고, 더위에 강하다.
토양⇒ 배수가 잘 되는 토양에서 잘 자란다.
번식 방법 및 시기⇒ 실생(4월), 분주(4월, 9~10월)
수확 시기⇒ 8~10월(꽃)

| 1 | 2 | 3 | 4 | 5 | 6 | 7 | 8 | 9 | 10 | 11 | 12 |

부추

118. 부추

백합과 Liliaceae

학 명 *Allium tuberosum* Rottler ex Sprengel
영 명 Chinese chives, Garlic chives, Oriental garlic, Chinese leek
원산지 중국, 동남 아시아

특성⇒ 다년초. 높이 30cm 가량. 잎은
선형이며 연질이다. 8~9월에 흰색 꽃이
잎 사이에서 나온 길이 30~40cm의 곧
은 꽃줄기 끝에 산형화서로 달린다. 전초
에 매콤하면서도 특유한 향과 맛이 난다.
성분⇒ allithiumine, protein, fat,
sucrose, lignin, calcium, potassium,
iron, natrium, carotene, vitamin A,
B_1, B_2, C, niacin 등이 함유되어 있다.
약효⇒ 강장, 진통, 해독 효능이 있으며,
후종, 몽정, 하리, 신장염을 치료한다.

용도⇒ 잎, 꽃줄기를 식용, 약용한다.

❈ **재배 및 관리**
기후 환경⇒ 노지에서 월동하고, 더위에
강하다.
토양⇒ 배수가 잘 되고 비옥하며, 습기가
적당한 토양에서 잘 자란다.
번식 방법 및 시기⇒ 실생, 분구(4월, 9
월)
수확 시기⇒ 5~10월(잎)

| 1 | 2 | 3 | 4 | 5 | 6 | 7 | 8 | 9 | 10 | 11 | 12 |

143

줄기   사탕수수

119. 사탕수수

벼과 Gramineae

| 학 명 | *Saccharum officinarum* L. | 영 명 | Sugar cane |
| 원산지 | 인도 갠지스 강 유역 | | |

특성⇒ 다년초. 높이 2~6m. 줄기 지름
은 2~4cm이며, 마디가 많고, 마디마다
눈이 있다. 줄기의 외피는 납질물(蠟質物)
로 덮이며, 줄기 기부의 마디에서 가지가
많이 나온다. 잎은 대칭으로 2열 호생하
며, 길이는 1m 가량이다. 꽃은 7~8월에
수상화서로 달리며, 불임 또는 자가 불임
이기 때문에 종자가 맺히지 않는다. 당분
이 많이 함유되어 있으며, 섬유질은 많지
않다. 과다 섭취하면 충치와 영양 장애를
일으킨다.

성분⇒ sucrose가 함유되어 있다.

약효⇒ 이뇨 작용을 하며, 피로 회복을
돕고 천식을 치료한다.

용도⇒ 줄기를 식용, 약용, 감미료, 제당
원료, 저장 식품, 식품 방부제, 시럽, 목
초로 이용한다.

❈ 재배 및 관리

기후 환경⇒ 5℃ 이상에서 월동하고, 연
평균 기온이 24~25℃인 고온 다습한 기
후에서 잘 자란다.

토양⇒ 배수가 잘 되는 비옥한 사질 양토
나 점질 양토에서 잘 자란다.

번식 방법 및 시기⇒ 분주(2~3월, 원산
지)

수확 시기⇒ 10월(서리가 내리는 지역),
2~3월(서리가 내리지 않는 지역)

| 1 | 2 | 3 | 4 | 5 | 6 | 7 | 8 | 9 | 10 | 11 | 12 |

사프란

120. 사프란

붓꽃과 Iridaceae

학 명 *Crocus sativus* L.
원산지 유럽 남부, 소아시아

영 명 Saffron crocus

특성⇒ 다년초. 높이 10~20cm. 크로커스와 비슷한 식물로, 크로커스는 3~4월에 잎보다 먼저 꽃이 피지만 사프란은 잎이 먼저 나온다. 10~11월에 연보라색 꽃이 피며, 암술대는 붉은색이고, 3갈래로 갈라진다. 암술대는 지중해 요리의 착색제로 이용하며, 수술은 약용 및 염료로 사용한다. 현재는 고가의 향신료로 거래된다.

성분⇒ 2, 2, 6-trimethyl-4,6-cyclo-hexadienal과 glucoside의 일종인 crocin, picrocine이 함유되어 있다.

약효⇒ 진경, 진정, 통경, 지혈 효능이 있으며, 냉증, 생리불순, 우울증, 부인병, 발열, 경련, 간장비대, 류머티즘, 신경통을 치료한다.

용도⇒ 꽃, 암술대를 관상, 약용, 차, 향신료, 요리 향미료, 착색제, 염료로 이용한다.

❋ 재배 및 관리

기후 환경⇒ 노지에서 월동하고, 더위에 강하다.
토양⇒ 배수가 잘 되는 비옥한 사질 양토에서 잘 자란다.
번식 방법 및 시기⇒ 분구(5월 말 굴취 후 음건 저장), 구근 심기(9월)
수확 시기⇒ 10~11월(암술대)

| 1 | 2 | 3 | 4 | 5 | 6 | 7 | 8 | 9 | 10 | 11 | 12 |

산국

121. 산국 (山菊)

국화과 Compositae

학 명 *Chrysanthemum boreale* Makino
원산지 한국, 일본, 중국, 시베리아

특성⇒ 다년초. 높이 1~1.5m. 잎은 호생하며 우상으로 갈라지고, 길이 5~7cm, 너비 4~6cm, 가장자리에 거치가 있다. 9~11월에 지름 1.5cm 가량의 노란색 꽃이 두상화서로 달린다. 열매는 수과이며, 길이 1mm 가량이다. 우리 나라 각지에서 자생한다. 향기가 매우 짙으며, 꽃을 말려 차로 마시거나 베개 속에 넣기도 한다.
성분⇒ chrysanthemin, alkaloid, saponin 등이 함유되어 있다.
약효⇒ 머리를 맑게 하고, 청열, 해독 효능이 있으며, 두통, 복통, 현기증, 옹종,

정창, 농가진, 습진, 토사곽란을 치료한다.
용도⇒ 어린순, 잎, 꽃을 관상, 식용, 약용, 차, 산국주, 향료로 이용한다.

✽ 재배 및 관리
기후 환경⇒ 노지에서 월동하고, 더위에 강하다.
토양⇒ 배수가 잘 되는 토양에서 잘 자란다.
번식 방법 및 시기⇒ 실생, 삽목, 분주 (4~6월)
수확 시기⇒ 5~10월(잎), 10~11월(꽃)

1	2	3	4	5	6	7	8	9	10	11	12

산마늘

122. 산마늘

백합과 Liliaceae

학 명 *Allium victorialis* L. var. *platyphyllum* Makino
원산지 한국, 일본, 중국, 아무르, 우수리, 사할린, 시베리아 동부, 몽골

특성⇒ 다년초. 인경은 피침형이며, 짧은 줄기에 2~3개의 잎이 달린다. 잎은 도란상 타원형으로 양 끝은 뾰족하며, 흰빛을 띤 녹색, 잎자루는 기부가 엽초로 서로 싸고 있다. 5~7월에 흰색 또는 미황색 꽃이 산형화서로 달리며, 꽃줄기는 길이 40~70cm이다. 열매는 삭과로 도심장형이고, 종자는 검은색이다.
성분⇒ methylallyldisulfide, diallyl-disulfide, methylallyltrisulfide 등이 함유되어 있다.
약효⇒ 건위, 온중 효능이 있으며, 독사

교상, 창독을 치료한다.
용도⇒ 어린싹, 인경을 식용한다.

❋ **재배 및 관리**
기후 환경⇒ 노지에서 월동하고, 16~25℃에서 잘 자란다.
토양⇒ 배수가 잘 되는 비옥한 사질 양토에서 잘 자란다.
번식 방법 및 시기⇒ 실생 또는 분주(9~10월)
수확 시기⇒ 4~5월(어린싹, 인경)

| 1 | 2 | 3 | 4 | 5 | 6 | 7 | 8 | 9 | 10 | 11 | 12 |

산수국

123. 산수국 (山水菊)

범의귀과 Saxifragaceae

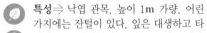

| 학 명 | *Hydrangea serrata* (Thunb.) Ser. 'Acuminata' |
| 영 명 | Tea of heaven | **원산지** 한국 |

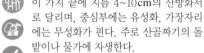

특성⇒ 낙엽 관목. 높이 1m 가량. 어린 가지에는 잔털이 있다. 잎은 대생하고 타원형 또는 난형이며, 끝은 뾰족하고 가장자리에 거치가 있다. 7~8월에 청남색 꽃이 가지 끝에 지름 4~10cm의 산방화서로 달리며, 중심부에는 유성화, 가장자리에는 무성화가 핀다. 주로 산골짜기의 돌밭이나 물가에 자생한다.

성분⇒ pseudohydrangen, hydrangen, saponin, phyllodulcin, quercetin 등이 함유되어 있다.

약효⇒ 해열 효능이 있으며, 학질을 치료한다.

용도⇒ 잎, 꽃, 수피를 관상, 약용, 차, 밀원으로 이용한다.

✿ 재배 및 관리

기후 환경⇒ 노지에서 월동하고, 더위에 강하다.

토양⇒ 배수가 잘 되는 비옥한 사질 양토에서 잘 자란다.

번식 방법 및 시기⇒ 실생(4~5월), 삽목(6~7월), 분주(4월)

수확 시기⇒ 6~8월(잎)

| 1 | 2 | 3 | 4 | 5 | 6 | 7 | 8 | 9 | 10 | 11 | 12 |

산초

124. 산초(山椒)

학 명 *Zanthoxylum schinifolium* Sieb. et Zucc.
원산지 한국 중부 이남, 일본, 중국, 타이완

특성⇒ 낙엽 관목. 높이 2.5~3m. 가지
에는 가시가 있으며, 잎은 호생하고, 기
수우상복엽이다. 9월에 연황록색 꽃이 핀
다. 열매는 삭과이며, 녹색에서 적갈색으
로 익고, 종자는 검은색이다. 종자는 약용하
며, 각종 탕 요리의 조미료로 쓰인다.
성분⇒ estragol, chelerythrine-9, 10-
dihydrocheleryth rine, bergaptene,
fagaramide, skimianine, protein, fat,
sucrose, lignin, vitamin A, B 등이 함
유되어 있다.
약효⇒ 건위, 산한, 온중, 이뇨, 정장, 제
습, 진해, 근육 이완, 해어성독(解魚腥毒)
효능이 있으며, 소화불량, 심복냉통, 구
토, 하리, 음부소양증, 중풍, 사독(蛇毒),

치통, 변비를 치료한다.
용도⇒ 어린싹, 수피, 근피, 열매를 식
용, 약용, 조미료(추어탕, 보신탕 등), 공
업용, 밀원, 구충제, 살충제로 이용한다.

❋ 재배 및 관리
기후 환경⇒ 노지에서 월동하고, 더위에
는 강하다.
토양⇒ 배수가 잘 되고, 습기가 적당한
사질 양토에서 잘 자란다.
번식 방법 및 시기⇒ 분주(4월), 실생(4
월), 접목(3월)
수확 시기⇒ 10~11월(수피, 근피, 열매)

| 1 | 2 | 3 | 4 | 5 | 6 | 7 | 8 | 9 | 10 | 11 | 12 |

산톨리나

125. 산톨리나 (코튼 라벤더)

국화과 Compositae

학 명 *Santolina chamaecyparissus* L.
영 명 Santolina, Lavender cotton, Cotton lavender
원산지 스페인, 지중해 서부와 중부, 아프리카 북부

특성⇒ 상록 다년초. 높이 30~60cm. 관목처럼 되며, 줄기가 많이 갈라져 총생한다. 잎은 호생하며 톱니 모양이고, 길이 4cm 가량, 은백록색의 털이 있다. 6~7월에 단추 모양의 노란색 두상화가 줄기 끝에 핀다. 꽃에서 라벤더향과 같은 독특한 강한 향기가 난다. 토피어리 소재로 많이 이용된다.

약효⇒ 소화 촉진, 방충, 살충 효과가 있다.

용도⇒ 잎, 꽃을 관상(드라이 플라워), 약용, 포푸리, 의류용 방충제로 이용한다.

✽ 재배 및 관리

기후 환경⇒ 온실에서 월동하고, 더위에 강하다.

토양⇒ 배수가 잘 되고, 습기가 적당한 사질 양토에서 잘 자라며, 공중 습도는 건조하게 관리한다.

번식 방법 및 시기⇒ 삽목(4월)

수확 시기⇒ 6~7월(꽃), 4~10월(잎)

| 1 | 2 | 3 | 4 | 5 | 6 | 7 | 8 | 9 | 10 | 11 | 12 |

삼

126. 삼 (麻)

삼과 Cannabaceae

학 명 *Cannabis sativa* L.
원산지 중앙 아시아, 서아시아

영 명 True hemp, Soft hemp, Marijuana

특성⇒ 1년초. 높이 1~4m. 관목처럼 자란다. 잎은 장상엽으로 5갈래로 갈라진다. 암수딴그루로 7~8월에 연녹색 꽃이 피며, 꽃밥은 노란색이다. 삼베의 원료이며, 잎과 꽃에는 환각, 마취 성분이 들어 있어 재배 및 사용은 대마관리법에 의해 취급된다.

성분⇒ tetrahydrocannabinol, cannabidiol, oleic acid, linoleic acid, linolenic acid 등이 함유되어 있다.

약효⇒ 거풍, 윤조, 진통, 통림, 활장, 활혈 효능이 있으며, 변비, 소갈, 불면증, 신경쇠약, 천식, 생리통, 생리불순, 혈붕,

대하, 난산, 편두통, 류머티즘, 개선, 임질, 말라리아, 관절염을 치료한다.

용도⇒ 잎, 줄기, 뿌리, 종자를 약용, 삼베 원료, 니스용 오일 원료로 이용한다.

❉ **재배 및 관리**

기후 환경⇒ 종자로 월동하고, 더위에 강하다.

토양⇒ 배수가 잘 되는 비옥한 사질 양토에서 잘 자란다.

번식 방법 및 시기⇒ 실생 직파(4월, 9월)

수확 시기⇒ 9~10월(줄기)

1	2	3	4	5	6	7	8	9	10	11	12

삼백초

127. 삼백초(三白草)

삼백초과 Saururaceae

학 명 *Saururus chinensis* Baill.
원산지 한국

특성⇒ 다년초. 높이 50~100cm. 근경
은 흰색이며 옆으로 뻗는다. 잎은 호생하
며 긴 난상 타원형이고, 길이 5~15cm,
너비 3~8cm, 잎 끝은 뾰족하며, 흰색이
난다. 6~8월에 흰색 꽃이 수상화서로 피
고, 열매는 삭과로 둥글다. 줄기 끝에 난
3개의 잎이 흰색이라고 해서 삼백초라고
한다. 한국과 일본, 중국에 자생하며, 습
지에서 자란다.
성분⇒ flavonoid계로 quercetin, iso-
quercetin, 정유로는 laurylaldehyde,
decanoyl acetaldehyde 등이 함유되어
있다.

약효⇒ 소염, 완하, 이뇨, 제습, 청열, 해
독 효능이 있으며, 부종, 각기, 황달, 대
하, 임탁, 풍독, 수종, 임질, 간염, 폐렴,
변독, 고혈압, 선창(癬瘡)을 치료한다.
용도⇒ 잎, 줄기, 뿌리를 관상, 약용한다.

❋ 재배 및 관리

기후 환경⇒ 노지에서 월동하고, 추위에
강하다.
토양⇒ 부식질이 많은 습한 토양에서 잘
자란다.
번식 방법 및 시기⇒ 실생, 분주(4월)
수확 시기⇒ 7~8월(줄기, 뿌리)

| 1 | 2 | 3 | 4 | 5 | 6 | 7 | 8 | 9 | 10 | 11 | 12 |

삽주

128. 삽주

국화과 Compositae

학 명 *Atractylodes japonica* Koidz.
원산지 한국, 일본, 중국 동부

특성⇒ 다년초. 높이 30~100cm. 인경은 굵고, 줄기는 곧게 자라며, 끝에서 가지가 갈라진다. 잎은 호생하며 타원형, 긴 타원형, 도란상 타원형이고, 광택이 나는 진녹색, 억세며, 가장자리에 가시 같은 거치가 있다. 8~10월에 줄기 끝의 엽액에서 흰색 두상화가 핀다. 우리 나라의 산지에서 자생한다.

성분⇒ furfural, 3beta-acetoxyatractylone, 3beta-hydroxyatractylone, atractylenolide I, II, III, 2-furaldehyde, atractylone 등이 함유되어 있다.

약효⇒ 건위, 발한, 이뇨, 건비(健脾), 조습, 거풍, 발한, 해울, 혈압 강하 효능이 있으며, 습성인비(濕盛因脾), 권태, 수종, 담음, 감기, 두통, 습비, 야맹증을 치료한다.

용도⇒ 어린순, 인경, 전초를 관상, 식용, 약용한다.

❋ 재배 및 관리

기후 환경⇒ 노지에서 월동하고, 햇빛이 드는 곳에서 잘 자란다.
토양⇒ 배수가 잘 되고, 부식질이 많은 사질 양토에서 잘 자란다.
번식 방법 및 시기⇒ 실생, 분주(4월)
수확 시기⇒ 9월(인경)

| 1 | 2 | 3 | 4 | 5 | 6 | 7 | 8 | 9 | 10 | 11 | 12 |

삿갓나물

129. 삿갓나물

백합과 Liliaceae

학 명 *Paris verticillata* Bieb.　　　**영 명** Herb paris
원산지 한국, 일본, 중국, 시베리아

특성⇒ 다년초. 높이 20~80cm. 줄기는 곧게 자라며, 끝에서 7~8장의 잎이 윤생한다. 잎은 피침형, 좁고 긴 타원형, 넓은 피침형이며, 길이 3~10cm, 너비 1.5~4cm이다. 6~7월에 줄기 끝에서 꽃이 피며, 포엽은 녹색, 꽃잎은 노란색이다. 열매는 장과로 둥글며, 자흑색이다. 뿌리에는 독성이 있다. 우리 나라의 숲 속에서 자생한다.

성분⇒ saponin이 함유되어 있다.

약효⇒ 청열, 해독 효능이 있으며, 옹종, 나력, 만성기관지염, 소아 경기, 독충 교상, 간질을 치료한다.

용도⇒ 어린순, 꽃, 뿌리를 관상, 식용, 약용한다.

❊ 재배 및 관리

기후 환경⇒ 노지에서 월동하고, 그늘 또는 반그늘에서 자란다.
토양⇒ 습기가 있는 부식 점질 토양에서 잘 자란다.
번식 방법 및 시기⇒ 실생, 분근(4월)
수확 시기⇒ 9월

1	2	3	4	5	6	7	8	9	10	11	12

상추(근생엽)

적상추

상추(경생엽)

청상추

130. 상추

국화과 Compositae

| 학 명 | *Lactuca sativa* L. | 영 명 | Lettuce, Garden lettuce |

원산지 유럽

특성⇒ 1년초. 높이 1m 가량. 잎은 주름이 지며, 근생엽은 크고 타원형이고, 경생엽은 위로 가면서 작아진다. 6~7월에 노란색 꽃이 핀다. 종자는 수과이며, 끝에 흰색 관모가 있다. 잎은 쌉쌀하고 쓴맛이 나며, 우리 나라에서는 예로부터 쌈채로 이용했다. 적상추, 청상추 등 많은 재배 품종이 있다.

성분⇒ protein, calcium, iron, vitamin 등이 함유되어 있다.

약효⇒ 수면 작용이 있다.
용도⇒ 잎을 관상, 식용한다.

✽ 재배 및 관리

기후 환경⇒ 종자로 월동하고, 더위에 보통이다.
토양⇒ 배수가 잘 되는 비옥한 사질 양토에서 잘 자란다.
번식 방법 및 시기⇒ 실생(4월)
수확 시기⇒ 연중

| 1 | 2 | 3 | 4 | 5 | 6 | 7 | 8 | 9 | 10 | 11 | 12 |

샐러드 버닛

131. 샐러드 버닛

장미과 Rosaceae

학 명 *Sanguisorba minor* L.　　　　**영 명** Salad burnet
원산지 유럽, 아프리카 북부, 카나리아 제도, 아시아 중서부

특성⇒ 다년초. 높이 30~75cm. 잎은 우상복엽이며, 소엽은 가장자리에 거치가 있다. 5~6월에 연붉은색 꽃이 핀다. 어린잎을 비비면 오이 냄새가 난다. 유사종으로는 오이풀(*S. officinalis* L.)이 있다.
성분⇒ 근경에 sanguisorbin, sanguirin, vitamin C 등이 함유되어 있다.
약효⇒ 강장, 살균, 수렴, 소염, 소화 촉진, 이뇨, 지혈 효능이 있으며, 우울증, 외상 출혈, 일사 염증, 하리, 월경 과다, 습진을 치료한다.
용도⇒ 잎, 뿌리를 관상, 식용, 차, 요리 장식, 향식초, 와인, 향 첨가제(버터, 수프, 치즈, 음료수), 치료용 세척제로 이용한다.

✿ 재배 및 관리
기후 환경⇒ 노지에서 월동하고, 더위에 강하다.
토양⇒ 배수가 잘 되고, 습기가 적당한 사질 양토에서 잘 자란다.
번식 방법 및 시기⇒ 실생(3월, 6월, 9월), 분주(4월, 9~10월)
수확 시기⇒ 수시(어린잎)

| 1 | 2 | 3 | 4 | 5 | 6 | 7 | 8 | 9 | 10 | 11 | 12 |

생강　　　　　　　근경

132. 생강 (生薑)

생강과 Zingiberaceae

학 명 *Zingiber officinale* Roscoe
원산지 열대 아시아

영 명 Ginger, Common ginger

특성⇒ 다년초. 높이 30~50cm. 근경은
옆으로 뻗으며, 다육질이고, 섬유질이
있다. 줄기는 근경의 각 마디에서 수직
으로 위로 자란다. 잎은 호생하며, 긴 타
원형으로 끝은 뾰족하다. 8~9월에 유백
색 꽃이 수상화서로 핀다. 근경에 독특
한 향이 있다.

성분⇒ capsaicin, caryophyllene, bis-
abolen, borneol, camphene, citral,
gingerol, shogaol, zingerone, zingi-
berene, zingiberol, vitamin A, B, C
등이 함유되어 있다.

약효⇒ 건위, 소화액 분비 촉진, 진토,
진해, 항균, 온중거한(溫中祛寒), 풍한감

모(風寒感冒), 정장 효능이 있으며, 구토,
담음, 천해, 심복냉통, 하리, 사지냉미맥
(四肢冷微脈)을 치료하고, 장내의 이상 발
효를 억제한다.

용도⇒ 근경을 관상, 요리 양념, 약용, 차
로 이용한다.

✽ 재배 및 관리

기후 환경⇒ 온실에서 월동하고, 더위에
강하다.
토양⇒ 배수가 잘 되는 점질 양토에서 잘
자란다.
번식 방법 및 시기⇒ 근경 분주(4월)
수확 시기⇒ 10월(근경)

| 1 | 2 | 3 | 4 | 5 | 6 | 7 | 8 | 9 | 10 | 11 | 12 |

서던우드

133. 서던우드

국화과 Compositae

학 명 *Artemisia abrotanum* L.
원산지 유럽 남부, 아시아 서남부

영 명 Southernwood

특성⇒ 반상록 관목. 높이 90~180cm. 쑥의 일종으로, 잎은 여러 갈래로 갈라지며, 8월에 노란색 꽃이 조밀하게 핀다. 줄기와 잎에서 레몬 같은 독특한 향이 난다.

성분⇒ phenol, eugenol, rutin, linoleic acid, capillarin 등이 함유되어 있다.

약효⇒ 강장, 발모, 불면증 완화, 살균, 소독 효능이 있으며, 구충제, 자극제로 쓰인다.

용도⇒ 잎, 꽃을 관상, 약용, 차, 감미료, 방향제, 포푸리, 노란색 염료, 비니거, 수

렴제, 방부제, 의류 방충제로 이용한다.

✴ 재배 및 관리
기후 환경⇒ 온실에서 월동하고, 더위에 약하다.
토양⇒ 배수가 잘 되는 비옥한 사질 양토에서 잘 자란다.
번식 방법 및 시기⇒ 실생, 삽목, 분주 (4~5월, 9월)
수확 시기⇒ 연중(잎), 개화 전(꽃봉오리)

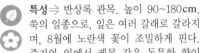

| 1 | 2 | 3 | 4 | 5 | 6 | 7 | 8 | 9 | 10 | 11 | 12 |

134. 서양배초향 (아니스 히솝)

꿀풀과 Labiatae

학 명 *Agastache foeniculum* (Push) O. Kuntze
영 명 Anise hyssop, Blue giant hyssop, Fennel giant hyssop
원산지 북아메리카, 중앙 아메리카

특성⇒ 2년초 또는 다년초. 높이 45~
90cm. 줄기는 곧게 자라며, 잎은 부드
럽다. 6~10월에 보라색 꽃이 수상화서로
피며, 꿀이 많다. 아니스와 같은 감미롭
고 상쾌한 향이 난다.
성분⇒ methyl chavicol, anethole,
anisaldehyde, alpha-limonene 등이 함
유되어 있다.
약효⇒ 충혈 완화, 발한 작용을 하며, 기
침을 치료한다.
용도⇒ 잎, 꽃을 관상, 식용, 약용, 양념,

차, 포푸리, 방향제, 밀원으로 이용한다.

❉ 재배 및 관리
기후 환경⇒ 노지에서 월동하고, 더위에
는 강하다.
토양⇒ 배수가 잘 되고 습기가 적당하며,
비옥한 사질 양토에서 잘 자란다.
번식 방법 및 시기⇒ 실생(4월, 9월)
수확 시기⇒ 수시(잎), 7~8월(꽃), 9~10
월 채취 건조(전초)

| 1 | 2 | 3 | 4 | 5 | 6 | 7 | 8 | 9 | 10 | 11 | 12 |

서양백리향

135. 서양백리향 (타임)

꿀풀과 Labiatae

학 명 *Thymus vulgaris* L.
영 명 Thyme, Common thyme, Garden thyme
원산지 유럽 남부, 지중해 연안, 아시아 서부

특성⇒ 상록 관목. 높이 10~40cm. 5~7월에 흰색, 연분홍색, 연보랏빛 흰색 꽃이 핀다. 잎에서 강한 향이 나며, 2~3년에 한 번씩 옮겨 심어야 죽지 않는다. 품종으로는 잎이 노란색인 'Aureus', 'Erectus(흰색 꽃)', 잎에 흰 테 무늬가 있는 'Silver Posie(연보라색 꽃)' 등이 있다. 교배종으로는 잎에 노란 테 무늬가 있는 'Golden Queen', 잎 가장자리에 아이보리색 무늬가 있는 'Silver Queen'이 있다. 실버 포지와 실버 퀸은 모양이 거의 비슷하다.

성분⇒ thymol, cinnamic acid, citral, gallic acid, geraniol, limonene, linalool, luteolin, l-linalool, rosmarinic acid, myristic acid, vitamin A, B 등이 함유되어 있다.

약효⇒ 강장, 구풍, 발한, 방부, 소염, 살균, 소화 촉진, 식욕 증진, 위장 기능 강화, 진통, 진정, 진해, 피로 회복, 항균 효능이 있으며, 기관지염, 감기, 기침, 두통, 우울증, 빈혈, 후두염을 치료한다.

용도⇒ 잎, 꽃을 관상, 약용, 차, 향신료, 요리 향미료, 비니거, 포푸리, 방향제, 입욕제, 향료, 방충제, 소독약으로 이용한다.

❋ 재배 및 관리

기후 환경⇒ 노지에서 월동하고, 더위에는 보통이다. 건조한 것을 좋아하므로 장마철에는 비가 직접 닿지 않게 하는 것이 좋다.

토양⇒ 배수가 잘 되고, 석회질이 많은 건조한 토양에서 잘 자란다.

번식 방법 및 시기⇒ 실생, 취목, 분주(4~5월), 삽목(9~10월)

수확 시기⇒ 7~9월(뿌리), 연중(잎)

1	2	3	4	5	6	7	8	9	10	11	12

서양쐐기풀

136. 서양쐐기풀 (네틀)

쐐기풀과 Urticaceae

학 명 *Urtica dioica* L.
원산지 유럽, 온대, 아열대

영 명 Stinging Nettle

특성⇒ 다년초. 높이 60~150cm. 줄기는 곧게 자라며, 질긴 섬유질이고, 털이 있다. 잎은 대생하며, 가장자리에 거치가 있고, 가시 같은 털이 난다. 7~9월에 녹색 꽃이 수상화서로 핀다. 털에 찔리면 쐐기에 쏘인 것처럼 아프다.

성분⇒ acetic acid, chlorophyll, iron, formic acid, histamine, potassium, silicon, vitamin A, C가 함유되어 있다.

약효⇒ 강장, 내출혈 방지, 모유 분비 촉진, 이뇨, 지혈, 해독, 혈당 강하, 혈행 촉진 효능이 있으며, 결핵, 관절염, 류머티즘, 불면증, 빈혈, 습진, 월경과다, 중풍, 통풍을 치료한다.

용도⇒ 어린싹, 줄기, 뿌리를 식용, 약용, 허브차, 맥주, 발모제, 사료, 섬유, 염료 (노란색, 녹색)로 이용한다.

✿ 재배 및 관리

기후 환경⇒ 노지에서 월동하며 더위에는 보통이다.
토양⇒ 배수가 잘 되고, 적당한 습기가 있는 토양에서 잘 자란다.
번식 방법 및 시기⇒ 실생(4월)
수확 시기⇒ 4~5월(어린싹)

1	2	3	4	5	6	7	8	9	10	11	12

서양톱풀

137. 서양톱풀 (아킬레아)

국화과 Compositae

학 명 *Achillea millefolium* L.
원산지 유럽, 아시아 서부

영 명 Common yarrow, Milfoil

특성⇒ 다년초. 높이 60~100cm. 잎은 대생하며, 톱니 모양이다. 6~9월에 흰색, 연홍색, 붉은 분홍색 꽃이 핀다. 서양에서는 잎을 지혈제로 사용하였는데, 프랑스에서는 연장에 다친 상처를 치료한다 하여 목수의 허브라고 한다. 속명인 아킬레아는 아킬레스가 트로이 전쟁 때 부상당한 병사들의 상처를 이 식물로 치료한데서 붙여졌다 한다.

성분⇒ 뿌리를 제외한 전초에 achillin, achilleine, betonicine, pinene, apigenin, azulene, sitosterol, betaine, borneol, caffeic acid, camphor, deacetylmatricarin 등이 함유되어 있다.

약효⇒ 강장, 건위, 살균, 이뇨, 지혈, 진경, 진통, 혈압 강하, 항균 효능이 있으며, 감기, 알레르기 습진, 관절염을 치료한다.

용도⇒ 어린싹, 잎, 꽃을 관상, 요리, 약용, 포푸리, 맥주 원료(홉 대용), 염료로 이용한다.

❋ 재배 및 관리

기후 환경⇒ 노지에서 월동하고, 더위에는 보통이다.

토양⇒ 토양은 가리지 않으며, 배수가 잘 되고 습기가 적당한 토양에서 잘 자란다.

번식 방법 및 시기⇒ 실생(4~5월), 분주, 아삽(4월, 9~10월)

수확 시기⇒ 4월(어린싹), 5~10월(잎, 꽃)

| 1 | 2 | 3 | 4 | 5 | 6 | 7 | 8 | 9 | 10 | 11 | 12 |

서양회양목

138. 서양회양목 (커먼 박스우드)

회양목과 Buxaceae

학 명 *Buxus sempervirens* L.
원산지 남부 유럽, 북부 아프리카, 서아시아

영 명 Common boxwood

특성⇒ 상록 관목. 높이 3~6m. 잎은 긴 난형이고 끝은 둥글며, 4~5월에 연황록색의 작은 꽃이 핀다. 열매는 장과이며, 종자는 검은색이다. 잎과 가지에서 독특한 향이 나며, 강한 독성이 있다. 원예 품종으로는 무늬종이 있다.

성분⇒ 잎에 tannin과 백신이 함유되어 있다.

약효⇒ 거풍습, 마취, 모발 촉진, 지통, 진정, 혈액 정화 효능이 있으며, 류머티즘, 산통, 치통, 두통, 치질, 적백리를 치료한다.

용도⇒ 잎, 줄기, 전초를 관상(정원수, 토피어리), 약용, 울타리, 모염제, 향수, 참빗, 수판알, 조각 및 가구재, 측량 및 제도 용구로 이용한다.

✿ 재배 및 관리

기후 환경⇒ 노지에서 월동하고, 더위에 강하다.

토양⇒ 배수가 잘 되는 비옥한 사질 양토에서 잘 자란다.

번식 방법 및 시기⇒ 실생(4월), 분주(4월), 취목(4월), 삽목(6~7월)

수확 시기⇒ 5~6월(잎), 9~11월(줄기)

| 1 | 2 | 3 | 4 | 5 | 6 | 7 | 8 | 9 | 10 | 11 | 12 |

163

열매　　　　　석류

139. 석류 (石榴)

석류과 Punicaceae

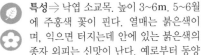

학 명 *Punica granatum* L.	**영 명** Pomegranate
원산지 지중해 연안 동부, 인도	

특성⇒ 낙엽 소교목. 높이 3~6m. 5~6월에 주홍색 꽃이 핀다. 열매는 붉은색이며, 익으면 터지는데 안에 있는 붉은색의 종자 외피는 신맛이 난다. 예로부터 동양에서 재배해 왔던 과수로 식용보다는 관상용으로 재배한다. 종자는 청량 음료의 색을 내는 데 사용한다.

성분⇒ pelletierine, isopelletierine, pseudopelletierine, alkaloid 등이 함유되어 있다.

약효⇒ 적리균, 콜레라균, 대장균에 항균 작용이 있으며, 촌충 구제, 하리를 치료한다.

용도⇒ 잎, 꽃, 뿌리, 열매를 관상, 식용, 약용, 칵테일, 셔벗, 피클향, 조미료, 섬유 염료로 이용한다.

✻ **재배 및 관리**

기후 환경⇒ 추위에 약하고 더위에 강하다.

토양⇒ 배수가 잘 되는 비옥한 사질 양토에서 잘 자란다.

번식 방법 및 시기⇒ 실생(4월), 삽목(6~7월)

수확 시기⇒ 9~10월(열매), 연중(뿌리)

1	2	3	4	5	6	7	8	9	10	11	12

164

무늬석창포 석창포

140. 석창포 (石菖蒲)

천남성과 Araceae

학 명 *Acorus gramineus* Solander
영 명 Grassy-leaved sweet flag, Japanese sweet flag
원산지 한국 남부, 일본, 중국, 타이완, 인도

특성⇒ 상록성 다년초. 높이 20~50cm. 6~7월에 미황색 꽃이 육수화서로 핀다. 물가에서 자라는 습생 식물이다. 우리 나라에서는 등잔불의 그을음을 흡수한다 하여 옛 선비들이 방안에 두고 관상하였다고 한다. 원예 품종으로는 무늬석창포 (*A. gramineus* 'Variegatus')가 있다.
성분⇒ 정유에 beta-asarone, caryophy-llene, sekishone 등이 함유되어 있다.
약효⇒ 개규(開竅), 거풍, 거습, 이기(理氣), 혈압 강하, 활혈 효능이 있으며, 전간, 담궐(痰厥), 고열에 의한 혼수 상태,

건망증, 심흉번민(心胸煩悶), 복통, 화농성 종양, 타박상을 치료한다.
용도⇒ 근경을 약용한다.

✽ 재배 및 관리
기후 환경⇒ 온실 다년초로 더위에는 강하다.
토양⇒ 배수가 잘 되는 사질 양토에서 잘 자란다.
번식 방법 및 시기⇒ 분주(4월)
수확 시기⇒ 연중(근경)

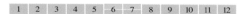

| 1 | 2 | 3 | 4 | 5 | 6 | 7 | 8 | 9 | 10 | 11 | 12 |

선갈퀴

141. 선갈퀴 (스위트 우드러프)

학 명 *Asperula odorata* L. (*Galium odoratum* Scop.)
영 명 Sweet woodruff, Woodruff　　　**원산지** 한국의 중부 이북, 울릉도

특성⇒ 다년초. 높이 25~40cm. 지하경은 옆으로 뻗어 자란다. 잎은 6~9장이 마디에 윤생하며, 긴 타원형 또는 타원상 피침형이다. 5~6월에 흰색 꽃이 줄기 끝에 취산화서로 핀다. 열매는 둥글고, 갈고리 같은 털이 밀생한다. 잎은 마르면 진녹색이 나며, 강한 향이 있어 맥주나 와인 등의 향료로 이용한다.

성분⇒ 방향 성분인 coumarin이 함유되어 있다.

약효⇒ 강장, 건위, 이뇨, 진정 효능이 있으며, 위통, 편두통, 우울증을 치료하고, 상처의 항응고제로 이용된다.

용도⇒ 잎, 꽃, 전초를 차, 향 첨가제(주류, 음료, 담배), 포푸리의 색 보유제, 염료, 방충제로 이용한다.

❋ 재배 및 관리

기후 환경⇒ 내한성이 강하고, 더위에는 보통이다.

토양⇒ 배수가 잘 되고, 부식질이 많은 비옥한 토양에서 잘 자란다.

번식 방법 및 시기⇒ 실생(4월), 분주(4월)

수확 시기⇒ 5월(잎, 꽃)

| 1 | 2 | 3 | 4 | 5 | 6 | 7 | 8 | 9 | 10 | 11 | 12 |

166

설탕단풍　　　메이플 시럽

142. 설탕단풍

단풍나무과 Aceraceae

학 명 *Acer saccharum* Marsh.
영 명 Sugar maple, Hard maple, Rock maple
원산지 북아메리카 동부

특성⇒ 낙엽 활엽 교목. 높이 35~40m. 수피는 회색이다. 잎은 장상엽으로 3~5 갈래로 갈라지고, 잎자루가 있으며, 기부는 심장형이고, 갈라진 잎 끝은 뾰족하며, 앞면은 연녹색, 뒷면은 털이 없다. 5~6월에 꽃이 피며, 처음에는 녹색이지만 후에 노란색이 된다. 열매는 시과로 날개가 있다. 가을에 붉은 단풍이 들어 아름답다. 수액에서 설탕을 채취한다.
성분⇒ carbohydrate, sugar, calcium, iron 등이 함유되어 있다.
약효⇒ 감기를 치료한다.

용도⇒ 잎, 줄기, 꽃, 종자, 수액을 관상, 식용, 약용, 감미료, 메이플 시럽, 식초로 이용한다.

❋ 재배 및 관리
기후 환경⇒ 노지에서 월동하고, 더위에 강하다.
토양⇒ 배수가 잘 되는 비옥한 사질 양토에서 잘 자란다.
번식 방법 및 시기⇒ 실생(4월)
수확 시기⇒ 3~4월(수액), 7~10월(전초), 10~11월(종자)

| 1 | 2 | 3 | 4 | 5 | 6 | 7 | 8 | 9 | 10 | 11 | 12 |

세이보리

143. 세이보리

꿀풀과 Labiatae

학 명 *Satureja montana* L.
원산지 지중해 연안, 프랑스 남부, 이탈리아

영 명 Savory, Winter savory

특성⇒ 상록성 다년초. 높이 10~50cm. 7~9월에 흰색 또는 보라색 꽃이 핀다. 자극성이 있는 매운맛이 나며, 유럽에서는 동양에서 후추가 전해지기 전까지 육류의 누린내를 없애는 향미료로 사용되었다. 윈터 세이보리는 다년초이나 서머 세이보리(*S. hortensis* L.)는 1년초이다. 임신 중에는 복용을 금한다.

약효⇒ 거담, 구충, 초유 분비 촉진, 소독, 소화 촉진, 이뇨, 방부, 피로 회복 효능이 있으며, 냉증, 갱년기 장애, 생리불순, 남성불감증, 복통, 현기증, 호흡 장애, 구역질, 중풍, 설사, 벌에 쏘인 데, 후

두염을 치료한다.
용도⇒ 잎, 꽃을 관상, 식용, 약용, 차, 향 첨가제(버터, 치즈, 식초, 와인), 조미료, 포푸리, 입욕제, 밀원으로 이용한다.

❊ 재배 및 관리
기후 환경⇒ 추위에 약하고 더위에는 보통이다.
토양⇒ 배수가 잘 되는 건조한 토양에서 잘 자란다.
번식 방법 및 시기⇒ 실생(5월)
수확 시기⇒ 연중(잎)

| 1 | 2 | 3 | 4 | 5 | 6 | 7 | 8 | 9 | 10 | 11 | 12 |

익테리나 세이지

삼색무늬세이지

세이지

144. 세이지 (약샐비어)

꿀풀과 Labiatae

학 명 *Salvia officinalis* L.
영 명 Sage, Common sage, Garden sage
원산지 유럽 남부

특성⇒ 상록 관목. 높이 30~80cm. 5~
7월에 푸른 보라색 또는 흰색 꽃이 핀다.
잎에서 강한 향기가 나고 산성에 약하다.
고대 그리스·로마 시대부터 만병 통치
약으로 이용되어 왔으며 차는 진통, 진정
작용이 있으나 임산부는 마시지 않는 것
이 좋다. 원예 품종으로는 40여 종이 있
으며, 대표적인 것으로는 황금색 무늬가
있는 익테리나 세이지(*S. officinalis* L.
'Icterina'), 자줏빛 보라색이 나는 푸르
푸라센스 세이지(*S. officinalis* L. 'Purpu-
rascens'), 잎에 삼색 무늬가 있는 삼색
무늬세이지(*S. officinalis* L. 'Tricolor')
등이 있다.
성분⇒ citral, geraniol, limonene,
linalool, luteolin, saponin, thymol,
정유 성분은 pinene, thujone, cineole,
borneol, bonyl-ester, rosmarinic

acid, vitamin B, C 등이 함유되어 있다.
약효⇒ 강장, 건위, 염증 억제, 진해, 진
통, 진정, 탈모 방지 효능이 있으며, 다한
증, 인후염을 치료한다.
용도⇒ 잎, 꽃, 추출액을 관상, 약용, 요
리, 차, 향신료, 향미료, 포푸리, 가글제,
치약, 와인 첨가제, 린스 대용, 염료로 이
용한다.

❊ **재배 및 관리**
기후 환경⇒ 더위에 강하고 추위에 약하
며 건조에 강하다.
토양⇒ 배수가 잘 되는 건조한 듯한 비옥
한 토양에서 잘 자란다.
번식 방법 및 시기⇒ 실생(4~5월), 삽목
(6~7월)
수확 시기⇒ 연중

| 1 | 2 | 3 | 4 | 5 | 6 | 7 | 8 | 9 | 10 | 11 | 12 |

세인트존스 워트

145. 세인트존스 워트

물레나물과 Hypericaceae

학 명 *Hypericum perforatum* L.
원산지 북아메리카

영 명 St. John's wort

특성⇒ 다년초. 높이 30~60cm. 잎은 대생하며, 타원형 또는 긴 타원형이고, 선형의 투명한 선점(線点)이 있으며, 잎 뒷면은 연녹색이다. 7~8월에 노란색 꽃이 집산화서로 피며, 종자는 검고 둥글다. 발삼향이 나며, 꽃은 레몬향이 난다.

성분⇒ carotenoid, caryophyllene, chlorophyll, flavonoid, isoquercitrin, limonene, lutein, mannitol, phenol, phytosterol, quercetin, rutin, saponin, vitamin C 등이 함유되어 있다.

약효⇒ 강장, 수렴, 소염, 이완, 지혈, 진정, 항바이러스 효능이 있으며, 편도염,

불면증, 히스테리, 우울증, 신경통, 생리통, 위장염, 두통, 야뇨증, 감기, 기침, 폐렴, 외상 및 타박상, 하리를 치료한다.

용도⇒ 잎, 줄기, 꽃, 종자를 약용, 화장품, 염료, 치약 재료로 이용한다.

❋ **재배 및 관리**

기후 환경⇒ 노지에서 월동하고, 더위에 강하다.

토양⇒ 토양은 가리지 않고 잘 자란다.

번식 방법 및 시기⇒ 실생(4월), 분주(6~7월)

수확 시기⇒ 7~9월, 개화 직전(지상부)

| 1 | 2 | 3 | 4 | 5 | 6 | 7 | 8 | 9 | 10 | 11 | 12 |

146. 센토레아 (수레국화, 콘플라워)

국화과 Compositae

학 명 *Centaurea cyanus* L.
영 명 Cornflower, Blue bottle, Bachelor's button
원산지 유럽

특성⇒ 1~2년초. 높이 20~90cm. 줄기는 가늘고 곧게 자라며, 가지가 많이 갈라진다. 잎은 좁은 선상 피침형이며, 회록색이고, 부드러운 털로 덮인다. 5~7월에 파란색, 흰색, 분홍색, 자주색 꽃이 가지 끝에 핀다. 화단에 심을 때에는 꽃의 색을 혼합하여 심는 것이 좋다.

약효⇒ 수렴, 소화 촉진, 이뇨, 항생, 흥분 작용을 하며, 피부궤양, 기관지염, 기침, 간장병, 류머티즘을 치료하고, 결막염, 염증 등의 세안제(洗眼劑)로 쓰인다.

용도⇒ 잎, 꽃을 관상(절화, 드라이 플라워, 압화), 약용, 요리, 화장품, 염료로 이용한다.

✿ 재배 및 관리

기후 환경⇒ 더위에는 보통이며, 봄부터 가을까지 자란다.

토양⇒ 배수가 잘 되는 비옥한 토양에서 잘 자란다.

번식 방법 및 시기⇒ 실생(4~5월)

수확 시기⇒ 만개 전

1	2	3	4	5	6	7	8	9	10	11	12

꽃

줄기

셀러리

147. 셀러리(수프 셀러리)

산형과 Umbelliferae

학 명 *Apium graveolens* L. var. *dulce* DC.　**영 명** Soup celery, Celery
원산지 유럽 남부, 지중해 연안, 스웨덴

특성⇒ 1~2년초. 높이 60~90cm. 줄기와 잎은 짙은 녹색이며, 광택이 난다. 잎은 1~2회 우상복엽이다. 6~7월에 흰색 꽃이 복산형화서로 피며, 종자는 회갈색이다. 이집트 시대부터 재배되었으며, 잎자루에 섬유질이 많아 연화 재배하여 향채류로 사용한다. 휘발성 오일이 함유되어 있어 줄기와 잎, 종자에 신선하고 쌉쌀한 독특한 향이 난다.

성분⇒ pinene, apigenin, bergapten, beta-carotene, eugenol, ferulic acid, limonene, linalool, luteolin, myristicin, rutin, thymol, amino acid, boron, vitamin A, B 등이 함유되어 있다.

약효⇒ 강장, 소화 촉진, 이뇨, 정장, 진정, 항진균, 혈압 강하, 해독 효능이 있으며, 기관지염, 간장병, 관절염, 통풍을 치료한다.

용도⇒ 잎, 잎자루, 줄기, 종자를 식용, 향미료, 향신료, 무염식의 염분 대용 식품, 영양분 소화 효소, 입욕제, 오일로 이용한다.

❈ **재배 및 관리**

기후 환경⇒ 더위에 약하고, 서늘한 기후에서 잘 자란다. 여름에는 반그늘에서 잘 자란다.

토양⇒ 배수가 잘 되고, 습기가 적당한 비옥한 사질 양토에서 잘 자라며 건조를 싫어한다.

번식 방법 및 시기⇒ 실생(4~6월, 9~10월, 발아 온도 15~20℃)

수확 시기⇒ 파종기에 따라 연중 수확 가능(20cm 가량 자랐을 때 수확)

| 1 | 2 | 3 | 4 | 5 | 6 | 7 | 8 | 9 | 10 | 11 | 12 |

솔방울과 잎   꽃송이

148. 소나무

소나무과 Pinaceae

학 명 *Pinus densiflora* Sieb. et Zucc.　　**영 명** Japanese red pine
원산지 한국, 일본, 중국, 우수리

특성⇒ 상록 침엽수. 높이 25m 가량. 잎은 바늘 모양이고 2개씩 속생하며, 5월에 꽃이 핀다. 열매는 구과로 난형이며, 길이 4~5cm, 너비 3~3.5cm, 황갈색을 띠며, 실편은 70~100개이고, 각 실편에 5~6mm의 타원형 종자가 들어 있다. 종자는 검은 갈색이며, 날개는 연갈색에 검은 갈색 줄이 있다.

성분⇒ pinene, camphene, quercetin, turpentine, pine resin, rosin, pimaric acid, dipentene, limonene 등이 함유되어 있다.

약효⇒ 거풍, 배농, 살충, 생기, 조습, 익기, 수습, 지혈, 항알레르기, 혈압 강하 효능이 있으며, 악창, 관절염, 류머티즘, 개선, 소양, 부종, 습진, 창상 출혈, 만성 설사를 치료한다.

용도⇒ 잎, 송기를 관상, 요리, 약용, 차, 향미료, 향료(음료수, 송편, 주류)로 이용한다.

❋ 재배 및 관리

기후 환경⇒ 노지에서 월동하고, 더위에 강하다.
토양⇒ 배수가 잘 되는 산성 토양에서 잘 자란다.
번식 방법 및 시기⇒ 실생(9~10월)
수확 시기⇒ 연중(잎)

| 1 | 2 | 3 | 4 | 5 | 6 | 7 | 8 | 9 | 10 | 11 | 12 |

소렐

149. 소렐
마디풀과 Polygonaceae

학 명 *Rumex acetosa* L.
원산지 유럽, 아시아, 한국

영 명 Broad-leaf sorrel, Garden sorrel

특성⇒ 다년초. 높이 60~80cm. 5~6월에 연한 녹색 또는 붉은 녹색의 작은 꽃이 원추화서로 핀다. 신맛이 나며, 프랑스에서는 샐러드나 수프, 소스 등의 요리에 사용한다. 우리 나라에는 유사종으로 수영이 있다. 많은 양을 장기간 복용하는 것은 금한다.

성분⇒ oxalic acid, chrysophanein, chrysophanol, emodin, quercetin, vitexin, hyperin, violoxanthin, malic acid, vitamin C, citrc acid 등이 함유되어 있다.

약효⇒ 소화 촉진, 신장 및 간장 기능 강화, 완하, 이뇨, 월경 촉진, 정혈, 해열 효능이 있으며, 담석, 황달, 방광결석, 화상, 만성 피부질환, 변비, 위 내출혈을 치료한다.

용도⇒ 잎, 근경을 식용, 약용, 차, 식초로 이용한다.

❀ 재배 및 관리
기후 환경⇒ 추위에 강하고 더위에는 보통이다.

토양⇒ 보수력이 있는 비옥한 사질 양토에서 잘 자란다.

번식 방법 및 시기⇒ 실생(4~5월, 9~10월), 분주(3~4월)

수확 시기⇒ 파종 시기에 따라 연중 수확 가능(잎)

| 1 | 2 | 3 | 4 | 5 | 6 | 7 | 8 | 9 | 10 | 11 | 12 |

소리쟁이

150. 소리쟁이

마디풀과 Polygonaceae

학 명 *Rumex crispus* L. **영 명** Curly dock, Yellow dock
원산지 한국, 일본, 중국, 아시아, 유럽, 아프리카

특성⇒ 다년초. 높이 30~80cm. 6~7월
에 녹색 꽃이 원추화서로 핀다. 도랑이나
둑 밑의 습기가 있는 곳에서 자생한다.
성분⇒ beta-carotene, emodin, rutin,
chrysophanol, chrysophanolanthrone,
hyperoside, nepodin, tannin, quercetin,
quercitrin, vitamin B, C 등이 함유되어
있다.
약효⇒ 건위, 양혈, 진해, 통변, 청열, 화
담, 항균 효능이 있으며, 급성 간염, 토혈,
기관지염, 변비, 개선, 창독, 피부병을

치료한다.
용도⇒ 어린잎, 꽃, 뿌리를 관상(절화),
식용, 약용한다.

✽ **재배 및 관리**
기후 환경⇒ 노지에서 월동하고, 추위에
강하다.
토양⇒ 습기가 있는 비옥한 사질 양토에
서 잘 자란다.
번식 방법 및 시기⇒ 실생(4월)
수확 시기⇒ 4월(뿌리), 수시(잎)

| 1 | 2 | 3 | 4 | 5 | 6 | 7 | 8 | 9 | 10 | 11 | 12 |

소프워트로 만든 비누   소프워트

151. 소프워트 (비누풀, 石花)

석죽과 Caryophyllaceae

학 명 *Saponaria officinalis* L.
원산지 유럽, 아시아

영 명 Soapwort, Bouncing bet

특성⇒ 다년초. 높이 20~60cm. 잎은 타원형이며, 7~9월에 분홍색 또는 흰색 꽃이 핀다. 예로부터 유럽에서는 줄기나 잎을 끓인 다음 거품을 걸러서 받은 액을 비누 대용으로 사용하였다. 지금도 고미술품의 찌든 때나 양털을 세척할 때 사용한다. 독성 물질이 있어 내복약으로는 사용하지 않는다.
성분⇒ saponin, 4% saporu brinic acid 등이 함유되어 있다.
약효⇒ 거담, 이뇨, 완하, 간장과 담낭의 담즙을 만드는 효능이 있으며, 매독, 피부병, 상처를 치료한다.

용도⇒ 잎, 줄기, 꽃, 근경을 관상, 약용, 비누, 소독제로 이용한다.

✽ 재배 및 관리
기후 환경⇒ 추위에는 강하고 더위에는 보통이다.
토양⇒ 보수력이 있는 비옥한 사질 양토에서 잘 자란다.
번식 방법 및 시기⇒ 실생(4월, 9월), 분주(10월)
수확 시기⇒ 6~9월(잎, 꽃), 9~10월(근경)

| 1 | 2 | 3 | 4 | 5 | 6 | 7 | 8 | 9 | 10 | 11 | 12 |

솔나물

152. 솔나물

꼭두서니과 Rubiaceae

학 명 *Galium verum* L. var. *asiaticum* Nakai
영 명 Yellow bedstraw, Lady's bedstraw　**원산지** 한국

특성⇒ 다년초. 높이 30~100cm. 잎은 8~10개가 윤생하며, 선상 피침형이고, 길이 2~3cm, 너비 1.5~3mm, 뒷면에는 털이 있다. 6~8월에 노란색 꽃이 원추화서로 핀다. 우리 나라 특산 식물로 전국의 산야에서 자란다. 자방에 털이 있는 털솔나물, 흰색 꽃이 피는 흰솔나물, 미황색 꽃이 피고 자방에 털이 있는 흰털솔나물, 미황색 꽃이 피는 개솔나물, 잎에 털이 많은 털잎솔나물 등의 많은 품종이 있다.

성분⇒ palustroside, rutin, asperuloside, 정유에는 methyl vanillin, piperonal, 뿌리에는 rubiadine, primeveroside, pseudopurpurine glycoside 등이 함유되어 있다.

약효⇒ 응고, 지양, 지혈, 청열, 해독, 행

혈 효능이 있으며, 간염, 편도선염, 피부염, 담마진을 치료한다.

용도⇒ 꽃, 전초를 관상(절화, 지피 식물), 식용, 약용, 포푸리, 염료(붉은색, 노란색), 밀원, 치즈 응유제로 이용한다.

❈ 재배 및 관리

기후 환경⇒ 노지에서 월동하고, 내서성은 보통이다.

토양⇒ 건조에 강하다. 배수가 잘 되고 습기가 적당하며, 비옥한 알칼리성이나 중성 토양에서 잘 자란다.

번식 방법 및 시기⇒ 실생(4월), 분주(9~10월)

수확 시기⇒ 4~10월(꽃, 전초)

| 1 | 2 | 3 | 4 | 5 | 6 | 7 | 8 | 9 | 10 | 11 | 12 |

솜우단풀

153. 솜우단풀 (램즈 이어)

꿀풀과 Labiatae

학 명 *Stachys byzantina* C. Koch
영 명 Lamb's ears, Lamb's tongue, Woolly betony
원산지 유럽 남부, 카프카스, 이란

특성⇒ 다년초. 높이 30~85cm. 잎은 긴 타원형 또는 난상 타원형이며, 흰 털로 덮이고, 6~7월에 자홍색 꽃이 수상화서로 핀다. 식물 전체가 은백색 털로 덮여 있어서 벨벳 같은 감촉을 가지고 있으며, 잎 모양이 양의 귀와 비슷하다 하여 영명이 램즈 이어(lamb's ears)로 붙여졌다. 잎은 향기가 있다. 원예 품종으로는 잎이 황록색인 프림로즈 헤론 램즈 이어(*S. byzantina* C. Koch 'Primrose heron')가 있다.

용도⇒ 잎, 줄기, 꽃을 관상(화단용, 절화, 드라이 플라워, 리스), 요리, 차, 포푸리로 이용한다.

❋ **재배 및 관리**
기후 환경⇒ 노지에서 월동하고, 건조한 듯하게 관리한다. 고온 다습에 약하다.
토양⇒ 배수가 잘 되는 사질 양토에서 잘 자란다.
번식 방법 및 시기⇒ 실생(4월), 분주 (4~9월)
수확 시기⇒ 6~8월(잎, 꽃)

| 1 | 2 | 3 | 4 | 5 | 6 | 7 | 8 | 9 | 10 | 11 | 12 |

쇠비름

154. 쇠비름

쇠비름과 Portulacaceae

학 명 *Portulaca oleracea* L.
영 명 Purslane, Pigweed, Kitchen-garden purslane
원산지 한국, 온대, 열대

특성⇒ 1년초. 높이 20~30cm. 전체가 다 육질이고, 줄기는 붉은 갈색이 나며, 지면에 붙어서 펴져 자란다. 잎은 두껍고 광택이 나며 도란형이다. 6~9월에 노란색 작은 꽃이 피며, 열매에는 광택이 나는 검은 종자가 들어 있다. 우리 나라의 밭이나 길가에서 흔히 볼 수 있으며, 원예 품종으로 변종인 꽃쇠비름(태양화)이 있다.
성분⇒ calcium oxalate와 같은 무기염과 noradrenaline, dopa, dopamine 등이 함유되어 있다.
약효⇒ 건위, 산혈, 이뇨, 청열, 항균, 해독 효능이 있으며, 농혈, 단독, 독충 교상, 종양, 열리, 이질, 청맹, 시력 감퇴, 천식, 방광염을 치료한다.
용도⇒ 어린잎, 줄기를 식용한다.

❊ 재배 및 관리
기후 환경⇒ 종자로 월동하고, 더위에 강하다.
토양⇒ 배수가 잘 되는 사질 양토나 밭에서 잘 자란다.
번식 방법 및 시기⇒ 실생, 삽목(4~5월)
수확 시기⇒ 6~9월

| 1 | 2 | 3 | 4 | 5 | 6 | 7 | 8 | 9 | 10 | 11 | 12 |

수세미외

155. 수세미외

박과 Cucurbitaceae

학 명 *Luffa cylindrica* Roemer	**영 명** Sponge gourd
원산지 열대 아시아, 인도	

특성⇒ 1년초. 길이 12m 가량. 줄기는 덩굴성이다. 잎은 호생하고, 장상엽으로 5~7갈래로 깊게 갈라진다. 6~10월에 노란색 꽃이 피며, 열매는 원통형으로 길이 30~60cm이다. 열매는 성숙하면 질긴 섬유질이 형성되는데, 이것을 러파(luffa)라고 하며, 수세미나 슬리퍼 바닥으로 이용한다.

성분⇒ 과실에 luffeine, citrulline, cucurbitacin, retenone 등이 함유되어 있다.

약효⇒ 소종, 이뇨, 지혈, 진통, 해독 효능이 있으며, 자궁내출혈, 치핵, 적리를 치료한다.

용도⇒ 잎, 열매, 종자, 수액을 식용, 약용, 화장수, 수세미, 식용유로 이용한다.

✽ 재배 및 관리

기후 환경⇒ 종자로 월동하며, 추위에 약하고 더위에 강하다.

토양⇒ 배수가 잘 되는 비옥한 사질 양토에서 잘 자란다.

번식 방법 및 시기⇒ 실생(5월)

수확 시기⇒ 5~8월(어린잎), 9월(수액), 9~10월(열매)

1	2	3	4	5	6	7	8	9	10	11	12

순비기나무

156. 순비기나무

마편초과 Verbenaceae

학 명 *Vitex rotundifolia* L.
원산지 한국, 일본, 중국, 타이완, 동남 아시아, 오스트레일리아

특성⇒ 상록 관목. 높이 30~60cm. 잎은 둥근 도란형이며, 앞면은 녹색, 뒷면은 은백색이다. 7~9월에 연보라색 작은 꽃이 가지 끝에 원추화서로 핀다. 열매는 만형자라 하며, 검은 갈색으로 익는다. 바닷가의 모래밭에서 자라며, 줄기와 잎에서 향기가 난다. 빈혈로 현기증과 두통, 화가 있는 사람은 복용을 금한다.
성분⇒ 잎에는 camphene, alpha-pinene, luteolin-7-glucoside, 열매는 vitexcarpin, artemetin 등이 함유되어 있다.

약효⇒ 두통, 눈병, 신경통을 치료한다.
용도⇒ 잎, 줄기, 열매를 약용, 방향제, 입욕제로 이용한다.

✽ 재배 및 관리
기후 환경⇒ 노지에서 월동하고, 고온다습에 강하다.
토양⇒ 배수가 잘 되는 비옥한 사질 양토에서 잘 자란다.
번식 방법 및 시기⇒ 실생(4월), 삽목(6~7월), 분주(4월)
수확 시기⇒ 7~8월(잎, 줄기), 10월(열매)

| 1 | 2 | 3 | 4 | 5 | 6 | 7 | 8 | 9 | 10 | 11 | 12 |

스니즈워트

157. 스니즈워트

국화과 Compositae

학 명 *Achillea ptarmica* L.　　　　　**영 명** Sneezwort , Sneezweed
원산지 유럽, 아시아 서부

특성⇒ 다년초. 높이 40~90cm, 포기 너비 60cm 가량. 근경이 있다. 잎은 좁은 선형 또는 피침형이고, 끝이 뾰족하며, 진녹색, 가장자리에는 거치가 있다. 6~9월에 줄기 끝에 지름 2~10cm의 흰색 두상화가 8~9개 산방상으로 핀다.
약효⇒ 피로 회복을 돕고, 장내 가스를 제거하며, 비뇨기 장애, 류머티즘, 치통을 치료한다.

용도⇒ 꽃을 관상(절화), 약용한다.

❋ **재배 및 관리**
기후 환경⇒ 노지에서 월동하고, 16~24℃에서 잘 자란다.
토양⇒ 배수가 잘 되는 사질 양토에서 잘 자란다.
번식 방법 및 시기⇒ 실생(4월)
수확 시기⇒ 7~9월(꽃)

| 1 | 2 | 3 | 4 | 5 | 6 | 7 | 8 | 9 | 10 | 11 | 12 |

스위트 바이올렛

158. 스위트 바이올렛

제비꽃과 Violaceae

학 명 *Viola odorata* L.
영 명 Sweet violet, Garden violet, English violet
원산지 유럽, 아프리카, 아시아

특성⇒ 다년초. 높이 15~25cm. 포복경이 많이 생기며, 잎은 둥근 심장형이다. 11월~다음 해 4월에 보라색, 흰색, 분홍색 꽃이 피며, 겹꽃도 있다. 꽃에서 달콤한 향이 나며, 꽃 1톤에서 바이올렛 오일 400g 가량을 추출한다.

성분⇒ saponin, alkaloid, odoratine, palmone, eugenol, vitamin C 등이 함유되어 있다.

약효⇒ 거담, 완하, 이뇨, 정혈, 진정, 항암, 혈압 강하 효능이 있으며, 불면증, 종기, 화상, 타박상, 편도선염, 감기, 간질, 황달, 간장병, 기관지염, 후두염, 구내염을 치료한다.

용도⇒ 잎, 꽃을 관상, 식용(시럽, 설탕절임, 사탕, 케이크), 약용, 차, 향미료, 식초, 와인, 리큐르, 포푸리, 향수, 화장품으로 이용한다.

❋ 재배 및 관리

기후 환경⇒ 5℃ 이상에서 월동하고, 고온 다습에는 약하다. 여름에는 반그늘에서 잘 자란다.

토양⇒ 배수가 잘 되고, 보수력이 있는 부식토에서 잘 자란다.

번식 방법 및 시기⇒ 실생(9월), 러너 분주(5월, 9월)

수확 시기⇒ 11월~다음 해 4월(꽃), 연중(잎)

| 1 | 2 | 3 | 4 | 5 | 6 | 7 | 8 | 9 | 10 | 11 | 12 |

스위트 조파이

159. 스위트 조파이

국화과 Compositae

학 명 *Eupatorium purpureum* L.
영 명 Sweet joe-pye, Joe-pye weed, Gravelroot
원산지 캐나다 동부, 미국

특성⇒ 다년초. 높이 1~2m. 줄기는 검붉은 갈색이다. 잎은 3~6장이 윤생하며, 긴 타원상 피침형으로 끝이 뾰족하고, 가장자리에 거치가 있다. 8~9월에 원추화서로 자홍색 또는 미황색 꽃이 핀다. 잎에서 바닐라 또는 사과향이 난다. 종자에서 분홍색 염료를 채취하여 섬유 염료로 사용하며, 아메리칸 인디언은 발진티푸스 치료에 사용하였다. 우리 나라에는 등골나물, 향등골나물, 골등골나물, 벌등골나물이 있으며, 모두 약용 또는 어린싹을 나물로 식용한다.

성분⇒ 꽃과 뿌리에 euparin, eupatorin, resin, *p*-cymene, nerylacetate 등이 함유되어 있다.

약효⇒ 발한열 강하, 생식 기관 조정 효능이 있으며, 생리통, 통풍, 류머티즘, 간장·비뇨기 장애를 치료한다.

용도⇒ 어린싹, 꽃, 종자, 뿌리를 관상(절화), 약용, 염료로 이용한다.

✻ 재배 및 관리

기후 환경⇒ 추위에 강하고 더위에는 보통이다.

토양⇒ 배수가 잘 되는 비옥한 사질 양토에서 잘 자란다.

번식 방법 및 시기⇒ 실생(4월)

수확 시기⇒ 10월(종자, 뿌리)

| 1 | 2 | 3 | 4 | 5 | 6 | 7 | 8 | 9 | 10 | 11 | 12 |

스테비아   꽃

160. 스테비아

국화과 Compositae

학 명 *Stevia rebaudiana* Hemsl.   **영 명** Stevia
원산지 파라과이, 브라질

특성⇒ 다년초. 높이 60cm 가량. 7~9월에 흰색 작은 꽃이 핀다. 독성은 없고 내열성이 있으며, 당도가 설탕의 250~300배인 stevioside를 함유하고 있어 당뇨병 환자나 다이어트용 저칼로리 천연 감미료로 쓰인다. 파라과이와 브라질 국경 지역의 해발 500m 고지에서 자생하며, 예로부터 남아메리카 인디오들이 감미료로 이용하였다. 우리 나라에는 1973년에 도입되었다.
성분⇒ diterpene 화합물로 stevioside와 rebaudioside A 등이 함유되어 있다.
약효⇒ 당뇨병, 심장병, 비만, 충치 환자의 저혈당제 감미료로 쓰인다.

용도⇒ 잎, 줄기, 꽃을 식용, 차, 감미료, 식품 첨가제로 이용한다.

❊ 재배 및 관리
기후 환경⇒ 추위와 건조에 약하고, 21~25℃에서 잘 자란다.
토양⇒ 다비성 식물로, 배수가 잘 되고 적당한 습기가 있는 비옥한 중성 사질 양토에서 잘 자란다.
번식 방법 및 시기⇒ 실생(4~5월), 삽목(9~10월)
수확 시기⇒ 개화 전(꽃), 5~10월(잎, 줄기)

| 1 | 2 | 3 | 4 | 5 | 6 | 7 | 8 | 9 | 10 | 11 | 12 |

스패니시 브룸

161. 스패니시 브룸

콩과 Leguminosae

학 명 *Spartium junceum* L.
영 명 Spanish broom, Weaver's broom

원산지 지중해 연안, 유럽 남서부

특성⇒ 상록 관목. 높이 2~3.5m. 줄기는 암녹색이고, 가지가 여러 개로 갈라지며, 직립하여 자란다. 어린가지와 잎은 녹색이다. 잎은 좁은 타원형이며, 7~9월에 가지 끝부분에서 완두꽃 비슷한 노란색 꽃이 총상화서로 핀다. 꽃의 지름은 3cm 가량이고, 향기가 강하다. 열매는 꼬투리로 길이 5~10cm이며, 5~12개의 종자가 들어 있다. 독성이 있으므로 전문가의 지시에 따라 소량 복용한다. 도시의 환경오염과 바닷가의 환경에 내성이 있어 정원수로 이용한다.
성분⇒ alkaloid의 cytisine이 함유되어 있다.
약효⇒ 이뇨, 준하(峻下) 작용을 한다.

용도⇒ 꽃, 줄기를 관상(정원수), 세공용, 캔버스 · 실 · 끈 · 종이 원료, 향수, 일랑일랑유로 이용한다.

❊ 재배 및 관리
기후 환경⇒ 바닷가에서는 -10℃ 이상에서 월동하나 내륙 지방에서는 온실에서 월동한다. 16~30℃에서 잘 자라며, 충분한 햇빛을 요한다.
토양⇒ 배수가 잘 되는 사질 양토에서 잘 자란다.
번식 방법 및 시기⇒ 실생(4월), 삽목(6~7월)
수확 시기⇒ 7~9월(꽃)

1	2	3	4	5	6	7	8	9	10	11	12

스피어민트

162. 스피어민트

꿀풀과 Labiatae

학 명 *Mentha spicata* L. (*M. viridis* L.)
영 명 Spearmint

원산지 유럽, 지중해 연안

특성⇒ 다년초. 높이 30~90cm. 줄기는 녹갈색이며, 8~9월에 연보라색, 분홍색, 흰색 꽃이 핀다. 달콤하고 시원하며 상쾌한 향이 나고, 민트 중 향이 가장 진하다. 정유에 약한 마취 작용이 있으며, 2000여 년 전부터 재배하였다. 원예 품종으로는 잎이 곱슬곱슬한 크리스파 스피어민트 (*M. spicata* L. 'Crispa')가 있다.

성분⇒ 정유에 l-menthol, l-limonene, menthone, cineol, alpha-pinene, beta-pinene 등이 함유되어 있다.

약효⇒ 발한, 방충, 살균, 소화, 진경, 진정, 진통 효능이 있으며, 멀미 방지, 딸꾹질, 감기를 치료한다.

용도⇒ 잎, 줄기, 종자를 식용, 향미료, 향신료, 입욕제, 치약, 젤리, 알코올로 이용한다.

✴ 재배 및 관리

기후 환경⇒ 추위에 강하고, 고온 건조에는 약하다.
토양⇒ 배수가 잘 되고, 적당한 습기가 있는 비옥한 사질 양토에서 잘 자란다.
번식 방법 및 시기⇒ 실생(4월, 9월)
수확 시기⇒ 5~8월(잎, 줄기), 10월(종자)

| 1 | 2 | 3 | 4 | 5 | 6 | 7 | 8 | 9 | 10 | 11 | 12 |

시계꽃

163. 시계꽃

시계꽃과 Passifloraceae

학 명 *Passiflora caerulea* L.
영 명 Passion vine, Blue passion flower, Blue crown passion flower
원산지 미국 플로리다 주, 중앙 아메리카, 브라질, 페루, 아르헨티나

특성⇒ 덩굴성 상록 다년초. 길이 3~4m. 잎은 호생하며 잎자루가 길고, 장상엽으로 5갈래로 갈라진다. 7~9월에 엽액에서 흰색에 보랏빛이 나는 꽃이 한 개씩 피며, 향일성으로 태양을 향한다. 열매는 달걀 크기이며, 노란색으로 익는다. 꽃이 시계처럼 핀다 하여 시계초라고도 한다. 원예종으로는 파시플로라 인카르나타(*P. incarnata*) 등이 있다.

성분⇒ apigenin, flavonoids, harmaline, kaempferol, luteolin, maltol, quercetin, rutin, scopoletin, stigmasterol, umbelliferone, vitexin, amino acid, calcium 등이 함유되어 있다.

약효⇒ 강장, 진정, 혈압 강하 효능이 있으며, 불면, 불안, 신경성 천식 발작, 과민성 장증후군, 종기, 인후 통증, 피부염증을 치료한다.

용도⇒ 꽃, 열매, 뿌리를 관상, 식용, 청량 음료, 아이스크림으로 이용한다.

❉ 재배 및 관리

기후 환경⇒ 온실에서 월동하고, 더위에 강하다.
토양⇒ 배수가 잘 되고, 부식질이 많은 토양에서 잘 자란다.
번식 방법 및 시기⇒ 실생(4~5월), 삽목(6~7월)
수확 시기⇒ 10월(열매)

| 1 | 2 | 3 | 4 | 5 | 6 | 7 | 8 | 9 | 10 | 11 | 12 |

시 홀리

164. 시 홀리

학 명 *Eryngium maritimum* L.
원산지 유럽, 북부 아프리카, 서남 아시아

영 명 Sea holly, Sea holm, Sea eryngo

특성⇒ 2년초 또는 다년초. 높이 30~60 cm. 잎은 뻣뻣하고 광택이 나며, 7~8월에 백분이 있는 회청록색 꽃이 핀다. 달콤한 점액을 가진 허브로 가을이 되면 미네랄을 다량 함유하며, 어린잎과 잎눈을 식용한다.

약효⇒ 강장, 거담, 이뇨, 피부 조직 재생, 최음 효능이 있으며, 기침, 요도염, 신장결석, 방광염, 전립선염을 치료한다.

용도⇒ 어린싹, 잎, 잎눈, 줄기, 꽃, 뿌리를 관상, 식용, 약용, 캔디, 젤리로 이용한다.

✱ **재배 및 관리**
기후 환경⇒ 온실에서 월동하고, 더위에는 보통이다.
토양⇒ 배수가 잘 되고, 보통 비옥한 일반 사질 양토에서 잘 자란다.
번식 방법 및 시기⇒ 실생(4월), 분주(4월), 근삽(3월)
수확 시기⇒ 4~5월(어린싹과 줄기), 9~10월(뿌리)

| 1 | 2 | 3 | 4 | 5 | 6 | 7 | 8 | 9 | 10 | 11 | 12 |

어린싹   식용 아스파라거스

165. 식용 아스파라거스

학 명 *Asparagus officinalis* L.
영 명 Asparagus, Sparrowgrass, Garden asparagus
원산지 유럽 남부

특성⇒ 다년초. 높이 1~2m. 줄기싹은 비옥한 토양에서 굵게 나오며, 잎은 부드러운 침엽이다. 6~8월에 황록색 꽃이 피며, 열매는 붉게 익는다. 연한 어린줄기를 식용한다. 비타민과 아미노산류가 풍부하며, 로마 시대부터 식용하였다.

성분⇒ asparagine, steroid, saponin, rutin, coniferin, protein, fat, sucrose, lignin, calcium, potassium, iron, natrium, carotene, vitamin A, B, amino acid 등이 함유되어 있다.

약효⇒ 강장, 거담, 살충, 윤폐, 이뇨, 진해, 피로 회복 효능이 있으며, 폐렴을 치료한다.

용도⇒ 잎, 어린줄기를 식용, 약용한다.

❋ 재배 및 관리
기후 환경⇒ 노지에서 월동하고, 더위에는 보통이다.
토양⇒ 배수가 잘 되는 비옥한 사질 양토에서 잘 자란다.
번식 방법 및 시기⇒ 실생(4월), 분주(4월, 9~11월)
수확 시기⇒ 4~5월

1	2	3	4	5	6	7	8	9	10	11	12

실론 계피　　　　　수피

166. 실론 계피 (시나몬)

녹나무과 Lauraceae

학 명 *Cinnamomum verum* J. Presl　　**영 명** Cinnamon, Ceylon cinnamon
원산지 스리랑카, 인도, 말레이시아

특성⇒ 상록 소교목. 높이 8~12m. 잎은
대생하며 짧은 잎자루가 있고, 난상 타원
형으로 끝은 뾰족하고 기부는 둥글며, 혁
질, 길이 12~20cm, 너비 4~5cm, 3개
의 맥이 있으며, 앞면은 광택이 나는 암
녹색, 뒷면은 연녹색이다. 새순은 붉은색
이다. 6월에 크림색의 작은 꽃이 원추화
서로 피며, 고약한 냄새가 난다. 열매는
둥근 장과이며, 지름 1cm 가량이고, 자색
이다. 수피에서 특이한 향이 나며, 수피
를 수확하기 위해 재배한다.
성분⇒ cinnamic aldehyde, cinnamic
alcohol, cinnzeylanine, diterpene,

procyanidin, tannin이 함유되어 있다.
약효⇒ 건위, 진통 효능이 있으며, 발열,
두통을 치료한다.
용도⇒ 수피, 뿌리를 식용, 약용, 요리 향
미료, 정유, 향수, 과자 향료로 이용한다.

❈ 재배 및 관리
기후 환경⇒ 13℃ 이상에서 월동하고,
16~35℃에서 잘 자란다.
토양⇒ 배수가 잘 되는 사질 양토에서 잘
자란다.
번식 방법 및 시기⇒ 실생(4~5월)
수확 시기⇒ 연중(계피)

쑥

167. 쑥

국화과 Compositae

학 명 *Artemisia princeps* var. *orientalis* (Pampan.) Hara
원산지 한국, 일본, 중국, 타이완, 필리핀

특성⇒ 다년초. 높이 60~120cm. 초봄에는 근생엽이 자라다가 고온기가 되면 추대하여 줄기가 자란다. 경생엽은 호생하고 우상으로 얕게 갈라지며, 뒷면에 은백색 솜털이 있다. 7~9월에 흰색에 끝이 연붉은 자주색 꽃이 핀다. 잎에서 독특한 향이 나며, 번식력이 왕성하여 우리 나라 어디에서나 볼 수 있다.

성분⇒ cineol, eucalyptol, thujone, heptadecatrine-2,4,9-triene-8,10,16, ponticaepoxide, adetone, dehydrofalcarinene, tridecatrine, triene 등이 함유되어 있다.

약효⇒ 기혈, 안태, 온경, 자양 강장, 지혈 효능이 있으며, 한습, 냉증에 의한 복통, 설사전근, 산후하혈, 생리불순, 자궁출혈, 토사, 토혈, 하리를 치료한다.

용도⇒ 잎, 전초를 식용, 약용, 차, 입욕제, 염색, 뜸쑥으로 이용한다.

✿ 재배 및 관리

기후 환경⇒ 노지에서 월동하고, 더위에는 강하다.

토양⇒ 토양은 가리지 않으나 배수가 잘 되는 토양에서 잘 자란다.

번식 방법 및 시기⇒ 실생(9월), 삽목(5~8월), 근경삽(4~9월), 분주(4월, 9월)

수확 시기⇒ 4~5월(잎)

1	2	3	4	5	6	7	8	9	10	11	12

쑥갓

168. 쑥갓

국화과 Compositae

학 명 *Chrysanthemum coronarium* L. var. *spatiosum* Bailey
영 명 Garland chrysanthemum, Edible chrysanthemum
원산지 지중해 연안

특성⇒ 1년초. 높이 30~60cm. 전체적으로 털이 없다. 잎은 호생하며, 2회 우상으로 깊게 갈라지고, 약간 육질이다. 5~6월에 노란색 또는 흰색 두상화가 핀다. 잎과 줄기에는 독이 없으며, 독특한 향이 있어서 향채로 이용하고, 꽃은 요리 장식으로 이용한다.

성분⇒ carotene, amino acid, resin, protein, fat, sucrose, lignin, calcium, potassium, iron, natrium, vitamin B₁, B₂, C, niacin 등이 함유되어 있다.

약효⇒ 최면 효과가 있다.
용도⇒ 어린순, 잎, 줄기, 꽃을 관상, 식용, 약용, 요리 장식으로 이용한다.

✿ 재배 및 관리
기후 환경⇒ 종자로 월동하고, 더위에 약하다.
토양⇒ 배수가 잘 되는 비옥한 사질 양토에서 잘 자란다.
번식 방법 및 시기⇒ 실생(4월, 8~9월)
수확 시기⇒ 4~6월, 9~10월(잎, 줄기)

1	2	3	4	5	6	7	8	9	10	11	12

아그리모니

169. 아그리모니

장미과 Rosaceae

학 명 *Agrimonia eupatoria* L.
영 명 Agrimony, Cocklebur, Harvest-lice, Church steeples, Sticklewort
원산지 유럽, 아시아 서부, 아프리카 북부

특성⇒ 다년초. 높이 30~60cm. 잎은 기수우상복엽이며, 소엽은 타원형이다. 7~9월에 황금색 꽃이 피며, 화수의 아래에서 위로 피어 올라간다. 마른 잎과 줄기에서 달콤한 살구향이 난다. 우리 나라에는 유사종인 짚신나물이 자생한다.

성분⇒ agrimol A~G, luteolin-7-glucoside, rutin, caffeic acid 등이 함유되어 있다.

약효⇒ 특정한 바이러스나 결핵균을 억제하는 효과가 있으며, 위염, 방광염, 신장결석, 외상을 치료한다.

용도⇒ 어린싹, 잎, 전초를 식용, 약용, 차, 입욕제, 살구 향료, 화장수, 정장제, 염료(황갈색, 회갈색)로 이용한다.

☀ 재배 및 관리
기후 환경⇒ 추위에 강하고 더위에는 보통이다.
토양⇒ 배수가 잘 되는 토양에서 잘 자란다.
번식 방법 및 시기⇒ 분주(4월), 실생(9월)
수확 시기⇒ 6월 중순~9월(잎, 전초)

| 1 | 2 | 3 | 4 | 5 | 6 | 7 | 8 | 9 | 10 | 11 | 12 |

아니스

170. 아니스

산형과 Umbelliferae

학 명 *Pimpinella anisum* L. **영 명** Common anise
원산지 그리스, 이집트, 시리아, 지중해 동부 연안

특성⇒ 1년초. 높이 30~90cm. 줄기는 가늘고 속이 비어 있다. 잎은 2회 우상복엽으로 잘게 갈라지며, 밝은 녹색이다. 6~8월에 흰색 꽃이 핀다. 잎과 종자에서 감미로운 상쾌한 향이 나며, 이집트에서는 미라를 만들 때 보존재 향료로 이용되었다.
성분⇒ bergapten, caffeic acid, chlorogenic acid, eugenol, rutin, limonene, linalool, vitamin A, B, C, E 등이 함유되어 있으며, 정유의 주성분은 anethole, estragole, chavicol 등이다.
약효⇒ 거담, 건위, 정장, 살균, 소독, 구취 제거, 소화 촉진 효능이 있으며, 담석이나 신장결석에 의한 복통을 완화한다.

용도⇒ 잎, 종자를 식용, 약용, 향미료(과자, 음료수, 리큐르), 향신료, 향료(치약, 비누, 화장품), 향수, 오일로 이용한다.

✻ 재배 및 관리
기후 환경⇒ 내한성은 약하고, 더위에는 보통이다.
토양⇒ 배수가 잘 되는 비옥한 토양에서 잘 자란다.
번식 방법 및 시기⇒ 실생(4~5월, 9~10월)
수확 시기⇒ 4~8월(잎), 9~10월(종자)

1	2	3	4	5	6	7	8	9	10	11	12

아마

171. 아마 (亞麻, 플랙스)

아마과 Linaceae

학 명 *Linum usitatissimum* L.
원산지 중앙 아시아

영 명 Flax, Linseed

특성⇒ 1년초. 높이 30~100cm. 잎은 작고 좁은 피침형이며, 7~8월에 푸른 보라색 꽃이 핀다. 줄기를 섬유로 이용한다. 고대 이집트 시대부터 재배하였으며, 미라를 싼 천이나 유대교 제사장들의 옷, 천막 등이 모두 아마로 만들어졌다. 독성이 있으므로 대량 복용은 금한다.

성분⇒ 종자와 종자 오일에 apigenin, carotene, sitosterol, campesterol, lecithin, luteolin, vitexin, orientin, linamarin, glycerin-ester, vitamin B, E 등이 함유되어 있다.

약효⇒ 보허, 완화, 진통, 평간, 항염, 활혈 효능이 있으며, 기관지 질환, 류머티즘, 화상, 만성 간염, 고환염, 타박상, 두통, 출혈, 담석, 혈전증, 영양실조, 습진, 갱년기 장애, 동맥경화, 피부양진, 탈모, 변비를 치료한다. 도포제, 설사약, 종기

치료 고약(종자 가루와 겨잣가루 혼합)으로도 쓰인다.

용도⇒ 줄기, 꽃, 종자를 관상(절화), 약용, 아마유, 차, 어망, 텐트, 제지 원료, 인쇄용 잉크, 유화 물감, 유지 원료, 페인트, 니스, 리놀륨, 비누, 섬유, 공업용, 가축 사료로 이용한다.

✿ 재배 및 관리

기후 환경⇒ 종자로 월동하고, 서늘하고 습도가 높은 곳에서 잘 자라며, 더위에 강하다.
토양⇒ 배수가 잘 되는 비옥한 사질 양토에서 잘 자라며, 건조한 토양은 싫어한다.
번식 방법 및 시기⇒ 실생(4월)
수확 시기⇒ 7~8월(섬유용), 8~9월(종자)

| 1 | 2 | 3 | 4 | 5 | 6 | 7 | 8 | 9 | 10 | 11 | 12 |

아마란서스

172. 아마란서스

비름과 Amaranthaceae

학 명 *Amaranthus hypochondriacus* L.
영 명 Mercadograin amaranth, Prince's-feather
원산지 미국 남부, 멕시코, 인도, 중국

특성⇒ 1년초. 높이 1.2~1.5m. 줄기는
곧게 자라며, 아래부터 가지가 갈라진다.
잎은 긴 난형 또는 타원형으로 끝이 뾰족
하며, 붉은빛이 도는 녹색이다. 7~9월에
붉은색 꽃이 원추화서로 위를 향하여 피
며, 후에 화수가 늘어진다. 잎과 종자는
단백질이 풍부하여 식용하며, 종자는 보
리와 쌀에 알레르기가 있는 사람들이 건
강식으로 주식 대용으로 먹는다. 또, 항암
효과가 있다고 알려져 있다.
성분⇒ vitamin, amaranthin, betaine
등이 함유되어 있다.

약효⇒ 출혈을 방지하고, 입과 목의 궤
양, 상처를 치료하며, 지사제로 쓰인다.
용도⇒ 잎, 꽃, 종자를 관상(화단용, 드
라이 플라워), 식용, 약용한다.

❋ 재배 및 관리
기후 환경⇒ 종자로 월동하고, 더위에는
강하다.
토양⇒ 배수가 잘 되는 사질 양토에서 잘
자란다.
번식 방법 및 시기⇒ 실생(4월)
수확 시기⇒ 5~9월(잎), 10월(종자)

| 1 | 2 | 3 | 4 | 5 | 6 | 7 | 8 | 9 | 10 | 11 | 12 |

아보카도

173. 아보카도

녹나무과 Lauraceae

학 명 *Persea americana* L.
영 명 Avocado, Aguacate, Alligator pear, Palta
원산지 중앙 아메리카

특성⇒ 상록 교목. 높이 6~25m. 잎은 나선형으로 호생하며, 잎자루는 길이 1.5~5cm이고, 난형, 타원형, 긴 타원형, 피침형, 도란형이며, 길이 5~30cm, 너비 5~15cm, 앞면은 진녹색, 뒷면은 회녹색이다. 6~7월에 가지 끝부분 엽액에서 연황색 꽃이 핀다. 열매는 긴 도란형으로 길이 7~20cm이며, 과피는 녹색에서 검은 자갈색으로 익는다.

성분⇒ water, sucrose, oil, fat, protein, vitamin A, B, E 등이 함유되어 있으며, 정유 성분은 올리브유와 같다.

약효⇒ 정력제로 쓰이며, 당뇨병을 치료한다.
용도⇒ 열매를 식용, 주스, 아이스크림, 화장품, 오일로 이용한다.

✱ 재배 및 관리

기후 환경⇒ 15℃ 이상에서 월동하고, 더위에 잘 자란다.
토양⇒ 배수가 잘 되는 사질 양토에서 잘 자란다.
번식 방법 및 시기⇒ 실생, 접목(4월)
수확 시기⇒ 연중(열매 숙성시)

1	2	3	4	5	6	7	8	9	10	11	12

아주가

174. 아주가

꿀풀과 Labiatae

학 명 *Ajuga reptans* L. (*A. repens* N. Tayl.)
영 명 Carpet bugleweed, Bronze ajuga, Bugle
원산지 유럽

특성⇒ 다년초. 높이 8~15cm. 포기 중
앙에서 긴 포복지가 자라 마디에서 뿌리
를 내린다. 잎은 로제트상으로 자란다. 4~
5월에 푸른 보라색 꽃이 피며, 꽃대 높이
는 15~20cm이다. 품종에 따라 분홍색,
흰색 꽃이 피며, 잎에 무늬가 있는 종을
비롯하여 많은 원예 품종이 있다. 지혈제
와 진통제로 이용되었으나 현재는 주로
지피 식물로 쓴다.
약효⇒ 마취, 살균, 소염, 해독, 혈압 강
하, 월경 촉진 효능이 있으며, 황달, 류머
티즘을 치료한다.

용도⇒ 어린싹, 잎, 꽃을 관상(지피 식
물), 식용(샐러드), 약용한다.

✻ 재배 및 관리
기후 환경⇒ 노지에서 월동하고, 더위와
추위에 보통이다.
토양⇒ 배수가 잘 되고 비옥하며, 적당한
습기가 있는 토양에서 잘 자란다.
번식 방법 및 시기⇒ 분주(5월), 실생(6
월, 9월)
수확 시기⇒ 4~5월(꽃)

| 1 | 2 | 3 | 4 | 5 | 6 | 7 | 8 | 9 | 10 | 11 | 12 |

종자

아주까리

175. 아주까리 (피마자, 蓖麻子)

대극과 Euphorbiaceae

학 명 *Ricinus communis* L. **영 명** Castor bean, Castor-oil plant
원산지 인도, 소아시아

특성⇒ 1년초. 높이 2~2.5m. 원산지에서는 5m 가량 자라며, 반목본성이다. 줄기 속은 비어 있으며, 잎은 장상엽이고 잎자루가 길다. 8~9월에 연노란색 또는 연붉은색 꽃이 원추화서로 핀다. 열매는 긴 구형이고 부드러운 가시가 있으며, 그 속에 종자가 들어 있다. 종자는 검은색 바탕에 흰색, 갈색의 점무늬가 있다.

성분⇒ ricinolein, ricinoleic acid glyceride, 독성 단백질인 ricin 등이 함유되어 있다.

약효⇒ 소종, 발독, 진정해경, 거풍산어 효능이 있으며, 옹저종독(癰疽腫毒), 나력, 후비(喉痺), 진선나창, 수종복만, 대변조결, 파상풍, 류머티즘, 각기, 음낭종통, 해수담천, 창개 화상을 치료한다.

용도⇒ 어린잎, 뿌리, 종자를 식용, 약용, 화장품, 공업용, 비행기 엔진 원료로 이용한다.

✲ 재배 및 관리

기후 환경⇒ 종자로 월동하고, 더위에 강하다.

토양⇒ 배수가 잘 되는 비옥한 사질 양토에서 잘 자란다.

번식 방법 및 시기⇒ 실생(4월)

수확 시기⇒ 9월(뿌리, 종자)

1	2	3	4	5	6	7	8	9	10	11	12

아킬레아

176. 아킬레아 (고사리잎톱풀)

국화과 Compositae

학 명 *Achillea filipendulina* Lam.
원산지 카프카스 지방

영 명 Fernleaf yarrow

특성⇒ 다년초. 원산지에서는 상록 다년
초이다. 높이 100cm 가량. 줄기는 굵다.
잎은 두껍고 가장자리가 톱날 모양이며,
전체 모양이 고사리 잎처럼 생겼다고 하
여 고사리톱풀이라고 한다. 7~9월에 노
란색 꽃이 핀다. 서늘한 기후에서 잘 자
라며, 드라이 플라워로 적합하다. 약초로
도 재배하며, 절화 및 화단이나 암석 정
원(rock garden)에 식재하여 관상하기도
한다.
성분⇒ achillin, achilleine, carotene,
betaine, pinene, beta-sitosterol,
betonicine borneol, caffeic acid,
camphor, caryophyllene 등이 함유되

어 있다.
약효⇒ 강장 효능이 있다.
용도⇒ 꽃을 관상, 약용, 포푸리로 이용
한다.

❋ 재배 및 관리
기후 환경⇒ 노지에서 월동하고, 더위에
는 약간 약하다.
토양⇒ 배수가 잘 되고 건조한 듯한 사질
양토에서 잘 자란다.
번식 방법 및 시기⇒ 실생, 분근(4월, 9
월), 아삽(6~7월)
수확 시기⇒ 7~9월(개화기)

| 1 | 2 | 3 | 4 | 5 | 6 | 7 | 8 | 9 | 10 | 11 | 12 |

꽃   아티초크

177. 아티초크

국화과 Compositae

학 명 *Cynara scolymus* L.   **영 명** Globe artichoke
원산지 지중해 연안, 카나리아 제도, 이란, 이라크, 터키

특성⇒ 다년초. 높이 1.5~2m. 줄기는 굵게 자라며, 잎은 주맥을 주축으로 불규칙하게 우상으로 갈라지고, 회록색이다. 6~8월에 붉은 보라색 두상화가 핀다. 꽃봉오리와 어린잎은 채소로 식용한다.

성분⇒ protein, vitamin A, B$_1$, B$_2$, C, calcium, iron, potassium, sucrose, lignin, inulin, natrium 등이 함유되어 있다.

약효⇒ 간기능 강화, 담즙 분비 촉진, 이뇨, 정혈, 콜레스테롤 저하, 항생 효능이 있으며, 동맥경화, 간 손상을 치료한다.

용도⇒ 잎, 꽃을 관상(화단용, 드라이 플라워), 식용, 약용, 회색 염료로 이용한다.

✻ **재배 및 관리**
기후 환경⇒ 더위에 강하고, 온실에서 월동한다.
토양⇒ 표토가 깊고 배수가 잘 되는 비옥한 토양에서 잘 자란다.
번식 방법 및 시기⇒ 실생(4~5월), 분주(9~10월)
수확 시기⇒ 6~7월, 개화 직전(꽃봉오리)

1	2	3	4	5	6	7	8	9	10	11	12

앉은부채

178. 앉은부채

천남성과 Araceae

학 명 *Symplocarpus renifolius* Schott ex Miquel
영 명 Skunk cabbage

원산지 한국, 일본, 아무르, 사할린, 우수리

특성⇒ 다년초. 뿌리는 사방으로 뻗으며, 잎은 넓은 심장형으로 끝은 뾰족하고, 암녹색이다. 이른 봄에 잎보다 먼저 꽃이 피고, 꽃대는 길이 10~20cm, 불염포엽은 길이 8~20cm, 너비 5~12cm이다. 포엽의 색깔은 검은 자갈색이며, 같은 색의 점무늬가 들어 있고, 내측의 기부에 육수화서로 꽃이 핀다. 열매는 여름에 익고, 둥글게 모여 달린다. 골짜기의 그늘에서 자란다.

성분⇒ isorhamnetin, kaempferol, quercetin 등이 함유되어 있다.

약효⇒ 구토 진정, 이뇨, 강심 효능이 있으며, 불면증, 풍습성 심장병을 치료하고 고혈압을 예방, 치료한다.

용도⇒ 어린잎, 뿌리를 관상, 식용, 약용한다.

❉ 재배 및 관리

기후 환경⇒ 노지에서 월동하고, 반그늘에서 잘 자란다.
토양⇒ 배수가 잘 되고, 적당한 습기가 있는 사질 양토에서 잘 자란다.
번식 방법 및 시기⇒ 실생(4~5월)
수확 시기⇒ 4월(어린잎), 9~11월(뿌리)

| 1 | 2 | 3 | 4 | 5 | 6 | 7 | 8 | 9 | 10 | 11 | 12 |

알로에

179. 알로에

백합과 Liliaceae

학 명 *Aloe vera* Webb et Berth. *(A. barbadensis* Mill.*)*
영 명 Barbados aloe, Medicinal aloe
원산지 지중해 연안, 인도, 열대와 아열대 아메리카

특성⇒ 다년초. 높이 60~90cm. 잎은 로제트상으로 나며, 두껍고 투명한 겔 상태의 다육질이고, 회록색, 가장자리에 가시 같은 거치가 있다. 3~4월에 오렌지색 꽃이 수상화서로 피며, 열매는 삭과로 삼각형이다. 약용 및 화장품 재료로 재배하며, 피부염 치료에 이용한다. 임산부는 복용을 금한다.

성분⇒ acemannan, beta-carotene, beta-sitosterol, campesterol, cinnamic acid, coumarin, glycoside, lignin, salicylic acid, saponin, vitamin A, B, C, E 등이 함유되어 있다.

약효⇒ 완하, 월경 촉진, 진통, 항균 효

능이 있으며, 피부병, 상처, 변비, 천식, 신경통, 간장병, 위장병, 화상, 류머티즘을 치료하고, 설사제로 쓰인다.

용도⇒ 잎을 약용, 제과용, 화장품(로션, 크림, 샴푸), 주스, 주류, 보라색 염료, 살충제로 이용한다.

❉ 재배 및 관리

기후 환경⇒ 10℃ 이상의 온실에서 월동하고, 고온 건조한 곳에서 잘 자란다.
토양⇒ 배수가 잘 되는 토양에서 건조한 듯하게 재배한다.
번식 방법 및 시기⇒ 실생, 분주(5~7월)
수확 시기⇒ 연중(잎)

1	2	3	4	5	6	7	8	9	10	11	12

알피니아 갈랑가

180. 알피니아 갈랑가

생강과 Zingiberaceae

학 명 *Alpinia galanga* (L.) Willd.
영 명 Siamese ginger, Galangal, Lengkuas, Greater galangal
원산지 인도, 열대 아시아

특성⇒ 다년초. 높이 1~2m. 잎은 호생하며 잎자루는 없고, 엽초는 서로 싸고 있어 위경(僞莖)을 형성한다. 잎은 선상 타원형으로 끝은 뾰족하고 기부는 둥글며, 암녹색이고, 분홍색 맥이 있다. 6~7월에 흰색 꽃이 피며, 열매는 둥글고 붉은색이다. 근경은 향기가 있다.

성분⇒ galangol, galangin, alpin, kaempferide, cineole 등이 함유되어 있다.

약효⇒ 기관지염, 위염, 복통, 소화불량, 하리, 구토, 콜레라, 피부병을 치료한다.

용도⇒ 어린줄기, 꽃, 근경, 열매를 식용, 약용, 향미료, 향신료, 피클, 정유, 향수로 이용한다.

✻ 재배 및 관리

기후 환경⇒ 13℃ 이상에서 월동하고, 16~35℃에서 잘 자란다.
토양⇒ 배수가 잘 되는 점질 양토에서 잘 자란다.
번식 방법 및 시기⇒ 실생(4~5월), 분주(5월)
수확 시기⇒ 10월(근경), 열매(적숙시)

| 1 | 2 | 3 | 4 | 5 | 6 | 7 | 8 | 9 | 10 | 11 | 12 |

애기똥풀

181. 애기똥풀(白屈菜)

양귀비과 Papaveraceae

학 명 *Chelidonium majus* L. var. *asiaticum* (Hara) Ohwi
영 명 Asian celandine
원산지 한국, 일본, 중국, 우수리, 사할린, 시베리아

특성⇒ 2년초. 높이 30~80cm. 잎은 호생하며, 1~2회 우상으로 갈라지고, 길이 7~15cm, 너비 5~10cm, 앞면은 회록색, 뒷면은 흰색이 난다. 5~8월에 노란색 꽃이 산형화서로 피며, 열매는 삭과로 길이 3~4cm이다. 줄기를 자르면 노란 즙액이 나오는데, 아기 똥의 색과 같다 하여 애기똥풀이라고 한다. 독성이 있다.

성분⇒ chelidoniol, chelidonic acid, homochelidonin, chelidonine, chelerythrine, protopine, malic acid 등이 함유되어 있다.

약효⇒ 진통, 진경 효능이 있으며, 간장 및 담낭·소화 기관의 통증, 황달, 류머티즘에 의한 부기, 노상어혈, 생리불순, 생리통, 소화성 궤양, 독사 교상을 치료한다. 민간 요법으로는 습진, 사마귀를 제거하는 데 쓴다.

용도⇒ 어린잎, 뿌리, 전초를 식용, 약용한다.

✽ 재배 및 관리

기후 환경⇒ 노지에서 월동하고, 더위에 강하다.

토양⇒ 배수가 잘 되는 비옥한 사질 양토에서 잘 자란다.

번식 방법 및 시기⇒ 실생(4월, 9월)

수확 시기⇒ 6~7월(개화기에 뿌리 채취)

| 1 | 2 | 3 | 4 | 5 | 6 | 7 | 8 | 9 | 10 | 11 | 12 |

애플 민트

182. 애플 민트

꿀풀과 Labiatae

학 명 *Mentha suaveolens* J. F. Ehrh.
영 명 Apple mint, Round-leafed mint, Woolly mint
원산지 유럽 남서부

특성⇒ 다년초. 높이 40~80cm. 잎은 둥근 난형이며, 밝은 연둣빛 녹색이고, 가장자리에 규칙적인 거치가 있다. 8~9월에 분홍색 또는 흰색 꽃이 핀다. 처음에는 사과향이 나다가 뒤에 박하향이 난다.
성분⇒ menthol, menthone, menthylacetate, camphene, limonene, pinene, cineole 등이 함유되어 있다.
약효⇒ 구취, 방부, 식욕 촉진, 살균 효능이 있다.
용도⇒ 어린순, 잎, 종자를 조미료, 요리 장식, 요리 향료, 허브차, 향 첨가제(사탕, 치약)로 이용한다.

✻ 재배 및 관리
기후 환경⇒ 추위와 더위에 강하다.
토양⇒ 배수가 잘 되는 비옥한 토양에서 잘 자란다.
번식 방법 및 시기⇒ 실생(4월), 삽목, 분주(온실 내에서 연중 가능)
수확 시기⇒ 7~8월(잎), 9~10월(종자)

1	2	3	4	5	6	7	8	9	10	11	12

애플 제라늄

183. 애플 제라늄

쥐손이풀과 Geraniaceae

학 명 *Pelargonium odoratissimum* (L.) L'Hér.
영 명 Apple geranium　　　　　**원산지** 남아프리카 공화국

특성⇒ 다년초. 높이 20~50cm. 잎은 둥근 심장형이며, 길이 4~5cm, 연둣빛 녹색, 가장자리는 물결 모양이며, 잔거치가 있다. 봄부터 가을까지 가지 끝의 엽액에서 3~10개의 흰색 꽃이 피며, 꽃자루는 길다. 잎과 줄기에서 사과향이 난다.
성분⇒ geraniol이 함유되어 있다.
약효⇒ 강장, 방부, 살균, 수렴, 소독, 지혈 효능이 있으며, 외상, 신경쇠약, 위장염, 신경통, 인후염을 치료한다.
용도⇒ 잎, 꽃, 전초를 관상(압화), 향 첨

가제(식품, 화장품), 포푸리, 정유, 곤충 기피제로 이용한다.

❊ **재배 및 관리**
기후 환경⇒ 온실에서 월동하고, 더위에 강하다.
토양⇒ 배수가 잘 되고, 부식질이 있는 토양에서 잘 자란다.
번식 방법 및 시기⇒ 삽목(4월, 6~7월, 9월)
수확 시기⇒ 5~7월(잎, 꽃)

| 1 | 2 | 3 | 4 | 5 | 6 | 7 | 8 | 9 | 10 | 11 | 12 |

앵초

184. 앵초 (櫻草)

앵초과 Primulaceae

학 명 *Primula sieboldii* E. Morr.
원산지 한국, 일본, 중국

영 명 Primrose

특성⇒ 다년초. 높이 6~10cm. 전체에 흰
털이 있다. 잎은 근생엽이며, 난형 또는
타원형이고, 가장자리에 거치가 있다. 4~
5월에 진분홍색 꽃이 산형화서로 핀다.
열매는 삭과로 원추상 편구형이고, 지름
5mm 가량이다. 우리 나라에서 자생하는
종으로는 큰앵초, 털큰앵초, 설앵초, 좀
설앵초, 돌앵초가 있다.
성분⇒ sakuraso-saponin, primula-
genin A 등이 함유되어 있다.
약효⇒ 거담, 화담 효능이 있으며, 해수

를 치료한다.
용도⇒ 잎, 꽃, 전초를 관상, 식용, 약용
한다.

❋ 재배 및 관리

기후 환경⇒ 노지에서 월동하고, 더위에
약하다.
토양⇒ 부식질이 많고 습기가 있는 냇가
근처에서 자란다.
번식 방법 및 시기⇒ 실생(4월, 9월)
수확 시기⇒ 5~7월(잎, 꽃)

1	2	3	4	5	6	7	8	9	10	11	12

삼색무늬약모밀　　　약모밀

185. 약모밀 (어성초)

삼백초과 Saururaceae

학 명 *Houttuynia cordata* Thunb.
원산지 한국, 일본, 타이완, 히말라야, 자바

특성⇒ 다년초. 높이 30~50cm. 잎은 호
생하며, 넓은 난상 심장형이다. 5~6월에
수상화서로 꽃이 달리며, 수술은 노란색,
총포는 흰색으로 4장이며, 꽃잎처럼 보인
다. 열매는 삭과이며, 종자는 연갈색이다.
전초에 정유가 함유되어 있다. 우리 나라
에는 울릉도와 제주도에 자생하며, 원예
품종으로 삼색무늬약모밀(*H. cordata*
Thunb. 'Tricolor')이 있다.

성분⇒ 항균성 성분으로 decanoyl
acetaldehyde와 laurylaldehyde, 꽃잎
에는 quercitrin, quercetin 등이 함유되
어 있다.

약효⇒ 강심, 소종, 완하, 이뇨, 정장, 항
균, 해독, 해열 효능이 있으며, 습진, 말
라리아, 수종, 백대하, 치질, 방광염, 자
궁염, 유종, 폐농, 중이염, 중풍, 간염, 고
혈압, 동맥경화, 임질, 요도염, 절상, 폐
렴, 피부병을 치료한다.

용도⇒ 잎, 뿌리, 전초를 관상, 식용, 약
용, 차로 이용한다.

❊ **재배 및 관리**
기후 환경⇒ 추위와 더위에 강하다.
토양⇒ 습기가 있는 토양에서 잘 자란다.
번식 방법 및 시기⇒ 실생, 분주(4월,
9~10월)
수확 시기⇒ 7~9월(전초)

1	2	3	4	5	6	7	8	9	10	11	12

210

양귀비　　　　　　　　　　　　열매

186. 양귀비
양귀비과 Papaveraceae

학 명 *Papaver somniferum* L.
영 명 Poppy seeds, Opium poppy, Garden poppy
원산지 유럽 동남부, 지중해 연안, 아시아 서부

특성⇒ 1년초. 높이 50~150cm. 5~6월에 흰색, 분홍색, 붉은색, 주홍색 꽃이 핀다. 줄기 끝에 달리는 미숙한 둥근 열매에 상처를 내면 우유 같은 유액이 나오는데, 이 즙액을 건조시켜 아편으로 사용한다. 전세계에 양귀비속은 200 품종 이상이 있다. 아편 생산을 위해 기원전부터 재배하였고, 오늘날에도 마약 원료 식물로 사용되어, 우리 나라를 비롯하여 각 나라에서 법적으로 재배를 금지하고 있다.
성분⇒ alkaloid, morphine, codeine, noscapine, papaverine, thebaine, narceine, protein, calcium, mineral 등이 함유되어 있다.
약효⇒ 마취, 지사, 진통, 진경, 진해 효능이 있으며, 하리를 치료한다.
용도⇒ 잎, 꽃, 열매, 종자를 관상(화단용, 드라이 플라워), 식용, 약용, 포푸리, 제과, 제빵, 염색, 마약 원료로 이용한다.

✽ **재배 및 관리**
기후 환경⇒ 종자로 월동하고, 더위에 강하다.
토양⇒ 배수가 잘 되는 비옥한 사질 양토에서 잘 자란다.
번식 방법 및 시기⇒ 실생(4월, 이식이 어려우므로 포트 재배)
수확 시기⇒ 6월(꽃, 종자, 미숙과의 즙액)

| 1 | 2 | 3 | 4 | 5 | 6 | 7 | 8 | 9 | 10 | 11 | 12 |

인경   양파

187. 양파
백합과 Liliaceae

학 명 *Allium cepa* L.   **영 명** Onion
원산지 중앙 아시아

특성⇒ 1~2년초. 높이 40~80cm. 인경
은 지름 10cm 가량이며, 편구형 또는 원
형이다. 9월에 길이 50cm 가량의 꽃줄
기 끝에서 산형으로 미백색의 꽃이 핀다.
밭에서 재배하며, 인경을 식용 또는 약용
하는데, 매운맛이 나며, 특유의 냄새가
있다. 서양 요리에 주로 이용하였으나 현
재는 동서양의 각종 요리에 맛을 내는 양
념으로 이용된다.
성분⇒ calcium, phosphorus, iron,
natrium, kalium, vitamin B$_1$, B$_2$, C,
nicotinic acid 등이 함유되어 있다.
약효⇒ 건위, 살균, 소화 촉진, 식욕 증

진, 정장, 이뇨, 최면 효과가 있으며, 여
성 질환을 치료한다.
용도⇒ 잎, 꽃, 인경을 관상, 식용, 약용,
염료로 이용한다.

✻ 재배 및 관리
기후 환경⇒ -5℃ 이상에서 월동하고,
12~20℃에서 잘 자란다.
토양⇒ 배수가 잘 되고 습기가 적당하며,
비옥한 토양에서 잘 자란다.
번식 방법 및 시기⇒ 실생(4월, 9월)
수확 시기⇒ 9월(인경)

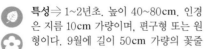

양하

188. 양하 (蘘荷)

생강과 Zingiberaceae

학 명 *Zingiber mioga* (Thunb.) Rosc.
원산지 열대 아시아, 말레이시아, 타이, 일본

영 명 Mioga, Mioga ginger

특성⇒ 다년초. 높이 40~100cm. 잎은 긴 타원형이고, 7~9월에 지하경에서 화서가 자라 노란색 꽃이 핀다. 주로 뿌리 부분의 지하경을 식용 또는 약용하며, 우리 나라에서는 중부 이남에서 재배한다. 우리 나라에서는 꽃이 잘 피지 않는다.

성분⇒ calcium, phosphorus, protein, fatty acid, iron, lignin, potassium, natrium, carotene, vitamin A, B$_1$, B$_2$, C, niacin, nicotinic acid 등이 함유되어 있다.

약효⇒ 거담, 소종, 진해, 혈액 순환 촉진, 해독 효능이 있으며, 생리불순, 노년

해수, 창종, 나력, 적목, 후비를 치료한다.
용도⇒ 잎, 줄기, 뿌리(지하경)를 관상, 식용, 약용, 요리 양념, 초밥 향미료, 입욕제로 이용한다.

✷ 재배 및 관리

기후 환경⇒ 추위에 약하고 더위에 강하며, 반그늘에서 잘 자란다. 고온 건조는 생육을 억제한다.
토양⇒ 배수가 잘 되고 비옥하며, 적당한 습기가 있는 토양에서 잘 자란다.
번식 방법 및 시기⇒ 분구(4월)
수확 시기⇒ 7~9월(지하경)

| 1 | 2 | 3 | 4 | 5 | 6 | 7 | 8 | 9 | 10 | 11 | 12 |

엘더

189. 엘더(서양딱총나무)

인동과 Caprifoliaceae

학 명 *Sambucus nigra* L.	**영 명** Elder
원산지 유럽, 아시아 서부, 아프리카 북부	

특성⇒ 낙엽 관목. 높이 2~9m. 줄기와 가지는 총생한다. 잎은 기수우상복엽으로 1~3쌍의 소엽이 대생하며, 가장자리에 거치가 있다. 6~7월에 가지 끝에 흰색 꽃이 원추화서로 피며, 열매는 검은색으로 익는다. 우리 나라에도 딱총나무가 있는데, 열매가 붉은색으로 익는다.

성분⇒ 수피와 잎, 뿌리에 amyrin, betulin, caffeic acid, cycloartenol, kaempferol, lupeol, malic acid, rutin, vitamin A, B, C, 잎에 emulsin, beta-sitosterol, 꽃에는 curine, valeric acid, sambunigrin, 열매에는 vitamin C가 함유되어 있다.

약효⇒ 발한, 완하 효능이 있으며, 감기, 천식, 인후염, 류머티즘, 비만, 림프샘과 신장 질환을 치료한다.

용도⇒ 잎, 줄기, 꽃, 열매, 뿌리를 관상, 식용, 약용, 술, 향미료, 염료로 이용한다.

❉ 재배 및 관리

기후 환경⇒ 추위에 약하고 더위에는 보통이다.

토양⇒ 배수가 잘 되는 사질 양토에서 잘 자란다.

번식 방법 및 시기⇒ 실생(4월), 분주(4월), 삽목(7월), 취목(6~7월)

수확 시기⇒ 개화기(잎, 꽃), 10월(줄기, 열매, 뿌리)

1	2	3	4	5	6	7	8	9	10	11	12

흰색 꽃

연근

연꽃　　　　　종자

190. 연꽃

수련과 Nymphaeaceae

학 명 *Nelumbo nucifera* Gaertner　　**영 명** East indian lotus, Sacred lotus
원산지 중국, 인도, 동남 아시아, 오스트레일리아

특성⇒ 수생 다년초. 높이 1~1.5m. 근경은 굵게 옆으로 자라며, 마디가 많고 속이 비어 있다. 잎은 넓은 방패 모양이며, 잎자루는 물 위까지 길게 자란다. 7~8월에 긴 꽃대 끝에 연분홍색 꽃이 핀다. 동양 각지에서 근경을 식용한다.

성분⇒ asparagine, trigonelline, arginine, 잎과 잎자루에는 alkaloid로 nuciferine, roemerine, 종자에 nelumbine이 함유되어 있다.

약효⇒ 강장, 건위, 보비, 산어, 익신, 익심, 지혈, 진구, 진정, 해독 효능이 있으며, 다몽, 대하, 주독, 야뇨증, 토혈, 혈뇨, 혈변을 치료한다.

용도⇒ 잎, 꽃, 근경, 종자를 관상, 식용, 약용, 차, 술로 이용한다.

❈ 재배 및 관리

기후 환경⇒ 얕은 물 속 토양에서 월동하고, 더위에 강하다.

토양⇒ 충분한 광선이 닿는 얕은 물 속이나 연못에서 자란다.

번식 방법 및 시기⇒ 실생(9월), 근경 분주(4월)

수확 시기⇒ 7~8월(잎), 10~11월(종자), 연중(근경)

1	2	3	4	5	6	7	8	9	10	11	12

예루살렘 세이지

191. 예루살렘 세이지

꿀풀과 Labiatae

학 명 *Phlomis fruticosa* L.
원산지 지중해 연안

영 명 Jerusalem sage

특성⇒ 다년초. 높이 1~1.5m. 줄기는 곧게 자라며, 가지가 많이 갈라진다. 잎은 대생하며, 타원상 피침형 또는 피침상 난형이고, 앞면은 은록색, 뒷면은 은백색이며, 앞뒷면에 성상모가 있다. 6~9월에 노란색 꽃이 엽액에서 15~35개씩 윤생한다. 잎에서 독특한 레몬향이 난다.
성분⇒ lemonene, citral, alkaloid, glucoside 등이 함유되어 있다.
용도⇒ 잎, 줄기, 꽃을 관상(드라이 플라워), 포푸리로 이용한다.

❀ **재배 및 관리**
기후 환경⇒ −5℃ 이상에서 월동하고, 더위에 강하다.
토양⇒ 배수가 잘 되는 건조한 듯한 토양에서 잘 자란다.
번식 방법 및 시기⇒ 삽목(온실 내에서 연중 가능)
수확 시기⇒ 6~9월(개화기)

| 1 | 2 | 3 | 4 | 5 | 6 | 7 | 8 | 9 | 10 | 11 | 12 |

오갈피나무

192. 오갈피나무(五加皮)

두릅나무과 Araliaceae

학 명 *Acanthopanax sessiliflorum* (Rupr. et Max.) Seem.
원산지 한국

특성⇒ 낙엽 활엽 관목. 높이 3~4m. 줄기는 뿌리 부근에서 여러 대가 자라며, 어린가지는 회갈색이다. 잎은 호생하고 장상 복엽이며, 소엽은 3~5개로 도란형 또는 도란상 타원형이고, 가장자리에 잔거치가 있으며, 양 끝은 뾰족하다. 8~9월에 자주색 꽃이 둥근 산형화서로 줄기 끝에 달린다. 열매는 장과로 타원형이며, 10월에 익는다. 잎, 수피, 근피를 생약으로 사용한다.
성분⇒ saponin, acanthoside A~D, polyacetylene 등이 함유되어 있다.
약효⇒ 자양, 강정, 강장 효능이 있다.

용도⇒ 잎, 수피, 근피, 열매를 식용, 약용, 차로 이용한다.

✣ 재배 및 관리

기후 환경⇒ 광선을 요하며, 노지에서 월동하고, 16~30℃에서 잘 자란다.
토양⇒ 배수가 잘 되고, 적당한 습기가 있는 사질 양토에서 잘 자란다.
번식 방법 및 시기⇒ 실생 또는 분주(4월)
수확 시기⇒ 9월(열매)

| 1 | 2 | 3 | 4 | 5 | 6 | 7 | 8 | 9 | 10 | 11 | 12 |

오드콜로뉴 민트

193. 오드콜로뉴 민트 (베르가못 민트)　　　꿀풀과 Labiatae

학 명　*Mentha* × *piperita* L. 'Citrata'

영 명　Eau de cologne mint, Bergamot mint　　**원산지** 교배종

특성⇒ 다년초. 높이 30~90cm. 줄기와 잎은 자줏빛 황갈색이며, 잎은 생장력이 왕성하다. 6~7월에 연보랏빛 분홍색 꽃이 핀다. 강한 향이 있는 허브 식물로, 주로 향료로 이용된다. 오데코롱 민트라고도 한다.

성분⇒ caffeic acid, carvone, rutin, eugenol, l-limonene, linalool, thymol, l-menthol, methyl ester, menthone, rosmarinic acid, vanillin, vitamin B, E 등이 함유되어 있다.

약효⇒ 집중력을 높여 주며, 마취, 살균, 항바이러스 효능이 있다. 구충제, 파스로 이용된다.

용도⇒ 잎, 줄기, 꽃을 관상, 식용(샐러드), 약용, 차, 화장품, 입욕제로 이용한다.

�֎ 재배 및 관리

기후 환경⇒ 노지에서 월동하고, 더위에 강하다.

토양⇒ 배수가 잘 되는 비옥한 사질 양토에서 잘 자란다.

번식 방법 및 시기⇒ 실생(4월), 삽목(4~7월), 분주(4~9월)

수확 시기⇒ 5~10월(전초)

| 1 | 2 | 3 | 4 | 5 | 6 | 7 | 8 | 9 | 10 | 11 | 12 |

오레가노   종자

194. 오레가노
꿀풀과 Labiatae

학 명 *Origanum vulgare* L.
원산지 유럽, 서아시아

영 명 Oregano, Marjoram

특성⇒ 다년초. 높이 50~80cm. 근경은 옆으로 길게 뻗고, 가지가 많이 갈라지며, 털이 있다. 잎은 대생하며, 난형 또는 넓은 난형으로 털이 있고 거치는 없다. 6~9월에 연보라색 꽃이 원추상의 화서에 핀다. 박하향 비슷한 톡 쏘는 듯한 독특한 향이 나며, 주로 이탈리아 요리에 이용한다. 잎에 흰 무늬가 있는 무늬오레가노가 있다.

성분⇒ borneol, caffeic acid, rutin, camphor, eugenol, cinnamic acid, cineole, geraniol, myristic acid, kaempferol, rosmarinic acid, thymol, vitamin A, B, C 등이 함유되어 있다.

약효⇒ 강장, 진통, 진정 효능이 있으며, 기침, 근육경련, 신경성 두통, 생리통을 치료하고, 뱃멀미를 예방한다.

용도⇒ 잎, 줄기, 꽃을 관상(드라이 플라워), 향신료, 식초 향료, 요리 향미료, 포푸리, 염료, 방부제로 이용한다.

❈ **재배 및 관리**
기후 환경⇒ 온실에서 월동하고, 더위에 강하다.
토양⇒ 배수가 잘 되는 토양에서 잘 자란다.
번식 방법 및 시기⇒ 실생, 삽목, 분주(2, 3년에 1회, 4~5월)
수확 시기⇒ 6~7월, 개화 초(꽃, 전초), 4~10월(잎, 줄기)

| 1 | 2 | 3 | 4 | 5 | 6 | 7 | 8 | 9 | 10 | 11 | 12 |

오렌지

195. 오렌지

학 명 *Citrus sinensis* (L.) Osbeck.　　**영 명** Sweet Orange
원산지 중국, 인도, 미얀마, 베트남

특성⇒ 상록 관목 또는 소교목. 높이 4~
8m. 어린가지는 잘 갈라지며, 녹색이다.
잎은 호생하고 잎자루가 있으며, 타원형
으로 양 끝은 뾰족하고, 길이 5~9cm, 녹
색, 광택이 난다. 5~6월에 가지 끝부분
의 엽액에서 흰색 꽃이 피며, 강한 향이
난다. 열매는 둥글고 납작하며, 11~12월
에 노란색으로 익는다. 약간 신맛이 나고
달며, 편두통과 관절염 환자는 복용을 삼
가는 것이 좋다.
성분⇒ *d*-limonene, citral, *d*-linalool,
narigenin-7-rutinoside, narirutin,
synephrine, *n*-methyl tyramine, vita-
min C, sucrose 등이 함유되어 있다.
약효⇒ 콜레스테롤 경감 효능이 있으며,

불안증, 우울증, 감기를 치료한다.
용도⇒ 꽃, 열매를 관상, 식용, 약용, 차,
향 첨가제, 방향제, 피부 미용제, 향수,
청량 음료로 이용한다.

❉ **재배 및 관리**
기후 환경⇒ 5℃ 이상에서 월동하고,
16~30℃에서 잘 자란다.
토양⇒ 배수가 잘 되는 비옥한 사질 양토
에서 잘 자란다.
번식 방법 및 시기⇒ 실생 또는 접목
(4~5월)
수확 시기⇒ 5~6월(꽃), 12월~다음 해
2월(열매)

| 1 | 2 | 3 | 4 | 5 | 6 | 7 | 8 | 9 | 10 | 11 | 12 |

오리스   흰색 꽃

196. 오리스

붓꽃과 Iridaceae

학 명 *Iris germanica* L. var. *florentina* L. (*I. florentina* L.)   **영 명** Orris
원산지 유럽 남부, 아라비아, 아시아 서부 원산종의 교배종

특성⇒ 다년초. 높이 40~60cm. 근경은 새로운 싹이 2개씩 생기며, 잎은 칼 모양이다. 5~6월에 흰색 또는 푸른 보라색 꽃이 3~4개 핀다. 생잎과 근경은 향기가 나며, 뿌리에는 강한 독성이 있다. 근경은 고대 그리스·로마 시대부터 향료로 이용하였다.

약효⇒ 거담, 이뇨 효능이 있으며, 가슴 앓이, 기침, 감기를 치료하고, 설사약으로 쓰인다.

용도⇒ 잎, 꽃, 근경, 뿌리를 관상(절화), 향료, 포푸리, 향 첨가제(주류, 껌, 음료),

향수, 정유로 이용한다.

❊ **재배 및 관리**

기후 환경⇒ 노지에서 월동하고, 더위에는 보통으로 견딘다.

토양⇒ 배수가 잘 되고(비탈진 곳), 보수력이 있는 건조한 듯한 알칼리 토양에서 잘 자란다.

번식 방법 및 시기⇒ 실생(4월), 분구(4월, 9월)

수확 시기⇒ 5~6월(잎), 6월(뿌리), 늦가을(근경)

1	2	3	4	5	6	7	8	9	10	11	12

오미자

197. 오미자 (五味子)

오미자과 Schizandraceae

학 명 *Schizandra chinensis* (Turcz.) Baillon **영 명** Schizandra fruit
원산지 한국, 일본, 중국, 사할린, 아무르, 시베리아

특성⇒ 낙엽 덩굴나무. 줄기 길이 3~9m. 잎은 호생하며, 타원형, 넓은 타원형, 긴 타원형이고, 끝은 뾰족하고 가장자리에 거치가 있으며, 길이 7~10cm, 너비 3~5cm, 뒷면 맥 위에 털이 있다. 6~7월에 붉은빛이 도는 황백색 꽃이 피며, 열매는 8~9월에 붉은색으로 익는다. 변종으로는 개오미자〔*S. chinensis* (Turcz.) Baillon var. *glabra* Nakai〕가 있다.

성분⇒ citral, lignan, gomisin A~O, schizandrin(schizandrol A~B), malic acid 등이 함유되어 있다.

약효⇒ 강장, 삽정(澁精), 수한(收汗), 자양, 자신(滋腎), 지사, 진해, 피로 회복 효

능이 있으며, 폐렴, 폐허해수, 구갈, 자한, 도한, 몽정, 유정, 만성 하리를 치료한다.

용도⇒ 전초, 열매를 관상, 약용, 차로 이용한다.

❊ 재배 및 관리

기후 환경⇒ 노지에서 월동하고, 더위에 강하다.

토양⇒ 배수가 잘 되는 비옥한 돌밭이나 사질 양토에서 잘 자란다.

번식 방법 및 시기⇒ 실생(4월), 삽목(4월), 취목(4월), 분주(4월), 접목(3월)

수확 시기⇒ 10~11월(전초), 10월(열매)

| 1 | 2 | 3 | 4 | 5 | 6 | 7 | 8 | 9 | 10 | 11 | 12 |

오이

198. 오이

박과 Cucurbitaceae

학 명 *Cucumis sativus* L.
원산지 인도, 아프리카 열대 지역

영 명 Cucumber

특성⇒ 덩굴성 1년초. 줄기 길이 150~
200cm. 잎은 호생하고, 크고 심장형이며,
까슬까슬한 털로 덮인다. 5~7월에 노란
색 꽃이 피며, 암수딴꽃이다. 열매는 길이
15~30cm이며, 녹색 또는 연녹색이고,
어릴 때에는 가시가 돋는다. 신선한 맛과
향이 난다.

성분⇒ valine, proline, cucumber-
alcohol, lactic acid, water, protein,
fat, sucrose, lignin, calcium, potassi-
um, iron, natrium, vitamin B 등이 함
유되어 있다.

약효⇒ 화상을 치료하며, 소주열 해열제

로 쓰인다.

용도⇒ 열매를 식용, 약용, 피부 미용제
로 이용한다.

✽ 재배 및 관리

기후 환경⇒ 종자로 월동하고, 더위에
강하다.

토양⇒ 배수가 잘 되는 비옥한 사질 양토
에서 잘 자란다.

번식 방법 및 시기⇒ 실생(4월), 접목(3
월)

수확 시기⇒ 6~8월(열매), 파종 시기에
따라 연중 수확 가능

| 1 | 2 | 3 | 4 | 5 | 6 | 7 | 8 | 9 | 10 | 11 | 12 |

열매   오크라

199. 오크라

아욱과 Malvaceae

학 명 *Abelmoschus esculentus* Moench **영 명** Okra
원산지 아프리카 동북부

특성⇒ 1년초. 높이 70~150cm. 원산지에서는 6m까지 자라는 다년초이다. 줄기는 곧게 자라며, 섬유질이 있다. 잎은 호생하며 잎자루가 길고, 장상엽으로 3~5갈래로 갈라지며, 길이 15~30cm이다. 6~7월에 노란색 꽃이 엽액에 1개씩 달리며, 중심부는 붉은색이다. 참마와 같은 독특한 향기와 맛을 풍긴다. 많은 원예 품종이 있으며, 열매 형태는 오각, 환형, 붉은색, 소형종 등이 있다.

성분⇒ pectin, galactan, araban, water, protein, fat, sucrose, lignin, calcium, potassium, iron, natrium, vitamin B_1, B_2, C, niacin, carotene, mineral 등이 함유되어 있다.

약효⇒ 정장, 콜레스테롤 강하 효능이 있다.

용도⇒ 꽃, 열매를 관상(절화), 식용한다.

❃ 재배 및 관리

기후 환경⇒ 16℃ 이상에서 잘 자라고, 더위에 강하다.

토양⇒ 배수가 잘 되는 비옥한 토양에서 잘 자란다.

번식 방법 및 시기⇒ 실생(5~6월 직파)

수확 시기⇒ 8~9월(열매)

| 1 | 2 | 3 | 4 | 5 | 6 | 7 | 8 | 9 | 10 | 11 | 12 |

오텀 세이지

200. 오텀 세이지

꿀풀과 Labiatae

학 명 *Salvia greggii* Gray
영 명 Autumn sage, San antone oregano
원산지 미국 텍사스 주, 멕시코

특성⇒ 낙엽 관목. 높이 60~120cm. 잎은 대생하며 난형이다. 1~12월에 진홍색 꽃이 피며, 오레가노와 과일향 비슷한 강한 향이 난다. 흰색, 보라색, 붉은색 등의 꽃이 피는 품종도 있다. 보통 체리 세이지 (Cherry sage)라고 부르고 있으나 이것은 잘못된 이름이며, 체리 세이지는 *S. microphylla* HBK.의 영명이다.
성분⇒ pinene, capillarin, limonene, phenol, eugenol 등이 함유되어 있다.
용도⇒ 잎, 꽃을 관상, 요리 조미료, 요리 향미료, 포푸리, 아로마세라피로 이용한다.

❋ **재배 및 관리**
기후 환경⇒ -5℃ 이상에서 월동하고, 더위에는 강하다.
토양⇒ 배수가 잘 되고, 적당한 습기가 있는 비옥한 토양에서 잘 자란다.
번식 방법 및 시기⇒ 삽목(6~7월)
수확 시기⇒ 10월~다음 해 4월(잎, 꽃)

| 1 | 2 | 3 | 4 | 5 | 6 | 7 | 8 | 9 | 10 | 11 | 12 |

옥수수

201. 옥수수

벼과 Gramineae

학 명 *Zea mays* L.
원산지 아메리카 중남부

영 명 Corn, Maize, Sweet corn

특성⟹ 1년초. 높이 2~4m. 잎은 호생하고 대형의 선상 피침형이며, 기부는 줄기를 싸고 있다. 7~8월에 꽃이 피며, 대형의 웅화수(雄花穗)는 줄기 끝에 달리고, 자화수(雌花穗)는 포피에 싸여 있으며, 실 같은 긴 암술이 있다. 열매는 보통 옥수수라고 하며, 종자는 연황색이다.

성분⟹ sitosterol, caffeic acid, carvacrol, caryophyllene, dioxycinnamic acid, geraniol, saponin, thymol, starch, pentosan, glutamic acid, oleic acid, zeaxanthin, vitamin A, B, C 등이 함유되어 있다.

약효⟹ 거어, 완화, 요소중독 해독, 이뇨, 이담, 지혈, 청열, 흥분 작용을 하며, 외상의 농, 신염수종(腎炎水腫), 각기, 담석, 당뇨병, 황달, 사림(沙痳), 토혈, 간 기능 저하 및 고혈압을 치료한다.

용도⟹ 줄기, 열매, 열매 껍질, 암술머리 털을 식용, 약용, 차, 주류, 화장품, 펄프, 세탁풀, 연고제로 이용한다.

❋ 재배 및 관리

기후 환경⟹ 종자로 월동하고, 고온에서 잘 자란다.
토양⟹ 배수가 잘 되는 비옥한 사질 양토에서 잘 자란다.
번식 방법 및 시기⟹ 실생(4~5월)
수확 시기⟹ 6~8월

| 1 | 2 | 3 | 4 | 5 | 6 | 7 | 8 | 9 | 10 | 11 | 12 |

옥스아이 데이지

202. 옥스아이 데이지

국화과 Compositae

학 명 *Chrysanthemum leucanthemum* L. (*Leucanthemum vulgare* Lam.)
영 명 Oxeye daisy, White daisy, Marguerite
원산지 유럽과 아시아 온대 지방

특성⇒ 다년초. 높이 30~100cm. 줄기
는 곧게 자라며 가냘프다. 4~6월에 줄기
끝에 두상화가 1개씩 피며, 설상화는 흰
색, 관상화는 노란색이다. 샤스타 데이지
와 유사하며, 관상을 목적으로 화단에 심
는다. 개화 기간이 길지만 더운 여름에는
죽는다.
성분⇒ pinene, limonene, camphor 등
이 함유되어 있다.
약효⇒ 강장, 진경 효능이 있으며, 결막
염, 결핵에 의한 다량의 발한을 치료하
고, 연고제, 습포제로 이용된다.
용도⇒ 어린싹, 잎, 꽃, 뿌리를 관상(화

단용, 절화), 식용, 약용, 차로 이용한다.

❋ 재배 및 관리
기후 환경⇒ 노지에서 월동하고 더위에
약하다.
토양⇒ 배수가 잘 되는 비옥한 사질 양토
에서 잘 자란다.
번식 방법 및 시기⇒ 실생(4월), 삽목, 분
주(9~10월)
수확 시기⇒ 4월(어린싹), 5~6월(꽃)

1	2	3	4	5	6	7	8	9	10	11	12

옥잠화

203. 옥잠화 (玉簪花)

백합과 Liliaceae

학 명 *Hosta plantaginea* Asch.
원산지 중국

영 명 Fragrant plantain lily

특성⇒ 다년초. 높이 40~50cm. 잎은 근생엽이며, 잎자루가 길고, 난형으로 끝은 뾰족하고 기부는 심장형이며, 길이 15~22cm, 너비 10~17cm, 연녹색, 표면에는 주맥을 중심으로 8~9쌍의 지맥이 있다. 8~9월에 깔때기 모양의 흰색 꽃이 피며, 길이 10~12cm이고, 꽃줄기는 길이 40~55cm이다. 꽃은 향기가 있으며, 잎은 개피떡을 싸는 데 이용하였다.
성분⇒ triterpenoid, 다당류가 함유되어 있다.
약효⇒ 소종, 지혈, 해독 효능이 있으며,

나력, 인종(咽腫)을 치료한다.
용도⇒ 잎, 꽃을 관상(화단용, 절화), 약용, 밀원, 향수로 이용한다.

✽ 재배 및 관리

기후 환경⇒ 노지에서 월동하고, 직사 광선에 약하다.
토양⇒ 배수가 잘 되는 비옥한 사질 양토에서 잘 자란다.
번식 방법 및 시기⇒ 실생, 분주(4월, 10월)
수확 시기⇒ 5~6월(잎), 8~9월(꽃)

| 1 | 2 | 3 | 4 | 5 | 6 | 7 | 8 | 9 | 10 | 11 | 12 |

올리브   열매

204. 올리브

물푸레나무과 Oleaceae

학 명 *Olea europaea* L. var. *communis* Ait.   **영 명** Common olive
원산지 지중해 연안, 소아시아, 아프리카 북부

특성⇒ 상록 교목. 높이 7~10m. 잎은 대생하며, 긴 타원형 또는 넓은 선형, 회록색이 나고 뻣뻣하다. 5~6월에 크림색 작은 꽃이 총상화서로 피며, 열매는 녹색에서 검은색으로 익는다. 잎에는 살균 작용이 있으며, 미국의 캘리포니아에서는 정원수로 이용된다.

성분⇒ 잎에는 apigenin, sitosterol, glucoside, cinchonidine, esculetin, kaempferol, luteolin, maslinic acid, mannitol, oleanic acid, quercetin, rutin, linoleic acid, palmitic acid, oleic acid 등이 함유되어 있다.

약효⇒ 강장, 살균, 완하, 항산화, 혈압 강하 효능이 있으며, 류머티즘, 감기를 치료하고, 유화제, 연고제, 도포제, 기관지 흡입약, 관장약으로 쓰인다.

용도⇒ 잎, 열매, 수피를 관상, 식용, 약용, 화장품과 비누 원료, 올리브 오일, 주류향 첨가제, 면류관 재료로 이용한다.

❊ 재배 및 관리

기후 환경⇒ 추위에는 약하고 더위에는 잘 견디며, 기후가 건조한 지역에서 잘 자란다.

토양⇒ 배수가 잘 되는 건조한 듯한 사질 양토에서 잘 자란다.

번식 방법 및 시기⇒ 실생(4월)

수확 시기⇒ 10~11월(열매)

| 1 | 2 | 3 | 4 | 5 | 6 | 7 | 8 | 9 | 10 | 11 | 12 |

와일드 베르가못

205. 와일드 베르가못 (모나르다 피스툴로사) 꿀풀과 Labiatae

학 명 *Monarda fistulosa* L. **영 명** Wild bergamot
원산지 북아메리카 동부

특성⇒ 다년초. 높이 50~120cm. 줄기에는 털이 있고, 잎은 난형으로 끝이 뾰족하며, 가장자리에 거치가 있다. 6~8월에 보랏빛 연분홍색 꽃이 피며, 꿀이 많이 들어 있다. 꽃과 잎에서 매콤하고 박하향 비슷한 향이 난다. 많은 원예 품종이 있다.

성분⇒ limonene, thymol, magne-sium 등이 함유되어 있다.

약효⇒ 두통, 고열을 치료한다.

용도⇒ 잎, 꽃을 관상, 요리 향미료, 약용, 차로 이용한다.

❋ 재배 및 관리

기후 환경⇒ 노지에서 월동하고, 더위에 강하며 통풍을 요한다.

토양⇒ 배수가 잘 되고, 적당한 습기가 있는 비옥한 사질 양토에서 잘 자란다.

번식 방법 및 시기⇒ 실생, 분근(4월)

수확 시기⇒ 6~8월(잎, 꽃)

1	2	3	4	5	6	7	8	9	10	11	12

와일드 스트로베리　　　　　　　　열매

206. 와일드 스트로베리

장미과 Rosaceae

학 명 *Fragaria vesca* L.
영 명 Wild strawberry, Sow-teat strawberry, Woodland strawberry
원산지 유럽, 아시아, 북아메리카

특성⇒ 다년초. 높이 20~30cm. 잎은 뿌리에서 나고, 긴 잎자루 끝에 3개의 소엽이 달리며, 가장자리에 거치가 있다. 4~7월, 9~10월에 흰색 꽃이 3~10개 핀다. 열매는 붉은색으로 딸기보다 작고, 달고 신맛이 나며 향기가 강하다. 잎 사이에서 포복지가 뻗어 번식하며, 컨테이너 재배와 지피 식물로 식재하여 관상한다.

성분⇒ iron, kalium이 함유되어 있다.

약효⇒ 강장, 건위, 보혈, 선혈(鮮血), 소화 촉진, 수렴, 응혈, 이뇨, 해열 효능이 있으며, 빈혈, 당뇨병, 통풍, 신장 및 간장 질환, 하리, 배설 장애를 치료하고, 치석과 황치(黃齒)를 제거한다.

용도⇒ 잎, 뿌리, 열매를 관상, 식용, 허브차, 향 첨가제(사탕, 음료, 와인 등), 주스, 잼, 아이스크림, 피부 미용제로 이용한다.

❊ 재배 및 관리

기후 환경⇒ 노지에서 월동하고, 더위에 약하다.

토양⇒ 배수가 잘 되는 비옥한 사질 양토에서 잘 자란다.

번식 방법 및 시기⇒ 실생(4월), 포복지로 번식(9월)

수확 시기⇒ 6~7월(열매)

| 1 | 2 | 3 | 4 | 5 | 6 | 7 | 8 | 9 | 10 | 11 | 12 |

와일드 타임

207. 와일드 타임 (유럽백리향)

꿀풀과 Labiatae

학 명 *Thymus serpyllum* L.
영 명 Wild thyme, Creeping wild thyme, Mother of thyme
원산지 유럽 북부

특성⇒ 상록 관목. 높이 1~7cm. 포복경은 길이 90cm 가량 자란다. 6~7월에 붉은 분홍색 꽃이 핀다. 잎에서 강한 향이 나며, 2~3년에 한 번씩 옮겨 심어야 한다. 임신 중에는 복용을 삼간다. 원예 품종으로는 'Annie hall(분홍색 꽃)', *T. serpyllum* var. *coccineus*(진자분홍색 꽃), 'Elfin(붉은 보라색 꽃)', 'Pink chintz (분홍색 꽃)', 'Rainbow falls(분홍색 꽃)', 'Russetings(진분홍색 꽃)', 'Vey(미분홍색 꽃)' 등이 있다.

성분⇒ thymol, pinene, l-linalool, rosmarinic acid 등이 함유되어 있다.

약효⇒ 거담, 방부, 살균, 이뇨, 진정 효능이 있으며, 경련, 발작, 화상, 기관지염, 목감기, 백일해, 기침, 소화불량, 생리통, 복통, 알코올 중독, 좌골신경통, 유방염, 류머티즘, 인후염을 치료한다.

용도⇒ 잎, 꽃, 뿌리를 관상(지피 식물), 약용, 차, 향신료, 요리 향미료(생선, 육류), 비니거, 오일, 구강 세척제, 입욕제, 방충제로 이용한다.

❊ 재배 및 관리

기후 환경⇒ 노지에서 월동하고, 더위에는 약하다.
토양⇒ 배수가 잘 되는 건조한 듯한 토양에서 잘 자란다.
번식 방법 및 시기⇒ 실생(4월), 분주(4월, 9~10월), 삽목(4~7월)
수확 시기⇒ 7~9월(뿌리), 연중(잎)

| 1 | 2 | 3 | 4 | 5 | 6 | 7 | 8 | 9 | 10 | 11 | 12 |

와일드 팬지

208. 와일드 팬지 (삼색제비꽃)

제비꽃과 Violaceae

학 명 *Viola tricolor* L. var. *hortensis* DC.
영 명 Wild pansy, Johnny-jump-up, Viola, Miniature pansy
원산지 유럽, 아시아 서부

특성⇒ 1~2년초. 높이 10~30cm. 잎은 긴 타원형이며, 가장자리에 둔한 거치가 있다. 11월~다음 해 5월에 꽃이 피며, 노란색, 흰색, 보라색, 자주색, 노란색과 보라색, 흰색의 혼색종이 있다. 더위에 약해서 5월 중순경부터 시들어 죽는다.
성분⇒ 잎과 꽃에 saponin, violutoside rutin, tocopherol 등이 함유되어 있다.
약효⇒ 청열지수(淸熱止嗽), 산어해독(散瘀解毒) 효능이 있으며, 어린이 연주창을 치료한다.

용도⇒ 잎, 꽃을 관상(화단용, 압화), 요리, 차로 이용한다.

❊ 재배 및 관리
기후 환경⇒ 비닐 하우스에서 월동하고, 더위에 약하다.
토양⇒ 배수가 잘 되고 비옥하며, 습기가 적당한 사질 양토에서 잘 자란다.
번식 방법 및 시기⇒ 실생(4월)
수확 시기⇒ 개화기

| 1 | 2 | 3 | 4 | 5 | 6 | 7 | 8 | 9 | 10 | 11 | 12 |

테무늬용설란　　　　용설란

209. 용설란(龍舌蘭)

용설란과 Agavaceae

학 명 *Agave americana* L.
원산지 멕시코

영 명 Century Plant

특성⇒ 상록 다년초. 다육 식물로 줄기는
없다. 잎은 20~30개로 근생하며, 억세고,
길이 1~2m, 너비 20cm 가량, 회록색,
가장자리에 검붉은 날카로운 가시가 있
다. 2~5월에 엷은 황록색 꽃이 원추화서
로 달리며, 꽃대는 길이 7~10m, 꽃이
피면 모주(母株)는 죽고 지하부에서 새로
자란 싹이 다시 자란다. 잎 중앙에 노란
색 줄무늬가 있는 노란줄무늬용설란(*A.
americana* L. ‘Striata’)과 잎 가장자리
에 노란색 무늬가 있는 테무늬용설란(*A.
americana* L. ‘Marginata’), 잎 중앙에
넓은 유백색의 줄무늬가 있는 메디오픽
타용설란(*A. americana* L. ‘Medio-
picta’)이 있다.

성분⇒ Steroid계의 saponin이 함유되
어 있다.
약효⇒ 완하제, 화상 치료제로 쓰인다.
용도⇒ 어린싹, 잎, 꽃대를 관상, 식용, 주
류, 제지, 섬유, 염료로 이용한다.

❋ 재배 및 관리
기후 환경⇒ 3℃ 이상에서 월동하고, 16~
30℃에서 잘 자란다.
토양⇒ 배수가 잘 되는 비옥한 사질 양토
에서 잘 자란다. 밭흙과 부엽, 개울 모래
를 2:3:5의 비율로 혼합하여 재배한다.
번식 방법 및 시기⇒ 분주(6~8월)
수확 시기⇒ 개화기

1	2	3	4	5	6	7	8	9	10	11	12

우엉

210. 우엉 (牛蒡)

국화과 Compositae

학 명 *Arctium lappa* L.
영 명 Great burdock, Common burdock
원산지 중국 북부, 시베리아, 유럽

특성⇒ 2년초. 높이 150cm 가량. 뿌리는 곧고 길게 뻗는다. 잎은 넓은 심장형이며, 뒷면에 흰 털이 조밀하게 나고, 잎자루는 길다. 6~7월에 붉은 연보라색 꽃이 피며, 꽃은 모두 관상화이다. 우리 나라 각지에서 밭작물로 재배하며, 뿌리를 식용한다.

성분⇒ acetic acid, arctigenin, arctinone, carotene, caffeic acid, costic acid, inulin, lauric acid, myristic acid, sitosterol, zinc, natrium, kalium, vitamin B, C 등이 함유되어 있다.

약효⇒ 소염, 소종, 이뇨, 혈액 정화, 해독 효능이 있으며, 인후종통, 반신불수, 소양 풍진, 옹종창독, 풍열해수를 치료한다.

용도⇒ 잎, 꽃, 뿌리를 관상, 식용, 약용, 입욕제로 이용한다.

❋ 재배 및 관리

기후 환경⇒ 노지에서 월동하고, 더위에 강하다.
토양⇒ 배수가 잘 되는 알칼리성의 비옥한 사질 양토에서 잘 자란다.
번식 방법 및 시기⇒ 실생(4월)
수확 시기⇒ 9~10월(뿌리)

| 1 | 2 | 3 | 4 | 5 | 6 | 7 | 8 | 9 | 10 | 11 | 12 |

울금

211. 울금 (鬱金, 터머릭)

생강과 Zingiberaceae

학 명 *Curcuma domestica* Val. (*C. longa* L.)
영 명 Turmeric

원산지 인도, 동남 아시아

특성⇒ 1년초. 높이 50~150cm. 잎은 칸나와 비슷하며, 잎맥이 선명하다. 8~9월에 흰색 또는 연노란색 꽃이 핀다. 근경은 모양이 생강과 비슷하며, 노란색 염료로 이용된다.

성분⇒ carotene, borneol, cinnamic acid, caryophyllene, caffeic acid, curcumin, limonene, vitamin B, C, linalool, eugenol, zingiberene, vanillic acid 등이 함유되어 있다.

약효⇒ 건위, 구풍, 담즙 분비 촉진, 수렴, 식욕 증진, 지혈, 진통 효능이 있으며, 농양, 관절염, 간염, 담도염, 담석증,

카타르성 황달, 토혈, 혈뇨를 치료한다.

용도⇒ 잎, 꽃, 근경을 관상, 약용, 차, 향신료, 염료, 착색제(단무지, 피클, 카레, 버터)로 이용한다.

❋ 재배 및 관리

기후 환경⇒ 고온 다습한 곳에서 잘 자라고, 추위에는 약하다.
토양⇒ 배수가 잘 되는 비옥한 사질 양토에서 잘 자란다.
번식 방법 및 시기⇒ 근경 분주(4~5월)
수확 시기⇒ 9~10월(근경)

| 1 | 2 | 3 | 4 | 5 | 6 | 7 | 8 | 9 | 10 | 11 | 12 |

원추리

212. 원추리 (萱草)

백합과 Liliaceae

학 명 *Hemerocallis fulva* L.
원산지 한국, 중국, 동인도, 이란, 유럽

영 명 Tawny day lily

특성⇒ 다년초. 높이 40~80cm. 뿌리는 방추형의 괴근이다. 잎은 호생하며 선형이고, 곡선을 그리며 늘어진다. 7월에 잎과 잎 사이에서 자란 꽃줄기에서 오렌지색 꽃이 핀다. 어린싹과 꽃봉오리는 식용하나, 많이 먹으면 설사를 한다. 전세계에서 관상용으로 인기가 높으며, 많은 원예 품종이 있다.

성분⇒ asparagine, lysine, arginine, asparatic acid, colchicine 등이 함유되어 있다.

약효⇒ 양혈, 이수(利水) 효능이 있으며, 배뇨 곤란, 수종, 황달, 비출혈, 흉격번열

(胸膈煩熱), 혈변, 유종을 치료한다.

용도⇒ 어린잎, 꽃, 뿌리, 전초를 관상 (지피 식물), 식용, 약용한다.

❊ 재배 및 관리

기후 환경⇒ 노지에서 월동하고, 더위에 강하다.

토양⇒ 배수가 잘 되는 사질 양토에서 잘 자란다.

번식 방법 및 시기⇒ 실생(4월, 9월), 분주(4~5월)

수확 시기⇒ 4월(어린잎), 7월(꽃봉오리), 9월(뿌리)

| 1 | 2 | 3 | 4 | 5 | 6 | 7 | 8 | 9 | 10 | 11 | 12 |

237

월계수

213. 월계수 (月桂樹, 베이)

녹나무과 Lauraceae

학 명 *Laurus nobilis* L.
영 명 Sweet bay, Bay laurel, Victor's laurel, Bay tree
원산지 유럽 남부

특성⇒ 상록 교목. 높이 12~15m. 잎은 억세며, 타원형으로 양 끝이 뾰족하다. 4~5월에 노란색 꽃이 핀다. 잎에서 달콤한 향이 나며, 유럽에서는 오래 전부터 허브로 애용되었다. 그리스·로마 시대에는 잎을 고대 올림픽 경기의 승자에게 씌워 주는 월계관이나 종교 의식용으로 사용하였으며, 지금도 올림픽의 마라톤 우승자에게는 월계관을 씌워 준다. 노란색 잎을 가진 원예종도 있다.

성분⇒ 잎에 cineol, eugenol, geraniol, pinene 등이 함유되어 있다.

약효⇒ 건위, 마취, 발한, 방부, 소화 촉진, 식욕 촉진, 통증 감소 효능이 있으며, 신경통, 류머티즘을 치료하고, 도포제로 쓰인다.

용도⇒ 잎, 열매를 관상, 향신료, 향 첨가제(주류, 소시지, 피클, 훈제 등), 포푸리, 입욕제, 공기 정화제, 오일, 향수 원료, 방충제로 이용한다.

☀ 재배 및 관리

기후 환경⇒ 온실에서 월동하고, 더위에 강하다.

토양⇒ 배수가 잘 되는 비옥한 사질 양토에서 잘 자란다.

번식 방법 및 시기⇒ 실생(4월), 삽목(6~7월)

수확 시기⇒ 연중(잎)

| 1 | 2 | 3 | 4 | 5 | 6 | 7 | 8 | 9 | 10 | 11 | 12 |

워우드

214. 웜우드 (쓴쑥)

국화과 Compositae

학 명 *Artemisia absinthium* L.
원산지 북아프리카, 유럽

영 명 Wormwood, Green ginger

특성⇒ 다년초. 높이 60~120cm. 식물 전체에 가는 털이 있다. 잎은 호생하며 2~3회 우상으로 깊게 갈라지고, 6~7월에 노란색 작은 두상화가 핀다. 독특한 쓴맛과 향이 나며, 침출액은 살충제로 유기 농업에 이용한다. 어린이와 임산부, 수유모는 복용을 금한다.

성분⇒ 잎, 줄기, 가지에 beta-carotene, chamazulene, chlorogenic acid, rutin, isoquercitrin, *p*-coumaric acid, salicylic acid, tannin, vanillic acid, vitamin C 등이 함유되어 있다.

약효⇒ 건위, 방부, 살균, 소화 촉진, 이뇨, 항염증, 해독, 해열 효능이 있으며,

식욕부진, 벌레 물린 데, 타박상을 치료한다.

용도⇒ 잎, 꽃, 전초를 관상, 약용, 주류 원료, 방향제, 구충제, 방충제로 이용한다.

※ 재배 및 관리

기후 환경⇒ 노지에서 월동하고, 더위에는 보통이다.

토양⇒ 배수가 잘 되는 사질 양토에서 잘 자란다.

번식 방법 및 시기⇒ 실생, 분주(4~5월, 발아 온도는 15℃)

수확 시기⇒ 7월(전초, 잎)

| 1 | 2 | 3 | 4 | 5 | 6 | 7 | 8 | 9 | 10 | 11 | 12 |

유럽허니서클

215. 유럽허니서클 (유럽인동덩굴)

인동과 Caprifoliaceae

학 명 *Lonicera periclymenum* L.　　**영 명** European honeysuckle, Woodbine
원산지 유럽 중남부, 카프카스, 서북 아프리카

특성⇒ 덩굴성 낙엽 관목. 길이 5~6m. 줄기는 붉은 갈색이다. 잎은 길이 4~8cm이며, 아래쪽 잎은 크고 긴 타원형에 잎자루가 있고, 위쪽 잎은 작고 잎자루가 없다. 6~9월에 길이 5cm 가량의 통꽃이 가지 끝에 3~5개 모여 피며, 꽃잎 바깥쪽은 붉은색, 안쪽은 주홍색을 띠다가 황백색이 되는데, 꽃에서 강한 향이 난다. 열매는 붉은색으로 익는다. 대량 복용은 금한다.

성분⇒ 꽃에 ceryl alcohol, stearic acid, linoleic acid, luteolin, lonicerin 등이 함유되어 있다.

약효⇒ 이뇨, 해열, 해독 효능이 있으며, 감기, 피부 감염증을 치료한다.

용도⇒ 잎, 줄기, 꽃을 관상, 식용(샐러드), 약용, 차, 포푸리, 바구니, 허브 주류로 이용한다.

✻ 재배 및 관리

기후 환경⇒ 노지에서 월동하고, 더위에 강하다. 그늘에서도 잘 자란다.
토양⇒ 배수가 잘 되는 사질 양토에서 잘 자란다.
번식 방법 및 시기⇒ 실생(4월), 분주(4월)
수확 시기⇒ 개화 초(꽃), 10월~다음 해 2월(줄기)

1	2	3	4	5	6	7	8	9	10	11	12

유칼립투스

216. 유칼립투스 (유칼리)

도금양과 Myrtaceae

학 명 *Eucalyptus* spp.
영 명 Eucalyptus, Gum tree, Ironbark
원산지 오스트레일리아, 아열대 지방의 고산 지대

특성⇒ 상록 교목. 높이 30~60m. 대표종으로는 유칼립투스 구니(*E. gunnii* Hook.), 레몬 유칼리(*E. citriodora* Hook.), 유칼립투스 코키페라(*E. coccifera* Hook.) 등이 있다. 유칼립투스 구니는 잎이 둥글고 은회록색이며, 잎자루가 없고, 수피는 식용하며, 단즙을 분비한다. 레몬 유칼리는 잎이 길고, 좁은 난형으로 끝은 뾰족하고 기부는 둥글며, 레몬향이 난다. 유칼립투스 코키페라는 잎이 좁고 길며 회록색이고, 잎자루는 붉은빛이며, 꽃은 노란색으로 작고, 페퍼민트향이 난다. 이들은 잎을 비비면 진한 향이 나며, 6~8월에 꽃이 핀다. 뿌리에 독성 물질이 있어 부근의 식물 생장을 억제한다.
성분⇒ pinene, caffeic acid, carvone, chlorogenic acid, cineole, ellagic acid, ferulic acid, gallic acid, gen-tisic acid, protocatechuic acid, quercetin, rutin 등이 함유되어 있다.
약효⇒ 거담, 살균, 피로 회복, 항바이러스, 혈당 강하 효능이 있으며, 상처, 인플루엔자, 폐결핵을 치료한다.
용도⇒ 잎, 줄기, 꽃, 수피를 관상, 약용(멘소래담), 요리, 밀원, 정유, 아로마세라피, 향수, 좀벌레 구제제, 공기 소독제로 이용한다.

❈ 재배 및 관리

기후 환경⇒ 추위에는 약하고 고온 건조에 강하다.
토양⇒ 배수가 잘 되는 건조한 토양에서 잘 자란다.
번식 방법 및 시기⇒ 실생(4월)
수확 시기⇒ 개화기(정유), 연중(잎, 수피)

| 1 | 2 | 3 | 4 | 5 | 6 | 7 | 8 | 9 | 10 | 11 | 12 |

율무

217. 율무

학 명 *Coix lacryma-jobi* L. var. *mayuen* (Roman.) Stapf
영 명 Job's tears　　　　　　　**원산지** 중국

특성⇒ 1년초. 높이 1~1.5m. 줄기는 곧게 자라며, 잎은 옥수수 잎과 같으나 좁고 작다. 7월에 연황색 꽃이 원추화서로 피며, 열매는 9~10월에 검은 갈색으로 익는다. 율무차로 마시며, 사마귀를 없애는 데 사용한다.

성분⇒ starch, protein, glutamine, coixol, coixenolide, leucine, alkaloid, tyrosine, iron 등이 함유되어 있다.

약효⇒ 강장, 건비보폐(健脾補肺), 건위, 경신익기(輕身益氣), 소염, 소화, 이뇨, 이습, 진경(鎭驚), 진통, 진해, 청열, 해열 효능이 있으며, 각기, 관절염, 늑막염, 신

경통, 부종, 농혈, 습비, 백대하증, 설사, 장옹, 폐결핵을 치료한다.

용도⇒ 열매를 식용, 약용, 차, 피부 미용제, 공업용, 구충제로 이용한다.

✿ 재배 및 관리

기후 환경⇒ 종자로 월동하고, 더위에 강하다.
토양⇒ 배수가 잘 되는 비옥한 사질 양토에서 잘 자란다.
번식 방법 및 시기⇒ 실생(4월)
수확 시기⇒ 10월(열매)

| 1 | 2 | 3 | 4 | 5 | 6 | 7 | 8 | 9 | 10 | 11 | 12 |

242

은매화   무늬은매화

218. 은매화 (머틀)

도금양과 Myrtaceae

학 명 *Myrtus communis* L.   **영 명** True myrtle, Greek myrtle
원산지 지중해 지방, 아시아 서부

특성⇒ 상록 관목. 높이 3~4 m. 잎은 대생하며 두껍고, 타원형으로 양 끝이 뾰족하다. 7~9월에 흰색 또는 붉은색 꽃이 피며, 매화와 비슷하다. 고대 이집트 시대부터 애용되었으며, 번영을 상징한다. 원예 품종으로는 무늬은매화(*M. communis* L. 'Variegata')가 있다.
성분⇒ myrtenol향이 함유되어 있다.
약효⇒ 방부, 소독, 수렴, 진통 효능이 있으며, 비강염, 상처, 치질, 피부 염증을 치료한다.
용도⇒ 잎, 꽃, 열매를 관상(리스), 식용, 약용, 차, 향신료, 음식 부향제, 술, 입욕제, 헤어린스, 화장수로 이용한다.

❋ **재배 및 관리**
기후 환경⇒ 5℃ 이상에서 월동하고, 10~25℃에서 잘 자란다.
토양⇒ 배수가 잘 되는 사질 양토에서 잘 자란다.
번식 방법 및 시기⇒ 실생(4월), 삽목(6~7월)
수확 시기⇒ 5~10월(잎, 꽃, 열매를 필요에 따라 시기별로 수확)

| 1 | 2 | 3 | 4 | 5 | 6 | 7 | 8 | 9 | 10 | 11 | 12 |

은방울꽃

219. 은방울꽃

백합과 Liliaceae

학 명 *Convallaria keiskei* Miq.　　　　**영 명** Lily of the valley, May-lily
원산지 한국, 아시아 동북부

특성⇒ 다년초. 높이 28cm 가량. 근경은 옆으로 뻗고, 잎자루가 길게 나와 2개의 잎이 자란다. 5월에 종 모양의 흰색 꽃이 핀다. 전세계에 3종이 있으며, 음성 식물로 알려져 있으나 양성 식물이다. 원예종으로는 유럽에 자생하는 독일은방울꽃 (*C. majalis*)이 있다.
성분⇒ 유독 성분으로 강심배당체인 convalloside, convallotoxin, convallarin 등이 함유되어 있다.
약효⇒ 강장, 강심, 이뇨 효능이 있으며,

통풍을 치료한다.
용도⇒ 잎, 근경을 관상, 약용, 차, 녹색 염료로 이용한다.

❋ **재배 및 관리**
기후 환경⇒ 노지에서 월동하고 더위에 약하다.
토양⇒ 배수가 잘 되고, 부식질이 많은 사질 양토에서 잘 자란다.
번식 방법 및 시기⇒ 삽목(4월, 9~10월)
수확 시기⇒ 연중(근경)

1	2	3	4	5	6	7	8	9	10	11	12

은행나무   열매

220. 은행나무(銀杏)   은행나무과 Ginkgoaceae

학 명 *Ginkgo biloba* L.   **영 명** Maidenhair tree, Ginkgo tree
원산지 중국

특성⇒ 낙엽 교목. 높이 30~60m. 잎은 짧은 가지에 몇 개씩 속생한다. 5월에 유백색 꽃이 피며 암수딴그루이다. 2억년 전 하등 식물의 유일한 생존 식물로 전세계에 1목 1속 1종이 있다.

성분⇒ ginkgetin, ginkgomine, thymol, amino acid, vitamin A, B, C, terepentine, 종자에는 청산배당체, gibberellin, cytokinin, 유독 성분인 ginkgolic acid, hydroginkgolic, bilobol, ginnol, 잎에는 ginkgolide A, B, C, quercetin, rutin 등이 함유되어 있다.

약효⇒ 기억력 회복, 수폐(收肺), 익기(益氣), 익심(益心), 지사, 진경, 화습 효능이 있으며, 고혈압, 심계정충, 담천해수, 수

양성 하리, 백대백탁, 유정, 폐질환, 천식, 흉민심통, 말초 순환 장애, 혈관 장애를 치료한다.

용도⇒ 잎, 줄기, 열매, 뿌리를 관상, 식용, 약용, 목재로 이용한다.

❋ 재배 및 관리

기후 환경⇒ 추위에 강하여 노지에서 월동하고, 더위에 강하다.
토양⇒ 배수가 잘 되는 비옥한 사질 양토에서 잘 자란다.
번식 방법 및 시기⇒ 실생(4월), 삽목(4월), 접목(5~6월)
수확 시기⇒ 9~10월(잎, 열매)

| 1 | 2 | 3 | 4 | 5 | 6 | 7 | 8 | 9 | 10 | 11 | 12 |

이탈리안 사이프러스

221. 이탈리안 사이프러스
측백나무과 Cupressaceae

학 명	*Cupressus sempervirens* L.	**영 명**	Italian Cypress
원산지	지중해 연안 동부, 터키, 이란, 아프가니스탄		

특성⇒ 상록 침엽 교목. 높이 40m 가량. 수형은 수직으로 곧게 자라며 긴 원추형이다. 줄기는 회갈색이며, 암녹색의 작은 침엽이 조밀하게 달린다. 구과는 둥글며, 녹색에서 갈색으로 변한다. 잎과 열매에 특유한 향이 있다.

성분⇒ cupressuflavone, aromadendrine, pinene, apigenin, quercitrin, linoleic acid, myricetin, lauric acid, tannin 등이 함유되어 있다.

약효⇒ 수렴, 진경, 혈관 수축, 혈행 촉진 효능이 있으며, 지방 침착, 월경 과다, 모세혈관 파열, 정맥암을 치료한다.

용도⇒ 잎, 가지, 구과를 사이프러스유, 향수, 비누향으로 이용한다.

❊ **재배 및 관리**

기후 환경⇒ 5℃ 이상에서 월동하고, 16~30℃에서 잘 자란다.

토양⇒ 배수가 잘 되는 석회질의 바위가 많은 산지에서 잘 자란다.

번식 방법 및 시기⇒ 실생(4~5월), 삽목(9월)

수확 시기⇒ 연중(잎, 가지, 구과)

1	2	3	4	5	6	7	8	9	10	11	12

이탈리안 파슬리   꽃

222. 이탈리안 파슬리

산형과 Umbelliferae

학 명 *Petroselinum crispum* (Mill.) Nyman ex A.W. Hill. var. *neapolitanum* Danert
영 명 Italian parsley   **. 원산지** 유럽 남부의 지중해 연안

특성⇒ 2년초. 높이 80~90cm. 뿌리에서 여러 개의 잎이 나며, 잎자루는 길고 다육질이다. 잎은 1~2회 우상복엽이며, 소엽은 우상으로 깊게 갈라진다. 6~7월에 유백색 꽃이 핀다. 식물 전체에 독특한 향이 나며, 말려서 가루로 만들어 요리에 이용한다. 마늘 냄새를 제거한다. 임신 중이나 소아 질환에는 복용을 금한다.
성분⇒ calcium, iron, vitamin A, C 등이 함유되어 있다.
약효⇒ 강장, 건위, 이뇨, 정혈, 진통, 해독 효능이 있으며, 결석, 관절염, 류머티즘, 소화불량, 생리통, 방광염, 전립선염, 빈혈을 치료한다.
용도⇒ 잎, 줄기를 관상, 식용, 차, 향미료(버터, 치즈), 주스로 이용한다.

✸ **재배 및 관리**
기후 환경⇒ 노지에서 월동하고, 더위에는 보통이다.
토양⇒ 배수가 잘 되고, 습기가 적당한 사질 양토에서 잘 자란다.
번식 방법 및 시기⇒ 실생(4월, 9월)
수확 시기⇒ 4~10월(잎)

1	2	3	4	5	6	7	8	9	10	11	12

익모초

223. 익모초 (益母草)

꿀풀과 Labiatae

학 명 *Leonurus sibiricus* L.   **영 명** Siberian motherwort
원산지 한국, 일본, 중국, 인도차이나, 인도, 말레이시아

특성⇒ 2년초. 높이 1~1.5m. 잎은 대생
하며, 우상으로 깊게 3갈래로 갈라진다.
6~9월에 연한 홍자색 꽃이 핀다. 잎에서
쓴맛이 나며, 민간 요법으로 여름에 헛배
가 부르고 소화가 안 될 때 줄기와 잎을
삶아서 마신다.
성분⇒ 전초에 leonurine, leonuridine,
stachydrine, rutin 등이 함유되어 있다.
약효⇒ 거어, 소수(消水), 조경(調經), 지
혈, 청열, 활혈 효능이 있으며, 태루난산,
혈뇨, 사혈, 산후혈훈, 산후출혈, 생리불

순, 현기증, 복통, 더위먹은 헛배 등을 치
료한다.
용도⇒ 전초를 약용한다.

❊ 재배 및 관리
기후 환경⇒ 노지에서 월동하고, 더위에
강하다.
토양⇒ 배수가 잘 되는 토양에서 잘 자
란다.
번식 방법 및 시기⇒ 실생(4월, 9월)
수확 시기⇒ 9월(전초)

1	2	3	4	5	6	7	8	9	10	11	12

인동덩굴　　　　　　　무늬인동덩굴

224. 인동덩굴 (金銀花, 忍冬)

인동과 Caprifoliaceae

학 명 *Lonicera japonica* Thunb.
원산지 한국, 일본, 중국

영 명 Japanese honeysuckle

특성⇒ 반상록성 덩굴 식물. 길이 5~6m.
줄기는 다른 물체를 감고 올라가며, 잎은
대생하고 긴 타원형이다. 5~6월에 흰색
꽃이 피며, 연황색으로 변한다. 열매는 검
은색으로 익는다. 품종으로는 무늬인동
덩굴(*L. japonica* Thunb. var. *aureo-
reticulata* Nichols)이 있다. 꽃에서 강
한 향이 나며, 차나 술로 담가 먹는다. 많
이 마시는 것은 삼간다.

성분⇒ 꽃에 ceryl alcohol, stearic
acid, luteolin, lonicerin 등이 함유되어
있다.

약효⇒ 이뇨, 청열, 통경락, 항균(티푸스
균·대장균·녹농균), 해독, 해열 효능이

있으며, 간염, 감기몸살, 열독혈리, 근골
동통, 발열, 종독, 나력, 이하선염, 장염,
관절통을 치료한다.

용도⇒ 줄기, 꽃을 관상, 요리, 약용, 차,
술, 포푸리로 이용한다.

❋ **재배 및 관리**

기후 환경⇒ 노지에서 월동하고 더위에
강하다.

토양⇒ 배수가 잘 되는 비옥한 사질 양토
에서 잘 자란다.

번식 방법 및 시기⇒ 실생, 삽목, 취목,
분주(4월)

수확 시기⇒ 10월~다음 해 3월(줄기)

| 1 | 2 | 3 | 4 | 5 | 6 | 7 | 8 | 9 | 10 | 11 | 12 |

뿌리   인삼

225. 인삼 (人蔘)

두릅나무과 Araliaceae

학 명 *Panax schinseng* Nees (*P. ginseng* C. A. Meyer)
영 명 Oriental ginseng, Ginseng   **원산지** 한국, 중국 동북부

특성⇒ 다년초. 높이 60cm 가량. 뿌리 윗부분에 긴 잎자루가 자라고, 5개의 소엽이 4~6개 윤생한다. 5~6월에 연한 황록색 꽃이 윤생엽 중앙에서 나온 꽃대 끝에 산형화서로 달린다. 열매는 붉게 익는다. 우리 나라 전역의 깊은 산에서 자생한다. 미국종으로 아메리카인삼(*P. quinquefolius* L.)이 있으며, 성분이 약간 다르다. 비만증, 고혈압이 있는 사람은 복용을 삼간다.

성분⇒ ferulic acid, kaempferol, oleanolic acid, panaxic acid, stigmasterol, ginsenoside, polyacetylene, alkaloid, calcium, choline, folate, fiber, vitamin B, C 등이 함유되어 있다.

약효⇒ 강장, 고탈생진(固脫生津), 진정, 피로 회복 효능이 있으며, 기혈 부족, 해수토혈, 노상허손(勞傷虛損), 권태건망증, 빈뇨증, 소갈증을 치료한다.

용도⇒ 뿌리를 식용(사탕·젤리·양갱), 약용, 차, 인삼주로 이용한다.

❊ **재배 및 관리**
기후 환경⇒ 노지에서 월동하고, 그늘진 곳에서 자란다.
토양⇒ 배수가 잘 되고, 부식질이 많은 토양에서 잘 자란다.
번식 방법 및 시기⇒ 실생(4월)
수확 시기⇒ 10~11월(뿌리)

1	2	3	4	5	6	7	8	9	10	11	12

226. 일랑일랑

아노나과 Annonaceae

학 명 *Cananga odorata* (Lam.) Hook. f. & T. Thoms. (*Canangium odoratum* King)
영 명 Ilang-ilang, Ylang-ylang, Perfume tree
원산지 열대 아시아, 인도, 인도네시아, 미얀마

특성⇒ 상록 교목. 높이 15~25m. 가지가 많이 갈라지며, 풍해에 약하다. 잎은 호생하며, 긴 난형 또는 타원형으로 끝은 뾰족하고, 가장자리에 뭉툭한 물결 모양 거치가 있으며, 길이 10~17cm, 광택이 나는 녹색이고, 호생맥이 뚜렷하다. 8~9월에 초록빛을 띤 노란색 꽃이 모여 피고, 꽃잎은 6장, 가늘고 길며, 강한 향기가 난다. 1년에 두 번 꽃이 핀다. 열매는 타원형이며 검은색으로 익고, 안에는 종자가 들어 있다. 재스민과 비슷한 향이 난다.

약효⇒ 감정완화, 진정, 최음 효능이 있다.
용도⇒ 꽃, 줄기를 로션, 아로마세라피, 향수용 오일, 정유로 이용한다.

❋ 재배 및 관리
기후 환경⇒ 더위에 강하고 추위에는 약하다.
토양⇒ 배수가 잘 되는 사질 양토에서 잘 자란다.
번식 방법 및 시기⇒ 실생(4~5월)
수확 시기⇒ 연 2회(개화기)

| 1 | 2 | 3 | 4 | 5 | 6 | 7 | 8 | 9 | 10 | 11 | 12 |

일일초

227. 일일초 (日日草)

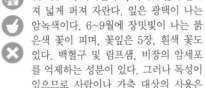

학 명 *Catharanthus roseus* G. Don (*Vinca rosea* L.)
영 명 Madagascar periwinkle, Vinca   **원산지** 마다가스카르, 자바, 인도

특성⇒ 1년초. 열대 지방에서는 연중 개화하는 다년생 반목본성 식물이다. 높이 30~60cm. 다육질이고, 가지가 많이 갈라져 넓게 퍼져 자란다. 잎은 광택이 나는 암녹색이다. 6~9월에 장밋빛이 나는 붉은색 꽃이 피며, 꽃잎은 5장, 흰색 꽃도 있다. 백혈구 및 림프샘, 비장의 암세포를 억제하는 성분이 있다. 그러나 독성이 있으므로 사람이나 가축 대상의 사용은 금한다.

성분⇒ 인슐린 대용 물질과 55종의 활성 alkaloids, vindoline, leurosine 등이 함유되어 있다.

약효⇒ 소아백혈병, 호지킨병, 당뇨병을 치료한다.

용도⇒ 전초를 관상, 인슐린 대용 물질로 쓴다.

✳ 재배 및 관리

기후 환경⇒ 더위에 강하고 추위에는 약하다.

토양⇒ 배수가 잘 되는 사질 양토에서 잘 자란다.

번식 방법 및 시기⇒ 실생(4~5월)

수확 시기⇒ 수시

1	2	3	4	5	6	7	8	9	10	11	12

잇꽃

228. 잇꽃 (홍화)

국화과 Compositae

학 명	*Carthamus tinctorius* L.	영 명	False safflower, Bastard safflower
원산지	이집트, 에티오피아, 아프리카, 중앙 아시아		

특성⇒ 1년초. 높이 90~100cm. 줄기는 곧게 자라며, 잎은 호생하고 넓은 피침형이다. 6~7월에 노란색 꽃이 피며, 후에 붉은 오렌지색으로 변한다. 열매는 수과로 길이 6mm 가량이고, 윤기가 나는 흰색이다. 민간 요법으로, 뼈에 금이 갔을 때 종자를 가루로 만들어 먹거나 삶아서 먹으면 빨리 붙는다고 한다.

성분⇒ 붉은색 및 노란색 색소인 cartha-min, safflower yellow, safflomine A, 2-hydroxyarctin, linoleic acid, oleic acid 등이 함유되어 있다.

약효⇒ 발한, 신경 진정, 완하, 정혈, 하열, 혈압 강하, 피로 회복 효능이 있으며, 감기, 산전 산후 부인병, 생리불순, 냉증, 갱년기 장애, 혈행 장애, 뇌일혈 후의 반

신불수, 동맥경화, 변비, 금이 간 뼈 등을 치료한다.

용도⇒ 꽃, 종자를 관상(드라이 플라워), 약용, 식용유, 염료, 착색제(화장품 · 음료 · 과자)로 쓴다.

✿ 재배 및 관리

기후 환경⇒ 종자로 월동하고, 더위에 강하다.

토양⇒ 배수가 잘 되는 비옥한 사질 양토에서 잘 자란다.

번식 방법 및 시기⇒ 실생(4월, 남부 10월, 직파)

수확 시기⇒ 6~7월(꽃, 염료용은 꽃이 오렌지색일 때 수확)

1	2	3	4	5	6	7	8	9	10	11	12

잉글리시 데이지

229. 잉글리시 데이지

국화과 Compositae

학 명 *Bellis perennis* L.
영 명 Ture daisy, English daisy, Lawn daisy
원산지 서부 유럽, 지중해 연안

특성⇒ 다년초. 높이 10~15cm. 잎은 뿌리에서 로제트상으로 자란다. 4~5월에 복합 두상화로 피며, 설상화는 흰색, 분홍색, 붉은색이다. 원예종으로 겹꽃종이 있으며, 주로 화분에 심어 관상한다. 원산지에서는 잔디밭에서 자생한다. 고온기의 여름에는 죽는다.
약효⇒ 습진 및 피부 세척, 거담, 유방 종양 증식 억제 효능이 있으며, 아구창, 외상 및 타박상, 림프샘 결핵, 응혈, 늑막염, 폐렴 등을 치료한다. 알레르기 유발

가능성이 있다.
용도⇒ 잎, 줄기, 꽃을 관상, 식용, 약용, 차로 이용한다.

❋ **재배 및 관리**
기후 환경⇒ 온실에서 월동하고, 더위에 약하다.
토양⇒ 배수가 잘 되는 비옥한 토양에서 잘 자란다.
번식 방법 및 시기⇒ 실생(8~9월)
수확 시기⇒ 4~5월(잎, 꽃)

| 1 | 2 | 3 | 4 | 5 | 6 | 7 | 8 | 9 | 10 | 11 | 12 |

잎과 꽃

자작나무

수피

230. 자작나무(樺木, 白樺)

자작나무과 Betulaceae

학 명 *Betula platyphylla* var. *japonica* Hara **영 명** Japanese white birch
원산지 한국, 중국, 일본

특성⇒ 낙엽 교목. 높이 20~30m. 수피는 흰색이며, 어린가지는 자갈색으로 털이 없다. 잎은 호생하며 삼각상 난형이고, 길이 5~7cm, 차츰 좁아져 끝이 뾰족하며, 기부는 아심장형이다. 4~5월에 꽃이 피며, 화서는 아래로 늘어진다. 열매는 9월에 익고, 종자는 날개가 있다.

성분⇒ alpha-pinene, 1,8-cineole, camphor, betulin, betulinic acid, hyperoside, luteolin, quercetin, glycoside, methyl salicylate, triterpenoid, borneol 등이 함유되어 있다.

약효⇒ 이뇨, 자양 강장, 콜레스테롤 강하, 항균 효능이 있으며, 통풍, 류머티즘, 신

장 및 방광 결석, 피부병을 치료한다.

용도⇒ 잎, 줄기, 꽃, 수피를 관상, 약용, 시럽, 와인, 비니거, 염료(녹색, 노란색), 공업용, 버치타르, 공구, 기구재로 이용한다.

✻ 재배 및 관리

기후 환경⇒ 노지에서 월동하고, 서늘한 기후에서 잘 자라며, 더위에 강하다.

토양⇒ 배수가 잘 되는 사질 양토에서 잘 자란다.

번식 방법 및 시기⇒ 실생(4월), 삽목(4월, 9월)

수확 시기⇒ 4월(수액), 9~10월(수피)

1	2	3	4	5	6	7	8	9	10	11	12

자주루드베키아

231. 자주루드베키아 (에키나세아)

국화과 Compositae

학 명 *Echinacea purpurea* (L.) Moench **영 명** Purple cornflower, Echinacea
원산지 미국(오하이오 주, 루이지애나 주, 조지아 주)

특성⇒ 다년초. 높이 60~150cm. 줄기
는 곧게 자라며, 자갈색이고, 잎은 호생
한다. 6~9월에 줄기나 가지 끝에 자홍색
두상화가 피며, 관상화는 자갈색으로 금
속성 광택이 나고, 설상화는 자홍색으로
아래로 늘어진다. 아메리칸 인디언들은
감기 치료제로 사용했으며, 현재 당뇨병,
에이즈 치료제로 연구 중이다. 품종에 따
라 흰색 꽃이 피는 것도 있다.
성분⇒ borneol, caryophyllene,
chlorogenic acid, cichoric acid, rutin,
cynarin, echinacoside, ferulic acid,
luteolin, stigmasterol, verbascoside,
vitamin B, C 등이 함유되어 있다.

약효⇒ 항바이러스, 항알레르기, 면역력
강화, 림프계 강화 작용을 하며, 감기, 피
부염증, 발열, 감염증, 상처, 욕창, 에이
즈 바이러스와 폐렴 등의 세균 감염을 치
료한다.
용도⇒ 꽃, 근경을 관상, 약용한다.

❁ **재배 및 관리**
기후 환경⇒ 노지에서 월동하고, 더위에
보통이다.
토양⇒ 건조한 듯한 토양에서 잘 자란다.
번식 방법 및 시기⇒ 실생(4월, 9월), 분
주(4월)
수확 시기⇒ 6~9월(근경)

| 1 | 2 | 3 | 4 | 5 | 6 | 7 | 8 | 9 | 10 | 11 | 12 |

장미

232. 장미 (薔薇)

장미과 Rosaceae

학 명 *Rosa* spp.
원산지 중국, 아열대 및 온대 지방

영 명 Rose

특성⇒ 낙엽 관목. 높이 0.8~6m. 잎은 기수우상복엽이며, 소엽은 5~6개로 난상 피침형 또는 넓은 타원상 피침형이고, 잔거치가 있으며, 광택이 난다. 5~6월에 꽃이 피며, 사계절 장미는 5~9월까지 꽃이 핀다. 꽃의 색은 다양하다. 방향성 허브 식물로, 장미속에는 많은 종과 품종이 있다.
성분⇒ phenethyl alcohol, camphene, catechin, citronellol, ethanol, geraniol, heptanal, hexanol, linalool oxides, malic acid, phenylacetaldehyde, zeaxanthin 등이 함유되어 있다.
약효⇒ 기분 전환, 완하 작용을 하며, 간장이나 위장, 변비에 효과적이다.

용도⇒ 잎, 꽃, 열매를 관상(화단용, 절화, 드라이 플라워), 약용, 차, 잼, 과자, 주류, 향료, 포푸리, 화장품, 향수로 이용한다.

✳ 재배 및 관리
기후 환경⇒ 추위에 강한 것과 약한 것이 있으며, 더위에는 보통이거나 강하다.
토양⇒ 배수가 잘 되는 비옥한 사질 양토에서 잘 자란다.
번식 방법 및 시기⇒ 실생(4월), 삽목(4월, 6월), 접목(2~3월, 6~9월)
수확 시기⇒ 5~9월(꽃), 9~10월(열매)

1	2	3	4	5	6	7	8	9	10	11	12

재스민

233. 재스민
물푸레나무과 Oleaceae

학 명 *Jasminum officinale* L.   **영 명** Common jasmine, Poet's jasmine
원산지 중국 서남부, 히말라야, 네팔, 인도 북부, 아프가니스탄, 이란

특성⇒ 상록 관목. 높이 1~2m. 줄기는 덩굴성이다. 잎은 대생하고 기수우상복엽이며, 소엽은 7개, 난상 피침형이다. 6~9월에 줄기 상부의 엽액에서 긴 꽃대가 나와 흰색 통상화가 달린다. 꽃에서 진한 향기가 나며, 알레르기 반응을 보이는 사람도 있다. 정유는 향수의 주성분으로 쓰인다.

성분⇒ benzyl acetate, phytol 등이 함유되어 있다.

약효⇒ 피로 회복, 최음, 과민성 피부 탄력 증진 효능이 있으며, 우울증, 발열, 편집증, 자폐증, 불감증, 갱년기 장애, 건성 피부, 쉰 목소리, 스트레스성 위통을 치료한다.

용도⇒ 잎, 꽃을 관상(분화용), 약용, 차, 향료, 포푸리, 향 첨가제, 정유, 아로마세라피로 이용한다.

❋ 재배 및 관리
기후 환경⇒ 온실에서 월동하고, 더위에 강하다.
토양⇒ 배수가 잘 되고, 부식질이 많은 비옥한 사질 양토에서 잘 자란다.
번식 방법 및 시기⇒ 분주(5~7월), 삽목(6~7월)
수확 시기⇒ 7~9월(꽃)

| 1 | 2 | 3 | 4 | 5 | 6 | 7 | 8 | 9 | 10 | 11 | 12 |

ㅈ

258

저먼 캐모마일

234. 저먼 캐모마일

국화과 Compositae

학 명 *Matricaria recutita* L.
영 명 German chamomile, Sweet false chamomile
원산지 유럽, 아시아 서부

특성⇒ 1~2년초. 높이 60cm 가량. 1년
생은 5~6월, 2년생은 3~4월에 꽃이 핀
다. 로만 캐모마일에 비해 꽃이 작고, 개
화가 1개월 빠르며, 잎과 줄기는 가냘프
고, 꽃에서만 달콤한 사과향이 난다. 유
럽에서 가장 유명한 허브 식물 중 하나이
며, 뿌리에서 분비하는 정유는 병이 있는
식물을 치료하는 효과가 있다. 자궁을 자
극하므로 임산부는 복용을 피한다.
성분⇒ azulene, borneol, caffeic acid,
coumarin, farnesene, farnesol, rutin,
gentisic acid, geraniol, hyperoside,
kaempferol, luteolin, quercetin, sali-
cylic acid 등이 함유되어 있다.
약효⇒ 구풍, 발한, 소염, 진정, 염증 완

화, 알레르기 발작 예방 효과가 있으며,
소화 기관 장애, 세균, 습진, 감염증, 감
기, 류머티즘, 하리를 치료한다. 간 재생
치료제, 방사선 조사 피부 치료제로도 쓰
인다.
용도⇒ 꽃을 관상, 약용, 차, 포푸리, 입
욕제, 화장품으로 이용한다.

❊ 재배 및 관리
기후 환경⇒ 노지에서 월동하고, 더위에
는 보통이다.
토양⇒ 배수가 잘 되는 사질 양토에서 잘
자란다.
번식 방법 및 시기⇒ 실생, 분주(4월)
수확 시기⇒ 3~6월(꽃)

접두화

235. 접두화 (蝶豆花, 클리토리아)

콩과 Leguminosae

학 명 *Clitoria ternatea* L.　　　　　**영 명** Butterfly pea
원산지 인도, 동남 아시아

특성⇒ 덩굴성 다년초. 줄기는 가늘고 길며, 부드러운 털이 있다. 잎은 기수우상복엽이며, 소엽은 5~9개이고, 탁엽과 소탁엽이 있다. 7~8월에 부채 모양의 청보라색 꽃이 피며, 꽃대는 대부분 없고, 한 개씩 핀다. 열매는 팥 꼬투리와 비슷하며, 길이 7.5~11cm이다. 종자는 검은 갈색이다.
성분⇒ saponin, flavonoid, alkaloid, kaempferol-3-glucoside, delphinidin 335-triglucoside 등이 함유되어 있다.

약효⇒ 지사제로 쓰인다.
용도⇒ 미숙 종자를 식용한다.

✿ 재배 및 관리
기후 환경⇒ 고온 다습한 기후에서 잘 자란다.
토양⇒ 배수가 잘 되는 비옥한 사질 양토에서 잘 자란다.
번식 방법 및 시기⇒ 실생(4월, 9월)
수확 시기⇒ 9~10월(종자)

| 1 | 2 | 3 | 4 | 5 | 6 | 7 | 8 | 9 | 10 | 11 | 12 |

접시꽃

236. 접시꽃 (蜀葵花)

아욱과 Malvaceae

학 명 *Althaea rosea* (L.) Cav.
원산지 중국, 시리아

영 명 Hollyhock

특성⇒ 2년초. 높이 1~2.5m. 줄기는 곧
게 자라며 잔털이 밀생한다. 잎은 호생하
며 잎자루가 있고, 대형의 심장형으로 가
장자리는 5~7갈래로 깊게 갈라지며, 거
치가 있다. 6~7월에 흰색, 붉은색, 분홍
색, 흑갈색 등의 꽃이 핀다. 중국에서 귀화
한 식물로, 집 근처에 식재하여 관상한다.
성분⇒ 꽃에 dihydrokaempferol,
herbacin, herbacetin이 함유되어 있다.
약효⇒ 배농, 양혈, 이뇨, 청열 효능이 있
으며, 금창, 백대하, 열독하리, 요혈, 임
질, 토혈, 창종을 치료한다.

용도⇒ 잎, 줄기, 꽃, 뿌리를 관상, 약용
한다.

❊ 재배 및 관리

기후 환경⇒ 추위에 강하고 더위에는 보
통이다.

토양⇒ 배수가 잘 되는 비옥한 사질 양토
에서 잘 자란다.
번식 방법 및 시기⇒ 실생(4월, 9월), 분
주(4월, 9월)
수확 시기⇒ 7~8월(잎, 줄기), 10월(뿌
리)

| 1 | 2 | 3 | 4 | 5 | 6 | 7 | 8 | 9 | 10 | 11 | 12 |

빈카 　　　　　좁은잎빈카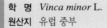

237. 좁은잎빈카

협죽도과 Apocynaceae

학 명 *Vinca minor* L.　　　　　　**영 명** Common periwinkle
원산지 유럽 중부

특성⇒ 다년초. 높이 30cm 가량. 줄기는 덩굴성이며, 지면에 붙어서 마디마다 뿌리를 내리고, 길이 1m 가량 자란다. 잎은 대생하며, 4~7월에 줄기 윗부분 엽액에서 긴 꽃대가 나와 푸른 보라색 꽃이 핀다. 지피 식물로 이용되며, 특히 경사지의 토사 방지용으로 좋다. 빈카(*V. major* L.)에 비해 잎이 좁다.
성분⇒ alkaloid, perivincine, tannin, vincamine 등이 함유되어 있다.
약효⇒ 자궁 출혈, 장 출혈, 객혈 등의 지혈제로 쓰이며, 노년기의 뇌혈관 순환

개선, 기억력 증강 효과가 있다.
용도⇒ 꽃, 전초를 관상(지피 식물), 약용한다.

❊ 재배 및 관리
기후 환경⇒ 더위에 보통이고 추위에 약하다.
토양⇒ 배수가 잘 되는 사질 양토에서 잘 자란다.
번식 방법 및 시기⇒ 삽목, 분주(연중)
수확 시기⇒ 7~8월(전초)

| 1 | 2 | 3 | 4 | 5 | 6 | 7 | 8 | 9 | 10 | 11 | 12 |

질경이

238. 질경이 (車前草)

질경이과 Plantaginaceae

학 명 *Plantago asiatica* L.
원산지 한국

영 명 Plantain, Ribwort

특성⇒ 다년초. 높이 10~30cm. 잎은 뿌
리에서 나며 넓은 난형이고, 잎자루는 길
다. 4~9월에 흰색 꽃이 잎과 잎 사이에서
나온 긴 꽃줄기에 수상화서로 핀다. 우리
나라 전역에서 볼 수 있는 잡초로 길가나
논둑 등지에서 자란다.
성분⇒ aucubin, plantenolic acid,
plantaginin, homoplantaginin 등이 함
유되어 있다.
약효⇒ 강심, 소염, 이뇨, 익정, 지사, 진
해, 해열 효능이 있으며, 안질, 임질, 신
장염, 태독, 난산, 출혈, 요혈, 금창, 종
독, 폐기(肺氣), 소화불량, 만성 변비, 하

리를 치료한다.
용도⇒ 잎, 줄기, 종자, 전초를 식용, 약
용, 다이어트식품 원료로 이용한다.

❈ 재배 및 관리

기후 환경⇒ 노지에서 월동하고, 더위에
강하다.
토양⇒ 배수가 잘 되고 비옥한 사질 양토
에서 잘 자란다.
번식 방법 및 시기⇒ 실생(4월, 9월)
수확 시기⇒ 5~9월(잎, 줄기), 8~9월(종
자)

| 1 | 2 | 3 | 4 | 5 | 6 | 7 | 8 | 9 | 10 | 11 | 12 |

차나무

239. 차나무

차나무과 Theaceae

학 명 *Thea sinensis* L. 〔*Camellia sinensis* (L.) O. Kuntze〕
영 명 Tea, Tea plant   **원산지** 중국, 일본

특성⇒ 상록 관목. 높이 1~6m. 잎은 호생하며 긴 타원상 피침형이고, 가장자리에 억세고 둔한 거치가 있다. 10~11월에 흰색 꽃이 핀다. 어린잎은 차로 이용한다. 제품으로는 녹차, 우롱차, 홍차가 있으며, 비발효된 차를 녹차, 반발효된 차를 우롱차, 발효된 차를 홍차라고 한다. 경상남도, 전라남도, 전라북도의 산기슭에서 재배한다.

성분⇒ caffeine, theophylline, xanthine 등의 purine계의 염기와 차의 tannin인 catechin류, 열매에는 theosapogenol이 함유되어 있다.

약효⇒ 강심, 거담, 소식(消食), 수렴, 양혈, 이뇨, 제번열(除煩熱), 해독, 흥분, 화담(化痰) 효능이 있으며, 두통, 목현(目眩), 다면증, 심번구갈, 수종, 심장질환, 천식, 해수를 치료한다.

용도⇒ 어린잎, 꽃을 관상, 식용, 차로 이용한다.

❊ 재배 및 관리

기후 환경⇒ 추위에 약하고 더위에는 보통이다.
토양⇒ 배수가 잘 되는 비옥한 사질 양토에서 잘 자란다.
번식 방법 및 시기⇒ 실생(4월), 삽목(4월, 6월)
수확 시기⇒ 3~9월(잎)

1	2	3	4	5	6	7	8	9	10	11	12

차이브

240. 차이브 (중국파)

백합과 Liliaceae

학 명 *Allium schoenoprasum* L.
원산지 중국, 일본, 시베리아, 유럽

영 명 Chive

특성⇒ 다년초. 높이 20~50cm. 잎은
뿌리에서 여러 개가 나며, 가는 원통형이
고, 끝은 뾰족하다. 5~7월에 분홍색 또는
붉은 분홍색 꽃이 핀다. 주로 요리와 관
상용으로 쓰이며, 건조에 강하다.
약효⇒ 살균, 방부, 정신 안정, 식욕 증
진, 소화 촉진, 완하 효능이 있다.
용도⇒ 잎, 줄기, 꽃을 관상, 식용, 요리

향미료, 허브 버터, 허브 치즈로 이용한다.

❋ **재배 및 관리**
기후 환경⇒ 더위와 추위에 강하다.
토양⇒ 배수가 잘 되고 비옥하며, 적당한
습기가 있는 토양에서 잘 자란다.
번식 방법 및 시기⇒ 실생(4월, 9월)
수확 시기⇒ 3~11월(잎, 줄기)

| 1 | 2 | 3 | 4 | 5 | 6 | 7 | 8 | 9 | 10 | 11 | 12 |

차즈기

241. 차즈기 (蘇葉)

꿀풀과 Labiatae

학 명 *Perilla frutescens* (L.) Britton var. *acuta* Kudo
영 명 Perilla **원산지** 중국

특성⇒ 1년초. 높이 40~80cm. 잎은 대생하며 넓은 난형이고, 앞뒤 모두 붉은 자갈색을 띠며, 가장자리에 거치가 있다. 8~9월에 홍자색 꽃이 핀다. 원예 품종으로는 주름잎소엽〔*P. frutescens* (L.) Britton 'Crispa'〕, 청소엽〔*P. frutescens* (L.) Britton var. *acuta* 'Viridis'〕 등이 있다.
성분⇒ 정유에 perillaldehyde, perillaketone, elsholtziaketone, rosmarinic acid, l-limonene, isogomaketone, fat, eugenol, water, sucrose, lignin, vitamin A, B 등이 함유되어 있다.
약효⇒ 거담, 발한, 소담, 윤폐, 이뇨, 진정, 진통, 지혈, 행기관중(行氣寬中), 해어해독(解魚蟹毒), 해열, 활장 효능이 있으며, 감기, 오감발열, 해수, 천식, 유방염을 치료한다.
용도⇒ 잎, 꽃, 종자를 관상, 식용, 차, 공업용, 식품 착색제로 이용한다.

✻ 재배 및 관리
기후 환경⇒ 종자로 월동하고, 더위에 강하다.
토양⇒ 배수가 잘 되는 비옥한 사질 양토에서 잘 자란다.
번식 방법 및 시기⇒ 실생(4월)
수확 시기⇒ 6~9월(잎, 꽃), 9~10월(잎, 종자)

1	2	3	4	5	6	7	8	9	10	11	12

참깨

242. 참깨(胡麻)

참깨과 Pedaliaceae

학 명 *Sesamum indicum* L.
원산지 인도, 이집트

영 명 Sesame

특성⇒ 1년초. 높이 80~100cm. 잎은 대생하며 긴 타원형 또는 피침형이고, 짧은 털이 밀생한다. 7~8월에 연분홍 보랏빛이 도는 흰색 꽃이 핀다. 열매는 길쭉한 삭과로 안에 미백색 종자가 들어 있으며, 품종에 따라 검은색, 황갈색 등이 있다. 오래 전부터 재배한 작물로 기원전 3세기경 고대 이집트 시대의 의학서에도 기록되어 있다.

성분⇒ 종자에 지방유로 oleic acid와 lignan, linoleic acid, 화합물로는 sesaminol, sesamolin, palmitic acid, sesamin 등이 함유되어 있다.

약효⇒ 자양 강장, 최산, 해독 효능이 있으며, 변비, 창종, 신경쇠약, 견골진통, 화상, 치통, 사지산통(四肢酸痛), 고혈압, 동맥경화, 당뇨병, 암(癌)을 치료한다.

용도⇒ 종자, 뿌리를 식용, 약용, 조미료, 참기름, 공업용, 사료, 밀원으로 이용한다.

❊ 재배 및 관리

기후 환경⇒ 종자로 월동하고, 더위에 강하다.
토양⇒ 배수가 잘 되는 비옥한 사질 양토에서 잘 자란다.
번식 방법 및 시기⇒ 실생(4월)
수확 시기⇒ 10월(종자)

| 1 | 2 | 3 | 4 | 5 | 6 | 7 | 8 | 9 | 10 | 11 | 12 |

꽃   참당귀

243. 참당귀 (코리안 안젤리카)   산형과 Umbelliferae

학 명 *Angelica gigas* Nakai   **영 명** Purple Parsnip, Korean angelica
원산지 한국, 일본, 중국 동북 지방

특성⇒ 2년초. 높이 1~2m. 줄기는 붉은
갈색이다. 잎은 1~3회 기수우상복엽이며,
잎자루가 길다. 8~9월에 붉은 자갈색 꽃
이 복산형화서로 핀다. 강한 향이 나며,
최근 서양에서는 꽃을 관상하기 위해 화
단에 식재하기도 한다.

성분⇒ coumarin 화합물인 decursin,
decursinol, nodakenin 등이 함유되어
있다.

약효⇒ 거풍, 진경, 진통, 보혈, 구어혈,
진정, 활혈 효능이 있으며, 관절통, 신체
허약, 두통, 생리불순, 복통, 변비를 치료
한다.

용도⇒ 잎, 줄기, 꽃, 뿌리를 관상, 식용,
약용, 차, 주류 향미료로 이용한다.

✿ 재배 및 관리
기후 환경⇒ 노지에서 월동하고, 더위에
강하다.
토양⇒ 배수가 잘 되고 비옥하며, 적당한
습기가 있는 사질 양토에서 잘 자란다.
번식 방법 및 시기⇒ 실생(4월, 9~10월)
수확 시기⇒ 9~10월(종자)

| 1 | 2 | 3 | 4 | 5 | 6 | 7 | 8 | 9 | 10 | 11 | 12 |

창포   무늬창포

244. 창포(菖蒲)

천남성과 Araceae

학 명 *Acorus calamus* L.   **영 명** Calamus, Sweet flag
원산지 한국, 일본, 중국, 타이완, 인도, 베트남, 시베리아

특성⇒ 다년초. 높이 50~120cm. 잎은 2열로 호생하며, 선형으로 납작하고, 광택이 난다. 6~7월에 잎 사이에서 꽃줄기가 나와 육수화서로 미황색 꽃이 핀다. 습생 또는 수생 식물로 도랑이나 개울 등에서 자라며, 우리 나라에서는 예로부터 단옷날에 창포물로 여성들이 머리를 감았다. 원예 품종으로는 무늬창포(*A. calamus* 'Variegatus')가 있다.

성분⇒ asarone, asarylaldehyde가 함유되어 있다.

약효⇒ 개규(開竅), 건비(健脾), 건위, 이습(利濕), 지사, 혈압 강하, 화담 효능이 있으며, 소화불량, 경계건망(驚悸健忘),

류머티스성 동통, 옹종, 개창, 뇌졸중, 관절염을 치료한다.

용도⇒ 잎, 줄기, 근경을 관상, 식용(샐러드), 약용, 향료, 식품향 첨가제, 포푸리 보유제, 입욕제, 살충제로 이용한다.

❈ 재배 및 관리

기후 환경⇒ 노지에서 월동하고, 더위에 강하다.

토양⇒ 부식질이 많은 사질 양토에서 잘 자란다.

번식 방법 및 시기⇒ 분주(4~7월)

수확 시기⇒ 5~6월(잎), 11월~다음 해 3월(근경)

| 1 | 2 | 3 | 4 | 5 | 6 | 7 | 8 | 9 | 10 | 11 | 12 |

처빌

245. 처빌

산형과 Umbelliferae

학 명 *Anthriscus cerefolium* (L.) Hoffm.
영 명 Chervil, Garden chervil, Salad chervil
원산지 유럽 중동부, 아시아 서부

특성⇒ 1년초. 높이 60cm 가량. 줄기는 많이 갈라지며 속이 비어 있다. 잎은 고사리와 비슷하며, 5~7월에 흰색 꽃이 산형화서로 핀다. 잎에서 파슬리 비슷한 향이 나는데, 반그늘에서 재배한 잎은 향이 더 강하다. 프랑스 요리에 주로 쓰이며, 다른 허브와도 잘 어울린다.

성분⇒ 잎에 flavonglycoside apiin과 carotene, iron, magnesium, vitamin C 등이 함유되어 있다.

약효⇒ 건위, 소염, 진통 완화, 해독, 탈모 방지, 주름살 제거, 관절 통증 완화, 혈행 촉진 효능이 있으며, 간장 질환을 치료한다.

용도⇒ 잎을 관상, 식용(수프, 소스, 샐러드), 약용, 차, 요리 장식, 입욕제로 이용한다.

❀ 재배 및 관리

기후 환경⇒ 노지에서 월동하고, 더위에 강하다. 고온 다습과 건조를 싫어한다.
토양⇒ 배수가 잘 되고, 적당한 습기가 있는 비옥한 토양에서 잘 자란다.
번식 방법 및 시기⇒ 실생(4~5월)
수확 시기⇒ 7~8월(잎)

| 1 | 2 | 3 | 4 | 5 | 6 | 7 | 8 | 9 | 10 | 11 | 12 |

ㅊ

초콜릿 페퍼민트 제라늄

246. 초콜릿 페퍼민트 제라늄
쥐손이풀과 Geraniaceae

학 명 *Pelargonium tomentosum* Jacq. 'Chocolate peppermint'
영 명 Chocolate peppermint, Chocolate peppermint geranium
원산지 남아프리카 공화국 케이프타운 원산종의 원예 교배종

특성⇒ 다년초. 높이 30~50cm. 잎은 난
상 원형으로 깊게 2~3회 갈라지고, 털이
있으며, 가장자리는 물결 모양이고, 앞면
에는 주맥을 따라 초콜릿색 무늬가 있다.
4~6월에 분홍색 꽃이 핀다. 잎에서 페퍼
민트향이 나나 페퍼민트와 스피어민트보
다는 향이 약하다. 교배종으로 많은 원예
품종이 있으며, 무늬종인 그레이 레이디
플리머스(Grey lady plymouth), 레이디
플리머스(Lady plymouth) 등이 있다.
약효⇒ 습포제로 쓰인다.

용도⇒ 전초, 꽃을 관상, 약용, 제과용,
차, 포푸리로 이용한다.

❉ 재배 및 관리
기후 환경⇒ 온실에서 월동하고, 더위에
는 보통이다.
토양⇒ 배수가 잘 되는 비옥한 사질 양토
에서 잘 자란다.
번식 방법 및 시기⇒ 삽목(6~7월)
수확 시기⇒ 4~10월(잎)

| 1 | 2 | 3 | 4 | 5 | 6 | 7 | 8 | 9 | 10 | 11 | 12 |

측백나무

247. 측백나무(側柏)

측백나무과 Cupressaceae

학 명 *Thuja orientalis* L.
영 명 Chinese arborvitae, Oriental arborvitae
원산지 한국, 중국 북부

특성⇒ 상록 교목. 높이 25m, 지름 1m 가량. 가지는 호생하면서 납작하게 직립하며 자라고, 잎은 비늘 모양이다. 4월에 꽃이 피며, 열매는 청백색의 구과이다. 잎과 열매에 특유한 향이 있다.

성분⇒ alpha-pinene, caryophyllene, thujone, fenchone, quercetin, hinok-iflavone, sabinic acid, juniperic acid, hinokitiol, cedrol, fat, essential oil 등이 함유되어 있다.

약효⇒ 자양 강장, 지사, 지한(止汗), 지혈, 진정 효능이 있으며, 류머티즘, 신경통, 동상, 토혈, 화상, 경풍, 간질을 치료한다.

용도⇒ 잎, 종자를 관상, 약용, 주류 향미료로 이용한다.

❋ 재배 및 관리

기후 환경⇒ 자생종으로 노지에서 월동하고, 더위에 강하다.
토양⇒ 배수가 잘 되는 비옥한 사질 양토에서 잘 자란다.
번식 방법 및 시기⇒ 실생(4월), 삽목(9~10월)
수확 시기⇒ 연중(잎), 5~10월(종자)

| 1 | 2 | 3 | 4 | 5 | 6 | 7 | 8 | 9 | 10 | 11 | 12 |

충꽃나무

248. 충꽃나무

마편초과 Verbenaceae

학 명 *Caryopteris incana* (Thunb.) Miq.
영 명 Common bluebeard, Blue spirea, Incana bluebeard
원산지 한국 남부, 일본, 중국, 타이완

특성⇒ 아관목. 높이 30~60cm. 잎은 대생하며, 긴 난형 또는 타원형, 가장자리에 거치가 있고, 잎 앞면은 초록색, 뒷면은 은회록색이며, 털이 밀생한다. 9~10월에 푸른 보라색 꽃이 줄기 상부에서 마디마다 집산화서로 층층이 핀다. 열매는 삭과로 난형이며, 종자는 가장자리에 날개가 있고 검은색으로 익는다. 우리 나라에는 경상남도와 전라남도의 섬 지방에서 자란다. 품종으로는 흰색 꽃이 피는 흰층꽃나무〔*C. incana* (Thunb.) Miq. for. *candida* Hara〕가 있다.

약효⇒ 거풍, 산어, 제습, 지해 효능이 있으며, 감기 발열, 류머티즘, 백일해, 만성 기관지염, 생리불순을 치료한다.
용도⇒ 꽃, 뿌리, 전초를 관상, 약용한다.

❋ **재배 및 관리**
기후 환경⇒ 노지에서 월동하고, 더위에 강하다.
토양⇒ 배수가 잘 되는 비옥한 사질 양토에서 잘 자란다.
번식 방법 및 시기⇒ 실생(4월)
수확 시기⇒ 10~11월(전초)

| 1 | 2 | 3 | 4 | 5 | 6 | 7 | 8 | 9 | 10 | 11 | 12 |

273

치자나무

249. 치자나무 (梔子)

꼭두서니과 Rubiaceae

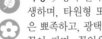

학 명 *Gardenia jasminoides* Ellis for. *grandiflora* Makino
영 명 Common gardenia, Cape jasmine   **원산지** 중국, 일본, 열대 지방

특성⇒ 상록 관목. 높이 1~3 m. 잎은 대
생하며, 타원형 또는 긴 난형으로 양 끝
은 뾰족하고, 광택이 난다. 6~7월에 흰색
꽃이 피며, 꽃잎은 6개이고, 도란형, 재
스민 같은 달콤한 향기가 난다. 열매는
가을에 오렌지색으로 익으며, 말려서 전
병 등의 착색제로 쓴다. 원예 품종으로
겹꽃치자와 애기치자가 있으며, 꽃에서
진한 향기가 난다.

성분⇒ 열매에 geniposide, gardeno-
side, iridoid glycoside와 염료인
crocin이 함유되어 있다.

약효⇒ 지혈, 해독, 해열, 혈압 강하 효능

이 있으며, 간염, 인플루엔자를 치료한다.
용도⇒ 잎, 꽃, 열매, 뿌리를 관상, 식용
염료, 향수, 차 향미료, 향유로 이용한다.

❀ **재배 및 관리**
기후 환경⇒ 추위에 약하여 온실에서 월
동하고, 더위에는 강하다.
토양⇒ 배수가 잘 되고, 부식질이 많은
비옥한 산성의 사질 양토에서 잘 자란다.
번식 방법 및 시기⇒ 실생(4월), 삽목
(6~7월)
수확 시기⇒ 5월(꽃), 11월~다음 해 2월
(열매), 연중(잎)

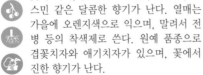

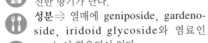

1	2	3	4	5	6	7	8	9	10	11	12

치커리

250. 치커리

국화과 Compositae

학 명 *Cichorium intybus* L.   **영 명** Chicory, Blue-sailors, Succory
원산지 지중해 연안, 아시아 서부, 시베리아 남부, 북아프리카

특성⇒ 1~2년초. 높이 90~200cm. 잎은 도란형 또는 타원형으로 끝이 좁아지면서 둔하다. 고온기가 되면 2m 정도 추대되며, 6~8월에 푸른색 꽃이 핀다. 쌉쌀한 맛이 나며, 어린잎과 결구된 잎을 샐러드로 이용한다.

성분⇒ esculetin, esculin, chicolin, inulin, calcium, copper, potassium, iron, beta-carotene, vitamin A 등이 함유되어 있다.

약효⇒ 강장, 수렴, 이뇨, 완하, 소화 촉진, 식욕 촉진, 항균 효능이 있다.

용도⇒ 잎, 뿌리를 식용, 약용, 차(치커리커피), 파란색 염료 원료로 이용한다.

✻ 재배 및 관리

기후 환경⇒ 더위에는 약하고 내한성은 강하다.

토양⇒ 배수가 잘 되는 비옥한 사질 양토에서 잘 자란다.

번식 방법 및 시기⇒ 종자(9월)

수확 시기⇒ 2~3월(잎)

| 1 | 2 | 3 | 4 | 5 | 6 | 7 | 8 | 9 | 10 | 11 | 12 |

카네이션

251. 카네이션 (클로브 핑크)

석죽과 Caryophyllaceae

학 명 *Dianthus caryophyllus* L.
영 명 Carnation, Clove pink, Gillyflower, Divine flower
원산지 유럽 서부, 카프카스, 아시아 서부

특성⇒ 다년초. 높이 30~50cm. 잎은 선상 피침형이며, 회록색이다. 5~7월에 분홍색 꽃이 가지 끝에서 핀다. 원예종이 많으며, 꽃의 색은 흰색, 붉은색, 오렌지색, 노란색 등 다양하다. 꽃에서 달콤하고 강한 향이 난다.

성분⇒ saponin, anthocyanin, vitamin, alkaloid 등이 함유되어 있다.

약효⇒ 신경 강장약으로 쓰인다.

용도⇒ 꽃을 관상, 요리, 주류 향료, 포푸리, 향수로 이용한다.

❊ **재배 및 관리**

기후 환경⇒ 추위에 강하고 5~21℃에서 잘 자란다. 더위에 약하며, 환기를 요한다.

토양⇒ 배수가 잘 되고, 공기가 잘 통하는 석회질 토양에서 잘 자란다.

번식 방법 및 시기⇒ 아삽(2월), 분주, 조직 배양

수확 시기⇒ 개화기

1	2	3	4	5	6	7	8	9	10	11	12

카더몬

252. 카더몬

생강과 Zingiberaceae

학 명 *Elettaria cardamomum* L.
원산지 인도 서남부, 스리랑카

영 명 Cardamon, Cardamom

특성⇒ 다년초. 높이 3m 가량. 잎은 긴 타원형이며 양 끝은 뾰족하고, 길이 30~85cm, 너비 7.5~15cm이다. 꽃은 7~8월에 원추화서로 달리며, 노란색 바탕에 붉은 자주색 줄무늬가 우상으로 나 있다. 열매는 삭과이며, 검은 갈색 종자가 15개가량 들어 있다. 근경에 향기와 쓴맛, 톡 쏘는 매운맛이 있어 카레 가루로 이용한다. 현재 인도, 스리랑카, 말레이시아, 과테말라에서 주로 생산한다.

약효⇒ 건위, 구풍, 소화, 식욕 촉진, 지방 제거, 진경, 최음, 체내 가스 제거, 흥분, 해열 효능이 있으며, 경련, 복통을 치료하고, 비뇨기 계통의 불쾌감을 없앤다.

용도⇒ 어린싹, 종자, 근경을 요리, 약용, 카레 가루, 향신료, 향 첨가제, 포푸리, 커피 첨가제로 이용한다.

✽ 재배 및 관리

기후 환경⇒ 추위에 약하고 더위에 강하며, 고온 다습한 곳에서 잘 자란다.
토양⇒ 배수가 잘 되고, 부식질이 많은 토양에서 잘 자란다.
번식 방법 및 시기⇒ 실생(4월), 분주 (4~7월)
수확 시기⇒ 열매가 완숙되기 직전

| 1 | 2 | 3 | 4 | 5 | 6 | 7 | 8 | 9 | 10 | 11 | 12 |

카람볼라

253. 카람볼라

괭이밥과 Oxalidaceae

학 명 *Averrhoa carambola* L.
영 명 Carambola, Carambola tree, Caramba, Belimbing, Country gooseberry
원산지 인도, 인도네시아, 말레이시아

특성⇒ 상록 소교목 또는 교목. 높이 5~12m. 가지는 많이 갈라진다. 잎은 대생하며 우상복엽이고, 소엽은 5~9개로 넓은 타원형이며, 끝이 뾰족하다. 꽃은 붉은 보라색 또는 분홍색이며, 지름 6~9cm, 향기가 난다. 열매는 화서의 끝에 달리며, 길이 10cm 가량, 5개의 능선이 있고, 익으면 노란색이 되며, 향기가 난다. 과육은 반투명하고, 다즙질로 신맛이 난다. 열매를 절단하면 별 모양처럼 되어 스타프루트(star fruit)라고도 한다. 연중 개화 결실한다.
성분⇒ oxalic acid, vitamin C, pectin, sucrose 등이 함유되어 있다.
약효⇒ 고혈압, 여드름, 기침, 류머티즘, 잇몸 염증을 치료한다.
용도⇒ 잎, 열매를 식용, 약용, 산미료, 첨가제(샐러드, 잼, 음료, 캔디)로 이용한다.

❋ 재배 및 관리

기후 환경⇒ 온실에서 월동하며, 충분한 광선을 요한다.
토양⇒ 배수가 잘 되는 비옥한 사질 양토에서 잘 자란다.
번식 방법 및 시기⇒ 실생, 아접, 취목
수확 시기⇒ 연 3회 수확(열매), 연중(잎)

1	2	3	4	5	6	7	8	9	10	11	12

ㅋ

카우슬립

254. 카우슬립

앵초과 Primulaceae

학 명 *Primula veris* L. (*P. officinalis* Hill)
영 명 Cowslip, Keyflower, Palsywort, Paigle **원산지** 지중해 연안, 서남 아시아

특성⇒ 다년초. 높이 20~25 cm. 잎은 뿌리에서 근생하며, 가는 털이 있다. 4~5월에 잎과 잎 사이에서 난 꽃줄기에 노란색 꽃이 여러 개 피며, 향기가 난다. 화분이나 화단의 가장자리, 암석 정원에 식재하여 관상한다. 유럽에서는 이른 봄에 목초지에서 흔히 볼 수 있다.
성분⇒ sakuraso-saponin, primula-genin A, priverogenin A, vitamin A, carotene, iron 등이 함유되어 있다.
약효⇒ 거담, 진경, 신경 안정, 기미나 잔주름 억제 효능이 있으며, 기관지염, 동상, 두통, 불면증, 정신병, 히스테리, 홍역, 신체 마비, 관절염, 백일해, 중풍을 치료하

고, 외상 고약제로 쓰인다.
용도⇒ 잎, 꽃, 뿌리를 관상, 요리, 약용, 포푸리, 향 첨가제(잼, 와인, 피클), 아로마세라피로 이용한다.

✱ 재배 및 관리
기후 환경⇒ 추위와 더위에 약하고, 서늘한 기후에서 잘 자란다.
토양⇒ 배수가 잘 되고, 적당한 습기가 있는 석회질 토양에서 잘 자란다.
번식 방법 및 시기⇒ 실생, 분주(8~9월)
수확 시기⇒ 4~5월(잎, 꽃), 9~10월(뿌리)

1	2	3	4	5	6	7	8	9	10	11	12

캐러웨이

255. 캐러웨이

산형과 Umbelliferae

학 명 *Carum carvi* L.
원산지 아시아 서부, 유럽, 아프리카 북부

영 명 Caraway

특성⇒ 2년초. 높이 30~80cm. 뿌리에서 근생엽이 자라며, 더운 여름이 되면 추대되어 가는 줄기가 80cm까지 자란다. 5~6월에 작은 흰색 꽃이 산형화서로 핀다. 열매는 삭과이며, 가늘고 긴 갈색 종자가 들어 있다. 석기 시대부터 요리에 사용하였으며, 굵은 뿌리는 향기가 있어 채소로 사용된다.
성분⇒ carvone, limonene, terpene, oleic acid, linoleic acid 등이 함유되어 있다.
약효⇒ 구충, 살균, 소화, 내분비샘 및 신장 기능 강화, 장내 가스 억제 효능이

있으며, 복통, 설사, 후두염을 치료한다.
용도⇒ 잎, 종자를 식용, 향신료(피클, 치즈), 화장품 향료로 이용한다.

❋ **재배 및 관리**
기후 환경⇒ 추위에는 강하고 더위에는 약하다.
토양⇒ 배수가 잘 되고, 보수력이 있는 비옥한 토양에서 잘 자란다.
번식 방법 및 시기⇒ 실생(4월, 8~9월)
수확 시기⇒ 9~10월(종자가 갈색이 날 때)

| 1 | 2 | 3 | 4 | 5 | 6 | 7 | 8 | 9 | 10 | 11 | 12 |

256. 캐트닙 (개박하, 캐트민트)

꿀풀과 Labiatae

학 명 *Nepeta cataria* L.
원산지 유럽, 북아메리카, 아시아, 한국

영 명 Catmint, Catnip, Catnep

특성⇒ 다년초. 높이 30~150cm, 포기 너비 25~90cm. 줄기 아래부터 가지가 갈라진다. 잎은 난형으로 거치가 있으며, 끝은 뾰족하다. 6~8월에 흰색 바탕에 연붉은 보라색의 작은 순형화가 원줄기 끝과 가지 끝에 원추상으로 달린다. 향기는 약하며, 홍차가 전해지기 전까지 중국, 인도, 유럽 등에서 허브차로 즐겨 마셨다. nepetalactone 성분이 흥분성을 가지고 있어, 고양이속 동물들이 잘 뜯어 먹는다 하여 캐트닙이라고 한다.

성분⇒ caryophyllene, camphor, carvacrol, citral, citronellal, geraniol, myrcene, nepetalactone, piperitone, pregone, rosmarinic acid, thymol 등이 함유되어 있다.

약효⇒ 건위, 구풍, 발한, 최면, 해열, 구충(동물용) 효능이 있으며, 정신불안, 감기, 두통, 신경쇠약, 위장 장애, 어린이 설사를 치료한다.

용도⇒ 잎, 줄기, 꽃, 전초를 관상, 약용, 허브차, 와인 첨가제, 술, 포푸리, 입욕제, 염색, 냉장고 탈취제로 이용한다.

※ 재배 및 관리

기후 환경⇒ 노지에서 월동하고, 더위에는 보통이다.

토양⇒ 배수가 잘 되며, 건조한 듯한 비옥한 토양에서 잘 자란다.

번식 방법 및 시기⇒ 실생(4~5월), 삽목(5~7월)

수확 시기⇒ 5~9월(잎, 꽃)

1	2	3	4	5	6	7	8	9	10	11	12

캘리포니아 포피

257. 캘리포니아 포피 (金英花)

양귀비과 Papaveraceae

학 명 *Eschscholzia californica* Cham.　　**영 명** California poppy, Cup of gold
원산지 미국 캘리포니아 주

특성⇒ 2년초. 원산지에서는 수명이 짧은 다년초로 취급된다. 높이 20~60cm. 전체가 회청색이 난다. 잎은 호생하며 잎자루가 길고, 2~3회 우상복엽이며, 소엽은 선형이다. 5~6월에 선명한 오렌지색 꽃이 줄기 끝에 한 송이씩 피며, 꽃잎은 벨벳 같다. 열매는 삭과이며, 검은 종자가 들어 있다. 주로 화단에 심어 관상한다.
약효⇒ 긴장 완화, 발작 완화, 발한, 이뇨, 정신 안정, 통증 완화 효능이 있으며, 치통, 불면증을 치료하고, 순환기계 산소 공급, 체내의 비타민 A 흡수를 돕는다.
용도⇒ 잎, 줄기, 꽃을 관상, 약용, 차로 이용한다.

❋ **재배 및 관리**
기후 환경⇒ 온실에서 월동하고, 더위에는 강하며, 환기를 필요로 한다.
토양⇒ 배수가 잘 되는 비옥한 사질 양토에서 잘 자란다.
번식 방법 및 시기⇒ 실생(9월)
수확 시기⇒ 수시

1	2	3	4	5	6	7	8	9	10	11	12

커리 플랜트

258. 커리 플랜트

국화과 Compositae

학 명 *Helichrysum italicum* (Roth.) G. Don
영 명 Curry plant　　　　　**원산지** 유럽 서남부

특성⇒ 상록 관목. 높이 40~60cm. 기부
는 목질화한다. 가지는 잘 갈라지고, 조
밀하게 밀생하며, 곧게 자란다. 잎은 호
생하며 짧고, 침형으로 조밀하게 나며,
은회백색을 띤 녹색이다. 7~9월에 황갈
색 두상화가 줄기 끝에 복산형화서로 핀
다. 꽃에서 짙은 향기가 나며, 생잎은 수
프 요리에 카레향을 내는 데 사용한다.
약효⇒ 세균과 진균에 의한 감염증을 치
료한다.
용도⇒ 잎, 꽃을 관상(드라이 플라워),

식용, 향미료, 포푸리, 오일, 아로마세라
피로 이용한다.

✿ 재배 및 관리
기후 환경⇒ 온실에서 월동하고, 더위에
강하며, 환기를 요한다.
토양⇒ 배수가 잘 되는 비옥한 토양에서
잘 자란다.
번식 방법 및 시기⇒ 삽목(6~9월)
수확 시기⇒ 5~9월(잎, 꽃)

| 1 | 2 | 3 | 4 | 5 | 6 | 7 | 8 | 9 | 10 | 11 | 12 |

커민

259. 커민

산형과 Umbellidaceae

학 명 *Cuminum cyminum* L.　　　**영 명** Cumin, Cummin
원산지 지중해 연안, 이집트, 아시아 서남부, 북아프리카, 시리아, 레바논

특성⇒ 1년초. 높이 20~30cm. 잎은 가늘고 여러 갈래로 갈라진다. 7~8월에 흰색 또는 분홍색의 작은 꽃이 산형화서로 핀다. 종자는 갈색이며 매운맛이 난다. 줄기는 베트남 요리에 사용하며, 종자는 중동, 인도, 타이, 멕시코 요리의 향신료로 사용한다. 고대 이집트에서는 방부제로 사용하였으며, 유사종인 블랙커민의 종자는 희소한 것으로, 인도 무굴 요리에 사용한다. 유럽에서는 피클, 리큐르에 사용하며, 수의(獸醫) 약으로도 쓴다.
약효⇒ 강장, 구풍, 방부, 소화, 흥분, 장내 가스 제거 효능이 있으며, 하리를 치료한다.

용도⇒ 어린싹, 줄기, 종자를 약용, 향신료, 요리 향미료, 카레, 향수, 마사지 오일로 이용한다.

※ 재배 및 관리

기후 환경⇒ 종자로 월동하고, 더위에는 강하다.
토양⇒ 배수가 잘 되는 사질 양토에서 잘 자란다.
번식 방법 및 시기⇒ 실생(4월 말, 직파)
수확 시기⇒ 5~6월(어린싹), 6~9월(줄기), 10월(종자)

1	2	3	4	5	6	7	8	9	10	11	12

커피나무

260. 커피나무

꼭두서니과 Rubiaceae

학 명 *Coffea arabica* L.
영 명 Common coffee, Arabian coffee, Arabica coffee
원산지 동부 아프리카

특성⇒ 상록 관목 또는 아교목. 높이 3~
4.5m. 때로는 10m까지 자란다. 잎은 대
생하며, 긴 난형으로 끝이 뾰족하고, 가장
자리는 거치가 없고 약간 물결 모양이다.
6~7월에 흰색 꽃이 엽액 기부에 모여 피
며, 후에 미황색으로 변하고, 꽃잎은 끝이
4~9갈래로 갈라진다. 열매는 녹색에서
붉은색으로 익는다. 종자는 커피 원료로
사용한다.
성분⇒ arachidic acid, behenic acid,
cafestol, chlorogenic acid, caffeine,
furfuralcohol, linoleic acid, oleic
acid, palmitic acid, stearic acid 등이
함유되어 있다.

약효⇒ 강심, 이뇨, 혈관 신경 자극, 흥
분, 피로 회복 효능이 있으며, 신경통, 과
로, 편두통, 약물 중독을 치료한다.
용도⇒ 잎, 수피, 열매를 관상, 식용, 약
용, 차, 공업용으로 이용한다.

✽ 재배 및 관리
기후 환경⇒ 온실에서 월동하고, 더위에
는 강하며, 환기를 요한다.
토양⇒ 배수가 잘 되는 토양에서 잘 자
란다.
번식 방법 및 시기⇒ 접목(3월), 실생(4
월), 삽목(6~7월)
수확 시기⇒ 10월(열매)

| 1 | 2 | 3 | 4 | 5 | 6 | 7 | 8 | 9 | 10 | 11 | 12 |

컴프리

261. 컴프리

지치과 Boraginaceae

학 명 *Symphytum officinale* L.
원산지 유럽, 시베리아 서부

영 명 Comfrey, Consound

특성⇒ 다년초. 높이 40~120cm. 가지가 많이 갈라지며 날개가 약간 있다. 잎은 난상 피침형으로 끝이 뾰족하며, 줄기 아랫부분의 잎은 잎자루가 있고 윗부분의 잎은 잎자루가 없다. 줄기와 잎에 짧은 털이 있다. 6~7월에 분홍색 또는 연보라색 꽃이 집산화서로 아래를 향해 핀다. 예로부터 유럽에서 잎을 약용 및 식용하였으며, 우리 나라에는 1970년대부터 컴프리즙이 건강식으로 알려져 재배하였다.

성분⇒ allantoin, carotene, caffeic acid, chlorogenic acid, rosmarinic acid, sitosterol, symphytine, viridiflorine, vitamin B, C, kalium 등이 함유되어 있다.

약효⇒ 거담, 소염, 수렴, 정장, 지혈, 진통, 뇌세포 재생 효능이 있으며, 소화 기관 염증, 궤양, 관절염 종기, 타박상, 빈대 물린 데, 상처, 습진을 치료한다.

용도⇒ 잎, 줄기, 뿌리를 관상, 식용, 약용, 차, 노란색 염료, 사료, 퇴비로 이용한다.

✽ 재배 및 관리

기후 환경⇒ 노지에서 월동하고, 더위에 강하다.

토양⇒ 배수가 잘 되는 비옥한 사질 양토에서 잘 자란다.

번식 방법 및 시기⇒ 근삽, 분근 번식(4월, 9월)

수확 시기⇒ 5~9월(잎, 생즙용)

1	2	3	4	5	6	7	8	9	10	11	12

ㅋ

코리앤더

262. 코리앤더 (고수)

산형과 Umbelliferae

학 명 *Coriandrum sativum* L.　　**영 명** Coriander, Cilantro, Chinese parsley
원산지 유럽 남부, 아프리카 북부, 서아시아, 시리아

특성⇒ 1년초. 높이 30~90cm. 잎은 우
상으로 갈라지며 광택이 나는 녹색이고,
빈대 냄새 같은 특유의 향이 난다. 5~6
월에 흰색 또는 연홍색의 작은 꽃이 복산
형화서로 핀다. 종자는 황갈색으로 익으
며, 달콤한 향이 난다. 중국에서는 씨를
먹으면 불로 불사한다는 전설이 있다.
성분⇒ linalool, borneol, coriandol,
alpha-pinene, beta-pinene, geraniol,
vitamin A, C 등이 함유되어 있다.
약효⇒ 건위, 구풍, 발한, 소화 촉진, 진
통, 장내 가스 제거, 진정, 최음, 흥분 효
능이 있으며, 편두통을 치료한다.

용도⇒ 잎, 열매, 종자를 약용, 요리 향미
료(어류, 육류), 요리용(수프, 우동, 샐러
드, 피클), 조미료, 와인 향미료, 오일, 과
자 등의 향 첨가제로 이용한다.

✲ 재배 및 관리
기후 환경⇒ 추위에 약하고 더위에 강하
며, 서늘한 기후에서 잘 자란다.
토양⇒ 배수가 잘 되는 비옥한 사질 양토
에서 잘 자란다.
번식 방법 및 시기⇒ 실생(4월, 9월, 발
아 후 파종, 발아 온도 15~20℃)
수확 시기⇒ 4~7월(잎), 9~10월(종자)

287

코스트마리

263. 코스트마리

국화과 Compositae

학 명 *Chrysanthemum balsamita* L. (*Dendranthema balsamita*, *Tanacetum balsamita* L.)
영 명 Costmary, Alecost, Mint geranium
원산지 아시아 서부, 유럽

특성⇒ 다년초. 높이 50~110cm. 잎은 호생하며 잎자루가 길고, 난상 타원형으로 끝은 둔하고 거치가 있으며, 기부에는 부채 모양의 작은 탁엽이 있다. 7~9월에 두상화가 피며, 관상화는 노란색, 설상화는 흰색이다. 레몬 또는 발삼 같은 향이 나며, 화장수를 만드는 재료로 사용한다. 잎은 강장과 정혈 작용이 뛰어나 체력 회복을 위한 차로 애용된다.

약효⇒ 강장, 건위, 방충, 살균, 소독, 소화 촉진, 정혈 효능이 있으며, 감기, 산통(疝痛)을 치료하고, 벌 쏘인 데, 화상, 가시 찔린 데 바르는 고약으로 쓴다.

용도⇒ 잎, 줄기, 꽃을 식용, 약용, 차, 요리 부향제, 포푸리 보유제, 아로마세라피로 이용한다.

❊ 재배 및 관리
기후 환경⇒ 노지에서 월동하고, 더위에 강하다.
토양⇒ 배수가 잘 되고, 건조한 듯한 비옥한 토양에서 잘 자란다.
번식 방법 및 시기⇒ 분주(4월, 9~10월)
수확 시기⇒ 5~10월(잎), 7~9월(꽃)

| 1 | 2 | 3 | 4 | 5 | 6 | 7 | 8 | 9 | 10 | 11 | 12 |

코코넛 야자

264. 코코넛 야자

야자과 Palmae

학 명 *Cocos nucifera* L.   **영 명** Coconut palm, Tennai, Thenga
원산지 서태평양 지역

특성⇒ 상록 교목. 높이 15~30m. 줄기는 직립하며, 수피는 회색이다. 잎은 줄기 상부에서 방사상으로 총생하며, 우상복엽으로 회록색이다. 1~4월에 엽액에서 육수화서로 꽃이 달리며, 화서 길이는 1.3m가량, 꽃잎은 3개이다. 열매는 삼각으로 모서리가 있으며, 갈색의 섬유질이 생산된다.

성분⇒ protein, cabohydrate, coconut milk 등이 함유되어 있다.

약효⇒ 이뇨, 해열 효능이 있다.

용도⇒ 잎, 줄기, 열매, 수액을 식용, 설탕, 코코넛 밀크, 코코넛 오일, 코프라, 비누, 합성 고무, 글리세린, 화장품, 마가린, 주류(야자수술, 아라크술), 헤어오일과 스킨오일, 연료, 원예용 재료, 건축 자재, 조직 배양 배지액, 로프, 매트로 이용한다.

❋ 재배 및 관리

기후 환경⇒ 13℃ 이상에서 월동하고, 16~35℃에서 잘 자란다.

토양⇒ 내건성 식물로 배수가 잘 되는 사양토에서 잘 자란다.

번식 방법 및 시기⇒ 실생(6~7월)

수확 시기⇒ 10~11월(종자)

| 1 | 2 | 3 | 4 | 5 | 6 | 7 | 8 | 9 | 10 | 11 | 12 |

콘 샐러드

265. 콘 샐러드

마타리과 Valerianaceae

학 명 *Valerianella olitoria* (L.) Pollich 〔*V. locusta* (L.) Betcke〕
영 명 Common corn salad, Lamb's lettuce
원산지 북아프리카, 유럽, 아시아 서부

특성⇒ 1~2년초. 높이 10~45cm. 잎은 로제트상으로 자라며, 주걱 모양으로 끝이 둥글고, 선녹색이다. 4~5월에 흰색 또는 연푸른색 꽃이 피며, 종자는 갈색으로 익는다. 유럽에서 인기 있는 허브 식물로, 어린잎을 샐러드로 이용한다.

성분⇒ vitamin B$_1$, B$_2$, C, calcium, carotene, iron, mineral 등이 함유되어 있다.

약효⇒ 소화, 해독 효능이 있다.

용도⇒ 잎, 줄기, 꽃을 관상, 식용한다.

✳ 재배 및 관리
기후 환경⇒ 노지에서 월동하며, 서늘한 기후를 좋아한다.
토양⇒ 가리지 않는 편이나, 배수가 잘 되는 비옥한 토양에서 잘 자란다.
번식 방법 및 시기⇒ 실생(8월 말~9월)
수확 시기⇒ 연중(잎, 줄기)

1	2	3	4	5	6	7	8	9	10	11	12

290

콜츠풋

266. 콜츠풋

국화과 Compositae

학 명 *Tussilago farfara* L.
영 명 Coltsfoot, Bull's Foot, Coughwort, Foal's-wort, Horse-foot
원산지 중국, 시베리아, 히말라야, 인도, 유럽, 서북 아시아, 아프리카 북부

특성⇒ 다년초. 높이 10~50cm. 근경은 포복성이다. 잎은 머위와 비슷한 둥근 심장형이고, 가장자리는 결각이 지고 물결 모양의 조밀한 거치가 있으며, 뒷면은 흰색의 짧은 털이 밀생한다. 4~5월에 민들레와 비슷한 노란색 두상화가 핀다.

성분⇒ 꽃봉오리에 farasiol, hyperin, rutin, taraxanthin, tannin, 잎에는 유기산과 phytosterol, saponin, vitamin B, zinc 등이 함유되어 있다.

약효⇒ 거담, 진정, 진해 효능이 있고, 면역 세포를 활성화하며, 천식, 감기, 호흡

기 질환, 종기, 궤양 등을 치료한다.

용도⇒ 잎, 꽃을 관상, 식용, 약용, 담배 대용으로 쓴다.

✳ 재배 및 관리

기후 환경⇒ 추위에 강하고 더위에는 보통이다. 고온 다습을 싫어한다.

토양⇒ 가리지 않는 편이나, 배수가 잘 되는 비옥한 알칼리성 토양에서 자란다.

번식 방법 및 시기⇒ 실생(4월)

수확 시기⇒ 5~9월(잎), 4~5월(꽃)

| 1 | 2 | 3 | 4 | 5 | 6 | 7 | 8 | 9 | 10 | 11 | 12 |

ㅋ

291

콜키쿰

267. 콜키쿰

백합과 Liliaceae

학 명 *Colchicum autumnale* L.
영 명 Common autumn crocus, Fall crocus, Meadow saffron, Mysteria wonder bulb
원산지 유럽, 아프리카 북부

특성⇒ 다년초. 높이 15~20cm. 잎은 3~8장이고, 피침형이며, 너비 2.5~3.5cm이다. 구근에서 1~4개의 꽃대가 자라 9월에 분홍빛 보라색 꽃이 핀다. 고대 그리스·로마 시대부터 류머티즘, 통풍 치료에 사용하였다. 인경에는 유독 성분이 있다. 원산지에서는 목초지에서 자라며, 현재 지중해 연안 지역에서 중요한 약품 재료로 재배되고 있다.

성분⇒ alkaloid인 colchicine이 함유되어 있다. colchicine은 염색체를 배수체로 만드는 데 사용한다.

약효⇒ 류머티즘, 통풍을 치료하며, 항암제로 쓰인다.

용도⇒ 꽃, 종자를 관상, 약용한다.

❊ 재배 및 관리

기후 환경⇒ 추위와 더위에 약하다.
토양⇒ 배수가 잘 되고, 부식질이 많은 사양토에서 잘 자란다.
번식 방법 및 시기⇒ 분구(4월)
수확 시기⇒ 9~10월

| 1 | 2 | 3 | 4 | 5 | 6 | 7 | 8 | 9 | 10 | 11 | 12 |

292

콩   종자

268. 콩 (大豆)

콩과 Leguminosae

학 명 *Glycine maxim* (L.) Merr.	**영 명** Soya bean, Soybean
원산지 중국	

특성⇒ 1년초. 높이 60cm 가량. 줄기와
잎에 털이 있으며, 잎은 잎자루가 길고,
소엽은 3개이다. 7월에 흰색 또는 자주
색 꽃이 엽액에서 핀다. 열매는 협과로
꼬투리에 1~7개의 종자가 들어 있으며,
종자의 색은 검은색, 노란색, 붉은색 등
이 있다.

성분⇒ vitamin, mineral, daidzein,
genistin, soyaspogenol A~E 등이 함
유되어 있다.

약효⇒ 거풍, 이수, 혈행 촉진, 해독 효
능이 있으며, 수종창만, 풍독각기, 황달
부종, 풍비에 의한 근육경련, 구금(口噤)

을 치료한다. 심장병을 예방하고, 당뇨병
환자 식이 요법용으로 쓰인다.

용도⇒ 종자를 식용, 약용, 두부, 식용유,
조미료, 각종 장(간장, 된장, 청국장), 공
업용, 비료로 이용한다.

❋ **재배 및 관리**

기후 환경⇒ 종자로 월동하고, 16~30℃
에서 잘 자란다.

토양⇒ 내건성 식물로 배수가 잘 되는 사
질 양토에서 잘 자란다.

번식 방법 및 시기⇒ 실생(4~5월)

수확 시기⇒ 10~11월(종자)

| 1 | 2 | 3 | 4 | 5 | 6 | 7 | 8 | 9 | 10 | 11 | 12 |

퀴노명아주

269. 퀴노명아주

명아주과 Chenopodiaceae

학 명 *Chenopodium quinoa* Willd.
원산지 남아메리카

영 명 Quinoa, Quinua

특성⇒ 1년초. 높이 1.5m 가량. 줄기는 많이 갈라진다. 잎은 잎자루가 길고, 난상 삼각형으로 끝이 뾰족하며, 길이 6~12cm, 가장자리에 불규칙한 거치가 있으며, 회록색이다. 어린잎은 붉은 분홍색이 나는 것이 특징이다. 7~8월에 줄기와 가지 끝 엽액에서 수상화서로 많은 꽃이 핀다. 종자 길이는 2mm 가량이며, 한 주에서 백만 개의 종자를 채취한다. 남아메리카에서는 고대 잉카 시대부터 식용으로 재배하고 있다.

성분⇒ vitamin, essential amino acid, fatty acid 등이 함유되어 있다.

약효⇒ 구충제로 쓰인다.
용도⇒ 어린싹, 잎, 뿌리, 종자를 관상, 식용, 약용, 향신료로 이용한다.

❋ 재배 및 관리

기후 환경⇒ 종자로 월동하고, 16~30℃에서 잘 자란다.
토양⇒ 내건성 식물로 배수가 잘 되고, 비옥한 사질 양토에서 잘 자란다.
번식 방법 및 시기⇒ 실생(4~5월)
수확 시기⇒ 5~6월(어린싹과 잎), 10~11월(종자), 수시(잎, 뿌리)

| 1 | 2 | 3 | 4 | 5 | 6 | 7 | 8 | 9 | 10 | 11 | 12 |

크리스마스 로즈

270. 크리스마스 로즈

미나리아재비과 Ranunculaceae

학 명 *Helleborus niger* L.   **영 명** Christmas rose, Black hellebore
원산지 오스트리아, 독일 남부, 스위스, 이탈리아 중남부, 슬로베니아

특성⇒ 다년초. 높이 20~50cm. 긴 잎자
루 끝에 6개의 소엽이 달린다. 4~5월에
연녹색을 띤 흰색 꽃이 피며, 가운데는
분홍빛이 나기도 한다. 쓴맛이 나며, 식
물 전체에 독성이 있어 즙액이 피부에 닿
으면 염증을 일으키므로 주의해야 한다.
특히 근경은 맹독성으로, 과거에는 수술
에 사용하였으나 현재는 사용하지 않는
다. 반드시 전문가의 지시에 따라 사용해
야 하며, 임신 중에는 복용을 절대 금한다.
성분⇒ hellebrin, protoanemonin이 함
유되어 있다.
약효⇒ 수종, 나병, 신경과민, 정신착란,
발작, 심장병, 열병, 생리불순, 자궁 질

환, 황달, 궤양을 치료하며, 구충제, 설사
제, 마취제로 쓴다.
용도⇒ 꽃, 뿌리를 관상, 약용, 살충제로
이용한다.

❋ 재배 및 관리
기후 환경⇒ 추위에는 약하고 더위에는
보통이다.
토양⇒ 배수가 잘 되고 비옥하며, 적당한
습기가 있는 알칼리성 점질 토양에서 잘
자란다.
번식 방법 및 시기⇒ 실생(4월), 분주(4
월, 개화 후)
수확 시기⇒ 가을(뿌리)

| 1 | 2 | 3 | 4 | 5 | 6 | 7 | 8 | 9 | 10 | 11 | 12 |

꽃　　　　　　클라리 세이지

271. 클라리 세이지

꿀풀과 Labiatae

학 명 *Salvia sclarea* L.　　　　**영 명** Clary sage, Cleareye, Muscatel sage
원산지 유럽, 중앙 아시아

특성⇒ 2년초 또는 다년초. 높이 1~1.5m. 잎은 난형 또는 심장형이며, 끝은 뾰족하고 가장자리에 거치가 있다. 7~8월에 크림색 꽃이 피며, 포의 색깔은 붉은빛 보라색에서 분홍색으로 변한다. 꽃대는 곧게 자라며, 가지가 많이 갈라진다. 꽃과 잎은 바닐라와 발삼향이 강하게 나고 쓴맛이 난다. 여름에는 고온 다습에 약하여 잎이 황변한다. 구토를 일으키는 경우가 있으므로 임신 중에는 복용을 삼간다.
약효⇒ 수렴, 발작 완화, 소화 촉진, 신경 안정, 최음, 식욕 증진, 피로 회복 효능이 있으며, 생리통, 통증을 치료하고, 상처 세척제, 양치질 등의 외용약으로 쓴다.
용도⇒ 잎, 꽃, 종자를 약용, 차, 향료, 주류향 첨가제, 비누, 화장품, 정유, 아로마세라피, 매염제로 이용한다.

❋ 재배 및 관리
기후 환경⇒ 온실에서 월동하고, 더위에 강하다.
토양⇒ 배수가 잘 되는 건조한 듯한 사질 양토에서 잘 자란다.
번식 방법 및 시기⇒ 실생(4~5월)
수확 시기⇒ 수시(잎), 7~8월(꽃봉오리), 10월(종자)

| 1 | 2 | 3 | 4 | 5 | 6 | 7 | 8 | 9 | 10 | 11 | 12 |

296

키위

272. 키위 (참다래, 양다래)

다래나무과 Actinidiaceae

학 명 *Actinidia deliciosa* C.F. Liang et A.R. Ferguson (*A. chinensis* Planch.)
영 명 Kiwi fruit, Kiwi, Kiwi berry, Kiwi vine, Chinese gooseberry, Yang-Tao
원산지 중국 양쯔강 이남 및 서남부, 타이완

특성⇒ 낙엽 덩굴 식물. 줄기 길이 5~8m. 남부 지방에서는 5월 중·하순에 흰색 꽃이 핀다. 열매를 식용하며, 많은 원예 품종이 있다. 중국이 원산지이나 주로 뉴질랜드에서 육성하여 과일로 여러 나라에 수출한다.
성분⇒ vitamin이 다량 함유되어 있다.
약효⇒ 육류 소화를 돕는다.
용도⇒ 줄기, 열매를 식용, 육류 연화제, 제지 원료, 세공 제품으로 이용한다.

✻ 재배 및 관리
기후 환경⇒ 추위에는 약하고 더위에는 보통이다. 서리를 맞으면 죽는다.
토양⇒ 배수가 잘 되는 일반 토양에서 잘 자란다.
번식 방법 및 시기⇒ 실생(4월), 삽목(6월), 접목(3~4월 초순), 취목(4월)
수확 시기⇒ 11월(열매)

| 1 | 2 | 3 | 4 | 5 | 6 | 7 | 8 | 9 | 10 | 11 | 12 |

297

타라곤

273. 타라곤

국화과 Compositae

학 명 *Artemisia dracunculus* L. **영 명** Tarragon, Estragon
원산지 남부 유럽, 시베리아

특성⇒ 다년초. 높이 40~120cm. 근경은 땅 속에서 옆으로 뻗는다. 줄기 아래쪽 잎은 3갈래로 갈라지며, 줄기 중·상부 잎은 버드나무 잎과 같이 선형으로 잘게 갈라진다. 6~8월에 연녹색의 작은 두상화가 원추화서로 핀다. 주로 프랑스 요리에 향신료로 사용하며, 유사종으로 러시아타라곤이 있다.

성분⇒ 잎에는 pinene, urea, mineral 염, vitamin A, C가 함유되어 있으며, 오일 성분은 camphene, methyl chavicol(estragole), limonene, ocimene, phellandrene 등이다.

약효⇒ 강장, 식욕 증진, 소화 촉진, 산화 방지, 살균, 이뇨 효능이 있다.

용도⇒ 잎, 뿌리를 약용, 요리 향미료(피클, 샐러드, 소스 등), 타라곤 비니거로 이용한다.

❋ 재배 및 관리

기후 환경⇒ -12℃ 이상에서 월동하고, 더위에는 보통이다. 고온 다습을 싫어한다.
토양⇒ 배수가 잘 되고, 적당한 습기가 있는 비옥한 토양에서 잘 자란다.
번식 방법 및 시기⇒ 분주(4~5월), 삽목 (5~9월)
수확 시기⇒ 7~8월

1	2	3	4	5	6	7	8	9	10	11	12

태즈메이니아 블루 검 유칼립투스　　　　　수피

274. 태즈메이니아 블루 검 유칼립투스　　도금양과 Myrtaceae

학 명 *Eucalyptus globulus* Labill.
영 명 Tasmanian blue gum, Blue gum
원산지 오스트레일리아의 빅토리아 주, 태즈메이니아 주

특성⟹ 상록 교목. 높이 15~45m, 수관 너비 10~25m. 수피는 회색이며, 흰색, 크림색, 노란색, 갈색 얼룩이 있다. 잎은 녹색에서 진녹색이 되며, 아래로 늘어진다. 어린 나무의 잎은 대생하고 잎자루가 없으며, 넓은 난형으로 끝이 뾰족하고, 길이 15cm 가량이다. 큰 나무의 잎은 호생하며 잎자루가 있고, 좁고 긴 피침형으로 낫 모양과 같이 한쪽으로 구부러져 있으며, 길이 10~25cm, 너비 3~4cm이다. 10~12월에 솔 모양의 미백색 꽃이 엽액에서 한 송이씩 액생하며, 지름은 4cm 가량이다.

성분⟹ cineole, pinene, camphene, terpineol, aromadendrene, cuminaldehyde, pinocarveol, rutin, quercitrin, quercetin 등이 함유되어 있다.

약효⟹ 거담, 살균(박테리아와 포도상구균), 완하, 해열, 흥분, 항바이러스, 혈당 강하 효능이 있으며, 발작 및 경련, 인플루엔자, 우울증, 상처, 폐결핵, 화상을 치료한다.

용도⟹ 잎, 어린가지, 꽃을 관상, 차, 향료, 포푸리, 향수, 아로마세라피, 정유, 밀원으로 이용한다.

❋ 재배 및 관리
기후 환경⟹ 다습한 지역에서는 5℃ 이상에서 월동하고, 16~30℃에서 잘 자란다.
토양⟹ 배수가 잘 되고, 적당한 습기가 있는 사질 양토에서 잘 자란다.
번식 방법 및 시기⟹ 실생(4월 파종), 삽목(6~8월), 취목(4월)
수확 시기⟹ 연중(잎), 개화기(꽃)

| 1 | 2 | 3 | 4 | 5 | 6 | 7 | 8 | 9 | 10 | 11 | 12 |

탠지

275. 탠지(골든 버튼)

국화과 Compositae

학 명 *Tanacetum vulgare* L. 〔*Chrysanthemum vulgare* (L.) Bernh.〕
영 명 Tansy, Golden buttons　　　　**원산지** 북유럽, 시베리아

특성⇒ 다년초. 높이 80~120cm. 잎은 호생하며 우상복엽이고, 소엽은 톱날 모양으로 갈라진다. 7~9월에 단추 모양의 노란색 두상화가 핀다. 번식력이 왕성하며, 국화향 같은 독특한 향이 난다. 용혈 현상이 일어날 위험성이 있어 내복약이나 요리에는 사용을 금한다.
성분⇒ 탄지유가 함유되어 있다.
약효⇒ 편두통, 신경쇠약, 타박상, 류머티즘, 피부병을 치료한다.
용도⇒ 잎, 꽃을 관상(절화, 드라이 플라워), 약용, 입욕제, 피부 미용제, 향수, 노

란색 염료, 살균제, 파리 구제제로 이용한다.

❈ **재배 및 관리**
기후 환경⇒ 노지에서 월동하고, 더위에는 보통이다.
토양⇒ 배수가 잘 되고, 통기성이 좋은 비옥한 토양에서 잘 자란다.
번식 방법 및 시기⇒ 실생, 분주(4~5월, 9~10월)
수확 시기⇒ 7~10월(꽃)

| 1 | 2 | 3 | 4 | 5 | 6 | 7 | 8 | 9 | 10 | 11 | 12 |

토마토 　　　　　　　　　　　　　　　꽃

276. 토마토

가지과 Solanaceae

학 명 *Lycopersicon esculentum* Mill.　　**영 명** Tomato, Love apple
원산지 남아메리카 안데스 산맥의 고지대

특성⇒ 1년초. 높이 1m 가량. 가지는 많이 갈라진다. 잎은 호생하며, 우상복엽으로 흰색 털이 밀생하고, 독특한 냄새가 난다. 7~9월에 노란색 꽃이 핀다. 열매는 장과로 편구형이며, 붉은색으로 익는다. 밭에서 재배하는 과채류로, 장수 식품으로 알려져 있다. 서양에서는 여러 가지 요리에 이용된다.

성분⇒ water, protein, fat, sucrose, lignin, calcium, potassium, iron, natrium, carotene, vitamin A, B_1, B_2, C, niacin, mineral 등이 함유되어 있다.

약효⇒ 소화 촉진, 노화를 예방하며, 두통, 류머티즘을 치료한다.
용도⇒ 잎, 줄기, 열매를 식용, 약용, 주스, 케첩, 향미료로 이용한다.

❋ 재배 및 관리

기후 환경⇒ 추위에는 약하여 종자로 월동하고, 더위에는 강하다.
토양⇒ 배수가 잘 되는 비옥한 사질 양토에서 잘 자란다.
번식 방법 및 시기⇒ 실생(4~5월)
수확 시기⇒ 7~9월(열매)

| 1 | 2 | 3 | 4 | 5 | 6 | 7 | 8 | 9 | 10 | 11 | 12 |

트리 웜우드

277. 트리 웜우드

국화과 Compositae

학 명 *Artemisia arborescens* L.   **영 명** Tree wormwood, Tree artemisia
원산지 유럽 남부, 지중해 연안

특성⇒ 반상록 관목. 높이 100~150cm. 잎은 우상으로 잘게 갈라지며, 은회록색이다. 7~9월에 밝은 노란색 꽃이 핀다. 잎에서 약쑥과 같은 진한 향기가 나며, 유럽에서는 화단에 식재하여 색채 화단용으로 관상한다. 유사종으로 포위스 캐슬 웜우드(Powis castle)가 있다.
성분⇒ cineol, carotene, chlorogenic acid, *p*-coumaric acid, rutin, salicylic acid, tannin, vanillic acid, vitamin C 등이 함유되어 있다.
약효⇒ 이뇨, 간장과 담낭의 강장, 해열 효능이 있으며, 황달을 치료한다.
용도⇒ 전초를 관상(화단용, 드라이 플라워), 약용한다.

✿ 재배 및 관리
기후 환경⇒ 온실에서 월동하고, 더위에는 강하다.
토양⇒ 건조한 듯한 토양에서 잘 자란다.
번식 방법 및 시기⇒ 실생, 삽목, 분주(4월)
수확 시기⇒ 7~9월

1	2	3	4	5	6	7	8	9	10	11	12

티 트리

278. 티 트리

도금양과 Myrtaceae

학 명 *Melaleuca alternifolia* L. **영 명** Medical tea tree
원산지 오스트레일리아 북동부의 습지대, 뉴기니 남부, 인도네시아 몰루카 제도

특성⇒ 상록 관목. 높이 5~7m. 어린잎은 선형이며 연녹색이다. 4~8월에 유백색 꽃이 조밀하게 수상화서로 피며, 열매는 작다. 원산지에서는 잎을 외상(外傷)이나 피부병 치료 등에 사용하며, 현재는 정유 생산용으로 재배한다. 실내에서 재배할 때에는 햇빛이 많이 드는 곳에 둔다. 원예 품종으로는 잎이 노란색인 노란잎 티 트리(*M. alternifolia* L. 'Aurea')가 있다.

성분⇒ 정유에 alpha-terpineol, aromadendrene, limonene, camphor, caryophyllene, pinene, linalool, 1,8-cineole, terpinenes, terpinolene 등이 함유되어 있다.

약효⇒ 거담, 기분 전환, 감기 예방, 면역 증가, 발한, 항균, 항진균 효능이 있으며, 곤충에게 물린 데, 피부병, 인플루엔자를 치료한다.

용도⇒ 잎, 줄기, 꽃을 관상, 약용, 차, 방부제 향료, 방취제, 가글제, 세척제로 이용한다.

❋ 재배 및 관리

기후 환경⇒ 더위에는 잘 견디고 추위에는 약하다.

토양⇒ 배수가 잘 되고 비옥하며, 적당한 습기가 있는 토양에서 잘 자란다.

번식 방법 및 시기⇒ 실생(4월), 삽목(6~8월 초)

수확 시기⇒ 5월 중순~8월

| 1 | 2 | 3 | 4 | 5 | 6 | 7 | 8 | 9 | 10 | 11 | 12 |

303

파

279. 파

백합과 Liliaceae

학 명 *Allium fistulosum* L.
원산지 중국 서부, 시베리아

영 명 Green onion, Welsh onion

특성⇒ 2년초. 높이 40~70cm. 잎은 원통형이며 끝은 뾰족하고, 속이 비어 있다. 6~7월에 공 모양의 은색 또는 크림색 꽃이 산형화서로 핀다. 종자는 검은색이다. 특유의 향과 매운맛이 나며, 우리 나라에서는 예로부터 요리에 널리 이용되었다.

성분⇒ allicin, diallylmonosulfide, protein, sucrose, fat, lignin, calcium, potassium, iron, natrium, vitamin A, B_1, B_2, C, niacin 등이 함유되어 있다.

약효⇒ 거담, 발한, 산한, 소종, 이뇨, 흥분, 항균, 해독 효능이 있으며, 한열두통, 음한복통, 이편불통, 면목부종, 음위, 목

현을 치료한다.

용도⇒ 잎, 줄기, 뿌리, 종자를 관상, 식용, 약용한다.

❊ 재배 및 관리

기후 환경⇒ 더위에 잘 견디고 추위에도 강하다.

토양⇒ 배수가 잘 되고 비옥하며, 적당한 습기가 있는 토양에서 잘 자란다.

번식 방법 및 시기⇒ 실생(4월)

수확 시기⇒ 파종 시기에 따라 연중 수확 (잎, 줄기)

1	2	3	4	5	6	7	8	9	10	11	12

280. 파스닙 (서양방풍)

산형과 Umbelliferae

| 학 명 | *Pastinaca sativa* L. | 영 명 | Parsnip, Wild parsnip |

원산지 유럽 남동부, 카프카스, 미국, 아메리카 중남부, 오스트레일리아, 뉴질랜드

특성⇒ 2년초. 높이 50~120cm. 뿌리는 육질이며, 배추 뿌리와 비슷한 방추 모양이다. 줄기는 속이 비어 있고, 표면에 털이 있다. 잎은 2회 우상복엽이며, 소엽은 난형 또는 타원형이다. 6~7월에 황록색 꽃이 복산형화서로 핀다. 뿌리를 샐러드나 스튜, 수프에 이용한다. 고대 로마 시대부터 재배했으며, 현재 미국이나 유럽에서는 채소로 이용하거나 가축 사료로 이용한다.

성분⇒ protein, fat, sucrose, lignin, calcium, potassium, iron, natrium, vitamin B_1, E, carotene, mineral 등이 함유되어 있다.

약효⇒ 식욕 증진, 이뇨, 진정 효능이 있으며, 신장염을 치료한다.

용도⇒ 잎, 뿌리를 식용하며, 부향제로 이용한다.

❋ **재배 및 관리**

기후 환경⇒ 서늘한 기후에서 재배하며, 추위나 더위에 약하다.

토양⇒ 배수가 잘 되고, 비옥한 사질 양토에서 잘 자란다.

번식 방법 및 시기⇒ 실생(4~5월 파종)

수확 시기⇒ 5~8월(잎), 10~11월 초(뿌리)

| 1 | 2 | 3 | 4 | 5 | 6 | 7 | 8 | 9 | 10 | 11 | 12 |

파슬리

281. 파슬리

산형과 Umbelliferae

학 명 *Petroselinum crispum* (Mill.) Nyman ex A.W. Hill
영 명 Parsley   **원산지** 지중해

특성⇨ 2년초. 높이 50~100cm. 잎은 2회 삼출복엽으로 오글오글하게 물결 모양으로 자라고, 잎자루는 길다. 6~7월에 크림색을 띤 황록색 꽃이 복산형화서로 핀다. 원예종으로는 평엽종과 축엽종이 있다. 잎의 독특한 향은 마늘 냄새를 제거한다. 임신 중이나 소아 질환에는 복용을 금한다.

성분⇨ apiole, carotene, glycolic acid, geraniol, kaempferol, limonene, rutin, retinol, limonene, linalool, lutein, myristic acid, myristicin, rosmarinic acid, vitamin A, B 등이 함유되어 있다.

약효⇨ 강장, 건위, 발작 완화, 식욕 촉진, 이뇨, 진통, 해독, 해소, 혈액 정화 효능이 있으며, 관절염, 류머티즘, 생리통, 수종, 방광염, 전립선염, 결석, 소화불량, 결장, 빈혈을 치료한다.

용도⇨ 잎, 잎자루, 종자, 전초를 관상(키친 가든용), 식용, 차, 향미료, 향료(버터, 치즈)로 이용한다.

✳ 재배 및 관리

기후 환경⇨ 더위와 추위에 약하고, 서늘한 기후에서 잘 자란다.

토양⇨ 배수가 잘 되고 비옥하며, 적당한 습도가 있는 토양에서 잘 자란다.

번식 방법 및 시기⇨ 실생(4월)

수확 시기⇨ 3~11월(잎, 잎자루)

| 1 | 2 | 3 | 4 | 5 | 6 | 7 | 8 | 9 | 10 | 11 | 12 |

파인애플

282. 파인애플

파인애플과 Bromeliaceae

학 명 *Ananas comosus* (L.) Merrill   **영 명** Pineapple
원산지 브라질, 열대 아메리카

특성⇒ 다년초. 높이 75cm 가량. 식물
전체가 뿌연 회은록색이 나고, 흰 가루로
덮여 있다. 잎은 로제트상으로 총생하며,
좁고 길고, 가장자리에 억센 거치가 있다.
고온기에 자홍색 꽃이 원추화서로 핀다.
열매가 달린 모주는 죽고 다시 옆에서 새
개체가 자란다. 열매는 단맛이 나고 향이
있으며, 과일 샐러드나 육류 요리 등에
이용한다.
성분⇒ 당분, vitamin A, B, C가 많이
함유되어 있다.
약효⇒ 월경 장애, 배설 장애, 소화불량,
각기, 기생충, 신경증, 심장발작, 심근경

색을 치료한다.
용도⇒ 잎, 열매, 과즙을 관상(분화), 식
용, 육류 연화제, 주스, 주류, 비니거, 사
료, 피부 미용제로 이용한다.

✽ 재배 및 관리
기후 환경⇒ 온실에서 월동하고, 고온
다습한 환경에서 잘 자란다.
토양⇒ 배수가 잘 되고, 습기가 적당한
비옥한 토양에서 잘 자란다.
번식 방법 및 시기⇒ 삽목, 분주(6~7월)
수확 시기⇒ 열매 성숙시 수확

| 1 | 2 | 3 | 4 | 5 | 6 | 7 | 8 | 9 | 10 | 11 | 12 |

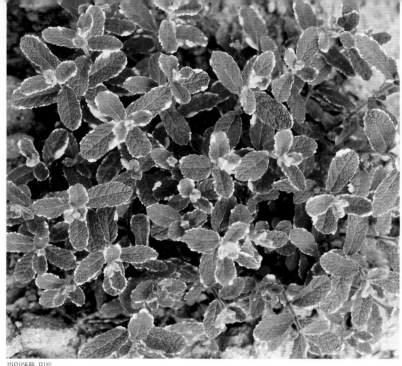

파인애플 민트

283. 파인애플 민트 (바리에가타 애플 민트)   꿀풀과 Labiatae

학 명 *Mentha suaveolens* J. F. Ehrh. 'Variegata'
영 명 Pineapple mint   **원산지** 유럽 서남부

특성⇒ 다년초. 높이 40~60cm. 애플 민트의 한 품종이다. 잎은 난형 또는 도란형이며, 가장자리에 크림색 무늬가 넓게 나 있고, 거치가 있다. 7~9월에 연보라색 꽃이 핀다. 처음에는 사과향이 나며 후에 박하향이 난다.
성분⇒ menthol, menthon, camphene, limonene 등이 함유되어 있다.
약효⇒ 구취 제거, 식욕 촉진, 방부, 살균 효능이 있다.
용도⇒ 어린순, 잎, 꽃을 관상, 향미료,

허브차, 아로마세라피, 요리 장식으로 이용한다.

❈ 재배 및 관리
기후 환경⇒ 노지에서 월동하고, 더위에 강하다.
토양⇒ 배수가 잘 되는 비옥한 토양에서 잘 자란다.
번식 방법 및 시기⇒ 삽목(온실 내에서 연중 가능), 분주(4월)
수확 시기⇒ 5~10월(잎)

| 1 | 2 | 3 | 4 | 5 | 6 | 7 | 8 | 9 | 10 | 11 | 12 |

308

파인애플 세이지

284. 파인애플 세이지

꿀풀과 Labiatae

학 명 *Salvia elegans* Vahl. **영 명** Pineapple sage, Scarlet pineapple
원산지 멕시코

특성⇒ 다년초. 높이 100~150cm. 줄기
와 잎은 붉은빛이 난다. 잎은 호생하며
난형으로 끝이 뾰족하고, 가장자리에 거
치가 있다. 9월~다음 해 4월까지 줄기와
가지 끝에서 붉은색 꽃이 피며, 꽃은 순
형화로 좁고 길다. 잎에서 파인애플향이
나 닭고기나 돼지고기 요리, 치즈의 맛을
내는 데 이용하고, 연기를 피워 집 안의
냄새를 제거하기도 한다.
약효⇒ 냄새 제거, 식욕 촉진, 방부, 살
균 효능이 있다.

용도⇒ 잎, 전초를 관상, 식용, 음료수 향
첨가제, 제빵, 쿠키, 포푸리로 이용한다.

❊ **재배 및 관리**
기후 환경⇒ 추위에는 약하고 더위에는
강하다.
토양⇒ 배수가 잘 되는 비옥한 사질 양토
에서 잘 자란다.
번식 방법 및 시기⇒ 삽목(4월)
수확 시기⇒ 연중(잎)

| 1 | 2 | 3 | 4 | 5 | 6 | 7 | 8 | 9 | 10 | 11 | 12 |

열매　　　　　파파야

285. 파파야

파파야과 Caricaceae

학 명 *Carica papaya* L.
원산지 콜롬비아

영 명 Papaya, Melon tree, Pawpaw

특성⇒ 상록 활엽수. 높이 8~10m, 지름 30cm 가량. 줄기는 연갈색이 나며 속은 비어 있고, 외대로 자라나 잘라 주면 가지가 갈라지며, 잎이 떨어진 자국이 남아 있다. 잎은 줄기 윗부분에 총생하며, 잎자루가 길고, 장상엽이다. 6월에 초록빛을 띤 노란색 꽃이 엽액에서 액생하며, 암수딴그루이다. 열매는 긴 타원형으로 길이 20~40cm, 너비 10~20cm이고, 한 나무에서 20~50개의 열매가 달린다.

성분⇒ benzaldehyde, caryophyllene, linalool, lycopene, malic acid, methyl salicylate, myristic acid, papain(미숙 과피의 유즙), zeaxanthin, vitamin B, C 등이 함유되어 있다.

약효⇒ 구충, 소화 촉진 효능이 있으며,

치질, 변비, 상처, 종기, 궤양, 사마귀, 피부종양을 치료한다.

용도⇒ 꽃, 열매, 전초를 관상, 식용, 조미료, 음료수, 캔디, 건과, 과자, 피클, 향첨가제, 육류 연화제, 정리 작업용(양털, 실크), 포장용(껌, 소시지)으로 쓴다.

✽ 재배 및 관리

기후 환경⇒ 15℃ 이상의 온실에서 월동하고, 더위에 강하다. 고온 다습한 환경을 좋아한다.

토양⇒ 배수가 잘 되는 비옥한 사질 양토에서 잘 자란다.

번식 방법 및 시기⇒ 실생(4월, 실생 1년 후 개화 결실)

수확 시기⇒ 연중(잎)

1	2	3	4	5	6	7	8	9	10	11	12

파피루스

286. 파피루스

사초과 Cyperaceae

학 명 *Cyperus papyrus* L. **영 명** Papyrus, Egyptian paper plant
원산지 유럽 남부, 열대 아프리카, 이집트, 팔레스타인

특성⇒ 다년초. 높이 1.2~3m. 때로 5m
가량 자라는 것도 있다. 잎은 줄기 끝에
서 술 모양으로 총생하며, 7~10월에 황
록색 꽃이 핀다. 습지나 물 속에서 자란다.
고대 이집트에서는 줄기로 종이, 소형 배
등을 만들었다. 유사종으로는 종려방동
사니(*C. alternifolius* L.)와 향부자(*C.
rotundus* L.) 등 80여 종이 있다.
성분⇒ pinene, camphene, limonene,
cyperen, cyperone 등이 함유되어 있다.
용도⇒ 잎, 줄기, 괴근을 관상, 식용(이집

트), 약용, 제지, 정수, 매트, 가구, 연료,
방충제로 이용한다.

❊ **재배 및 관리**
기후 환경⇒ 온실에서 월동하고, 더위에
는 강하다.
토양⇒ 부식질이 많은 점질토에서 잘 자
란다.
번식 방법 및 시기⇒ 분주(5월, 8월)
수확 시기⇒ 8~10월(줄기)

| 1 | 2 | 3 | 4 | 5 | 6 | 7 | 8 | 9 | 10 | 11 | 12 |

311

판다누스

287. 판다누스

판다누스과 Pandanaceae

학 명 *Pandanus tectorius* Soland. ex Parkins.
영 명 Pandanus palm, Thatch screw pine, Fragrant screw pine
원산지 오스트레일리아 북부, 태평양 제도

특성⇒ 상록 관목. 높이 3~10m. 가지가 많이 갈라지며, 뿌리는 노상으로 근출한다. 잎은 혁질이며, 기부는 넓고 끝은 차츰 좁아져 뾰족하며, 가장자리에 억센 거치가 있다. 6~8월에 흰색 꽃이 피며, 열매는 둥글다. 수꽃 주변의 포엽은 강한 장미향이 나는 정유를 함유하고 있다. 허브로 이용되는 유사종은 판당(*P. odoratissimus* L.)과 룸피판다누스(*P. latifolius* Perr.) 등이 있다.

약효⇒ 강장, 살균, 이뇨, 흥분 작용을 하며, 귀앓이, 간질, 매독, 개선, 두통, 류머티즘, 한센병을 치료한다. 찜질약, 불임

또는 유산용(뿌리)으로도 쓴다.

용도⇒ 잎, 꽃, 종자, 뿌리를 관상, 식용, 약용, 인도 요리, 카레 향료, 오일, 향수, 피부 보호제, 예식 향으로 이용한다.

❋ 재배 및 관리
기후 환경⇒ 온실에서 월동하고 더위에 강하다.
토양⇒ 배수가 잘 되는 사질 양토에서 잘 자란다.
번식 방법 및 시기⇒ 실생(4월), 삽목(6~7월), 분주(6월)
수확 시기⇒ 5월(어린잎), 개화기(꽃)

| 1 | 2 | 3 | 4 | 5 | 6 | 7 | 8 | 9 | 10 | 11 | 12 |

패랭이꽃

288. 패랭이꽃 (石竹)

석죽과 Caryophyllaceae

학 명 *Dianthus chinensis* L.
원산지 한국, 중국

영 명 Chinese pink, Rainbow pink

특성⇒ 다년초. 높이 15~80cm. 잎은 대
생하며 선상 피침형이고, 분백색을 띤다.
6~8월에 가지 끝에서 연붉은색, 분홍색,
흰색 꽃이 핀다. 우리 나라 산야에 자생
하며, 많은 원예 품종이 있다. 임산부는
사용을 금한다.
성분⇒ 꽃에 eugenol, phenyl-ethylal-
cohol이 함유되어 있고, 전초에 saponin
화합물인 dianoside A~I 및 azuki-
saponin이 함유되어 있다.
약효⇒ 이뇨, 소염 효능이 있으며, 생리불
순, 수종, 방광결석, 어혈, 급성요도염, 방

광염, 임질을 치료한다.
용도⇒ 꽃, 종자, 전초를 관상, 약용한다.

❋ 재배 및 관리
기후 환경⇒ 노지에서 월동하고, 더위에
강하다.
토양⇒ 배수가 잘 되는 사질 양토에서 잘
자란다.
번식 방법 및 시기⇒ 실생, 삽목, 분주(4
월)
수확 시기⇒ 9~10월(종자)

1	2	3	4	5	6	7	8	9	10	11	12

퍼플 오래치

289. 퍼플 오래치

학 명 *Atriplex hortensis* L. var. *rubra* L.
영 명 Purple orach, Saltbush
원산지 유럽의 해변가

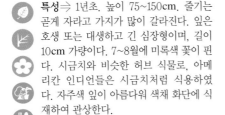

특성⇒ 1년초. 높이 75~150cm. 줄기는 곧게 자라고 가지가 많이 갈라진다. 잎은 호생 또는 대생하고 긴 심장형이며, 길이 10cm 가량이다. 7~8월에 미록색 꽃이 핀다. 시금치와 비슷한 허브 식물로, 아메리칸 인디언들은 시금치처럼 식용하였다. 자주색 잎이 아름다워 색채 화단에 식재하여 관상한다.
성분⇒ saponin이 함유되어 있다.
약효⇒ 인후염, 황달, 통풍을 치료한다.
용도⇒ 잎, 줄기, 꽃을 관상(화단용, 드라이 플라워), 식용, 약용한다.

❊ **재배 및 관리**
기후 환경⇒ 반내한성 식물로 서늘한 기후에서 잘 자라며, 고온에서는 추대한다.
토양⇒ 토질은 가리지 않는 편이나 배수가 잘 되고 비옥하며, 염분기가 있는 사질 양토에서 잘 자란다.
번식 방법 및 시기⇒ 실생(봄, 가을 직파)
수확 시기⇒ 4~6월(잎)

1	2	3	4	5	6	7	8	9	10	11	12

페니로열 민트

290. 페니로열 민트

꿀풀과 Labiatae

학 명 *Mentha pulegium* L.
영 명 Pennyroyal, Pudding grass
원산지 유럽 서남부와 중부, 지중해 연안

특성⇒ 다년초. 높이 10~20cm. 줄기는 포복하며, 길이 40~50cm이다. 잎은 타원형이며, 길이 3cm 가량이고, 가장자리에 거치가 없다. 8~9월에 줄기 상부 엽액에서 연보라색 꽃이 층층이 핀다. 잎은 페퍼민트향이 나며, 맛은 쓰다. 자궁을 자극하므로 임산부는 복용을 삼간다. 원산지에서는 습한 목초지에서 자라며, 잔디 대용으로 사용하기도 한다.

성분⇒ menthol, camphene, menthone 등이 함유되어 있다.

약효⇒ 국소 자극, 소화 촉진, 수렴, 발한, 해열 효능이 있으며, 생리불순을 치료한다.

용도⇒ 잎, 줄기, 전초를 관상, 요리 향미료(푸딩, 소시지), 정제 음료, 미용 소금, 포푸리, 방향제, 샴푸, 비누, 방충제, 애완 동물 구충제로 이용한다.

❊ 재배 및 관리

기후 환경⇒ 노지에서 월동하고, 더위에는 보통이다.

토양⇒ 배수가 잘 되고, 적당한 습기가 있는 비옥한 토양에서 잘 자란다.

번식 방법 및 시기⇒ 실생(4월), 삽목(6~7월)

수확 시기⇒ 5~9월(잎)

| 1 | 2 | 3 | 4 | 5 | 6 | 7 | 8 | 9 | 10 | 11 | 12 |

315

페루꽈리

291. 페루꽈리

가지과 Solanaceae

학 명 *Nicandra physaloides* Gaertner   **영 명** Shoofly, Apple of Peru
원산지 페루

특성⇒ 1년초. 높이 1~1.3m. 잎은 호생
하며 잎자루가 길고, 난형이며, 길이 5~
15cm, 가장자리에 거치가 드문드문 있다.
7~9월에 가지 끝 엽액에서 종 모양의 연
보라색 꽃이 1개씩 피며, 꽃잎 안쪽은 미
백색이다. 꽃은 오후에 피어 저녁에 오므
라든다. 열매는 삭과이며, 안에 종자가 들어
있다.
용도⇒ 잎, 꽃, 열매, 종자를 관상, 살충
제로 이용한다.

✳ **재배 및 관리**
기후 환경⇒ 종자로 월동하고, 더위에
강하다.
토양⇒ 배수가 잘 되는 사질 양토에서 잘
자란다.
번식 방법 및 시기⇒ 실생(4월)
수확 시기⇒ 4~10월(잎), 7~9월(꽃), 10
월(열매, 종자)

| 1 | 2 | 3 | 4 | 5 | 6 | 7 | 8 | 9 | 10 | 11 | 12 |

페인티드 세이지

292. 페인티드 세이지

꿀풀과 Labiatae

학 명 *Salvia viridis* L.
영 명 Painted sage, Annual clary, Bluebeard, Joseph sage
원산지 유럽 남부, 지중해 연안

특성⇒ 1년초. 높이 30~60cm. 줄기는 곧게 자란다. 잎은 대생하며 난형 또는 타원형이고, 가장자리에 잔거치가 있으며, 줄기 위로 갈수록 작아진다. 6~9월에 꽃이 피며, 화수 윗부분의 포엽이 꽃처럼 보인다. 포엽은 보라색, 흰색, 분홍색 등이 있으며, 포엽의 색이 아름다워 화단용 초화나 절화, 드라이 플라워로 이용한다.
약효⇒ 잇몸 염증 치료제, 향살균제로 쓰인다.
용도⇒ 잎, 꽃, 화수, 종자를 관상, 방향제, 향 첨가제(요리, 주류), 오일, 담배 재료로 이용한다.

❋ 재배 및 관리
기후 환경⇒ 종자로 월동하고, 식물은 0℃ 이상에서 생육하며, 더위에 강하다.
토양⇒ 배수가 잘 되는 비옥한 사질 양토에서 잘 자란다.
번식 방법 및 시기⇒ 실생(4월)
수확 시기⇒ 5~9월

| 1 | 2 | 3 | 4 | 5 | 6 | 7 | 8 | 9 | 10 | 11 | 12 |

종자   페퍼민트

293. 페퍼민트 (서양박하)   꿀풀과 Labiatae

학 명 *Mentha × piperita* L.   **영 명** Peppermint
원산지 교배종(*M. aquatica × M. spicata*)

특성⇒ 다년초. 높이 30~90cm. 잎은 난 상 피침형이며, 가장자리에 거치가 있다. 7~8월에 연보라색 꽃이 줄기 상부에서 마디마다 층층이 핀다. 품종으로는 잎과 줄기가 녹색인 것과 구릿빛을 띤 연녹색 의 두 종류가 있다. 후추향과 같은 톡 쏘 는 강한 박하향이 난다.

성분⇒ alpha-pinene, chlorogenic acid, cineol, eugenol, l-limonene, menthol, methyl ester, menthone, rosmarinic acid, thymol, vitamin B, E 등이 함유되어 있다.

약효⇒ 강심, 방부, 살균, 진통, 졸음 방 지, 감기 예방, 흥분 작용이 있으며, 코 막힌 데, 목 아픈 데, 피부 염증, 타박상,

위장병을 치료한다.

용도⇒ 잎, 줄기, 종자를 관상, 약용, 요리 향미료, 향 첨가제, 차, 방향제, 담배 냄새 제거제, 냉장고 탈취제, 모기 구제제로 이 용한다.

✻ 재배 및 관리
기후 환경⇒ 추위에는 강하고 더위에는 보통이다.
토양⇒ 배수가 잘 되는 비옥한 사질 양토 에서 잘 자란다.
번식 방법 및 시기⇒ 실생(4월), 삽목 (6~7월), 분주(4월, 9월)
수확 시기⇒ 4~10월(잎), 10월(종자)

1	2	3	4	5	6	7	8	9	10	11	12

페퍼민트 제라늄

294. 페퍼민트 제라늄

쥐손이풀과 Geraniaceae

학 명 *Pelargonium tomentosum* Jacq.
영 명 Peppermint geranium, Peppermint-scented geranium
원산지 남아프리카 공화국 케이프타운 서부

특성⇒ 다년초. 높이 30~50cm. 잎은 넓은 심장형으로 결각이 지고, 잎과 잎줄기, 줄기는 잔털로 덮인다. 꽃은 5~8월에 산형으로 피며, 흰색 바탕에 붉은색 무늬가 있다. 대표적인 원종의 허브 식물로 잎에서 페퍼민트향이 난다.
약효⇒ 붓거나 삔 데, 타박상 습포제로 쓰인다.
용도⇒ 잎, 꽃을 관상, 약용, 차, 요리 부

향제, 화장품 향료로 이용한다.

❖ **재배 및 관리**
기후 환경⇒ 추위에는 약하고 더위에는 보통이며, 장마에 약하다.
토양⇒ 배수가 잘 되는 비옥한 사질 양토에서 잘 자란다.
번식 방법 및 시기⇒ 삽목(6~7월)
수확 시기⇒ 4~10월(잎)

| 1 | 2 | 3 | 4 | 5 | 6 | 7 | 8 | 9 | 10 | 11 | 12 |

줄기　　　　　　펜넬

295. 펜넬 (회향)

산형과 Umbelliferae

학 명 *Foeniculum vulgare* Mill.　　　**영 명** Fennel, Sweet fennel
원산지 지중해 연안, 서남 아시아

특성⇨ 다년초. 높이 80~200cm. 줄기는 곧게 자라며, 잎은 우상복엽으로 실같이 갈라진다. 6~7월에 노란색 꽃이 복산형화서로 피며, 열매는 황갈색이다. 달콤한 맛과 맵고 화한 향이 난다. 오랜 역사를 가진 약초로, 고대 이집트의 무덤에서 발견된 파피루스의 의서에도 기록되어 있다.

성분⇨ carotene, ferulic acid, fumaric acid, kaempferol, anethole, alpha-pinene, camphene, essential fatty acids, vitamin B, C, E, 지방유 등이 함유되어 있다.

약효⇨ 강장, 거담, 건위, 구풍, 구충, 발한, 소화 촉진, 스트레스 해소, 시력 강화, 이뇨, 노폐물 배출, 살균, 진경, 통경, 모유 분비 촉진, 해독 효능이 있고, 위통,

변비, 알코올 중독, 생리불순, 복통, 통풍, 딸꾹질, 신장결석, 갱년기 질환, 멀미, 구토, 비만, 황달을 치료하며, 하제, 비장약으로 쓰인다.

용도⇨ 잎, 줄기, 꽃, 종자를 관상(절화, 드라이 플라워), 식용, 약용, 차, 향신료, 화장수, 입욕제, 요리 장식, 가글제, 향료로 이용한다.

✽ 재배 및 관리
기후 환경⇨ 온실에서 월동하고, 더위에는 보통이다.
토양⇨ 배수가 잘 되고, 적당한 습기가 있는 비옥한 토양에서 잘 자란다.
번식 방법 및 시기⇨ 실생, 분주(4~5월, 9~10월 파종)
수확 시기⇨ 9월 말(종자)

1	2	3	4	5	6	7	8	9	10	11	12

포도

296. 포도 (葡萄)

포도과 Vitaceae

학 명 *Vitis vinifera* L.	**영 명** Grape vine
원산지 유럽 중남부, 서북 아시아	

특성⇒ 덩굴성 낙엽 관목. 길이 4~5m. 잎은 호생하며, 둥근 원형으로 3~5갈래로 얕게 갈라지며, 가장자리에 거치가 있다. 6월에 황록색 꽃이 핀다. 열매인 포도를 식용하며, 건강식으로 이용된다. 많은 품종이 있다.

성분⇒ glucose, malic acid, tartaric acid, 각종 anthocyanin 색소 및 당분, calcium, potassium, iron, natrium 등이 함유되어 있다.

약효⇒ 강장, 수렴, 이뇨, 체력 회복, 체질 개선, 콜레스테롤 조절, 항암, 해독, 혈액 순환 촉진, 혈액 정화 작용을 하며, 고혈압, 신경쇠약, 월경과다증을 치료하고, 폐경기 치료제, 세안제(洗眼劑)로 쓰인다.

용도⇒ 줄기, 열매, 종자를 관상, 식용, 주류, 주스, 오일, 식초, 젤리, 건포도, 마사지용, 아로마세라피로 이용한다.

❀ 재배 및 관리

기후 환경⇒ 노지에서 월동하고, 고온 건조한 환경에서 잘 자란다.

토양⇒ 배수가 잘 되는 비옥한 사질 양토에서 잘 자란다.

번식 방법 및 시기⇒ 접목(3월), 삽목(3~4월)

수확 시기⇒ 8~9월(열매)

1	2	3	4	5	6	7	8	9	10	11	12

프렌치 라벤더

297. 프렌치 라벤더 (스토에카스 라벤더)

꿀풀과 Labiatae

학 명 *Lavandula stoechas* L.
영 명 French lavender, Stoechas lavender, Spanish lavender
원산지 카나리아 제도, 아프리카 북부, 스페인, 터키, 중동 지역

특성⇒ 상록성 관목. 높이 50~90cm. 잎은 대생하며 선형이고, 회록색, 길이 4cm 가량이다. 5~7월에 흰색 또는 보라색 꽃이 수상화서로 피며, 꽃잎은 난형 또는 긴 난형이다. 맵고 화한 독특한 향이 있다. 아종으로 높이와 너비가 60cm 가량이고, 연보라색 꽃이 피는 페둔쿨라타 라벤더(*L. stoechas* ssp. *pedunculata*)가 있다.

성분⇒ pinene, borneol, luteolin, camphor, caryophyllene, coumarin, geraniol, limonene, linalool-ester, l-linalyl, 1,8-cineole, rosmarinic acid 등이 함유되어 있다.

약효⇒ 강장, 구풍, 구충, 발한, 살균, 이뇨, 이담, 진정, 통경, 효능이 있고, 저혈압, 류머티즘, 불면증, 기관지염, 독감,

중풍, 신경쇠약을 치료한다.

용도⇒ 잎, 줄기, 꽃을 관상(화단용, 드라이 플라워, 리스), 차, 향료, 향 첨가제, 포푸리, 입욕제, 피부 미용제, 향수, 비누, 염색, 밀원, 구제제(나방, 좀벌레), 방취제로 이용된다.

❊ 재배 및 관리

기후 환경⇒ 충분한 광선을 요하며, 온실에서 월동하고, 더위에 약하다. 공중 습도는 건조하게 관리하며, 환기를 자주 해준다. 비내한성 식물로 −5℃까지 견딘다.
토양⇒ 배수가 잘 되며, 건조한 듯한 비옥한 사질 양토에서 잘 자란다.
번식 방법 및 시기⇒ 실생, 분주(4월), 삽목(연중)
수확 시기⇒ 6~7월(잎, 줄기, 꽃)

| 1 | 2 | 3 | 4 | 5 | 6 | 7 | 8 | 9 | 10 | 11 | 12 |

프렌치 메리골드

298. 프렌치 메리골드

국화과 Compositae

학 명 *Tagetes patula* L. **영 명** French marigold
원산지 멕시코

특성⇒ 1년초. 높이 20~45cm. 줄기 아래부터 가지가 많이 갈라진다. 잎은 호생하며, 우상으로 갈라지고, 소엽에는 거치가 있다. 6~10월에 두상화로 피며, 꽃의 색은 노란색, 오렌지색, 진노랑색 바탕에 붉은 갈색 무늬 등 다양하다. 꽃에서 특유한 향이 나는데, 서양 사람들은 이 향기를 좋아하여 허브 식물로 이용한다. 뿌리에서 분비되는 분비액은 네마토다(선충)와 각종 해충의 기피제로 사용한다.
약효⇒ 이뇨, 진정, 소화 촉진 효능이 있다.

용도⇒ 꽃, 전초를 관상, 포푸리, 방향제, 오일, 아로마세라피, 염료(노란색, 황록색), 방충제로 이용한다.

❀ 재배 및 관리
기후 환경⇒ 더위에는 보통이고 추위에는 약하다.
토양⇒ 비옥한 사질 양토에서 잘 자란다.
번식 방법 및 시기⇒ 실생(4~5월)
수확 시기⇒ 6~10월(꽃)

1	2	3	4	5	6	7	8	9	10	11	12

플루메리아 루브라

299. 플루메리아 루브라

협죽도과 Apocynaceae

학 명 *Plumeria rubra* L.　　　　　　**영 명** Nosegay, Frangipani
원산지 중앙 아메리카

특성⇒ 상록 관목 또는 소교목. 높이 5~8m. 가지는 많이 갈라진다. 잎은 호생하며 잎자루가 있고, 넓고 긴 타원형으로 끝은 둥글거나 뾰족하며, 길이 12~25cm, 너비 5~8cm, 앞면은 녹색이고 뒷면은 연녹색이다. 4~5월에 붉은 노란색 꽃이 피며, 강한 향기가 난다. 많은 품종이 있으며, 변종으로 플루메리아 아큐티폴리아(*P. rubra* L. var. *acutifolia*)와 흰색 꽃이 피는 플루메리아 알바(*P. alba*)가 있다.
약효⇒ 임질, 류머티즘을 치료하고, 습

포제로 쓰인다.
용도⇒ 꽃을 관상, 약용, 섬유향 첨가제, 의류 방향제, 향수로 이용한다.

❋ 재배 및 관리
기후 환경⇒ 13℃ 이상에서 월동하고, 20~35℃에서 잘 자란다.
토양⇒ 배수가 잘 되는 비옥한 사질 양토에서 잘 자란다.
번식 방법 및 시기⇒ 삽목(6~7월)
수확 시기⇒ 개화기

| 1 | 2 | 3 | 4 | 5 | 6 | 7 | 8 | 9 | 10 | 11 | 12 |

피버퓨

300. 피버퓨 (화란국화, 여름국화)

국화과 Compositae

학 명 *Chrysanthemum parthenium* (L.) Bernh. (*Tanacetum parthenium*)
영 명 Feverfew, Pellitory matricaria   **원산지** 유럽 동남부, 카프카스, 발칸 반도

특성⇒ 다년초. 높이 30~80cm. 잎은
국화 잎과 비슷하다. 6~7월에 두상화가
산방화서로 피며, 관상화는 노란색, 설상
화는 흰색이다. 잎은 쓴맛이 나며, 비비
면 독특한 향기가 난다. 원예종으로는 겹
꽃도 있으며, 화단에 심어 관상한다. 기
혼 여성은 복용을 삼간다.
성분⇒ beta-carotene, parthenolide,
santamarin, luteolin, selenium, zinc,
vitamin B_1, B_2, B_3, C, 1H-NMR, 5-
hydroxytryptamine 등이 함유되어 있다.
약효⇒ 강장, 소화 촉진, 진정, 피로 회
복, 해열, 혈관 이완 효능이 있으며, 염증,
두통, 편두통, 뇌 근육 경련, 관절염, 이

명, 생리불순, 산후 자궁 치료에 쓰인다.
용도⇒ 잎, 꽃을 관상, 식용, 약용, 차,
입욕제, 향 첨가제, 방충제로 이용한다.

✿ 재배 및 관리
기후 환경⇒ 추위에 다소 약하고 더위에
는 약하며, 서늘한 기후에서 잘 자란다.
토양⇒ 배수가 잘 되는 비옥한 사질 양토
에서 잘 자란다.
번식 방법 및 시기⇒ 실생, 분주(4월, 9
월), 삽목(5~10월)
수확 시기⇒ 5~8월(잎), 6~7월(꽃)

| 1 | 2 | 3 | 4 | 5 | 6 | 7 | 8 | 9 | 10 | 11 | 12 |

하늘고추

301. 하늘고추

가지과 Solanaceae

학 명 *Capsicum annuum* L. var. *fasciculatum* cv.
영 명 Hot pepper, Chilli, Ornamental pepper
원산지 남아메리카

특성⇒ 1년초. 원산지에서는 다년초이다. 높이 70~80cm. 가지가 많이 갈라진다. 잎은 타원형이며, 잎자루가 있고 양 끝이 뾰족하다. 5~9월에 엽액에서 흰색 꽃이 1개씩 핀다. 열매는 가루를 내서 각종 요리에 매운맛을 내는 데 사용한다. 멕시코, 한국, 인도 및 동남 아시아 여러 나라의 요리에 쓰인다.
성분⇒ fat, fiber, ash, calcium, iron, phosphorus, protein, natrium, potassium, vitamin A, B$_1$, B$_2$, C, retinol, beta-carotene, niacin, capsaicin 등이 함유되어 있다.

약효⇒ 소화 촉진, 노년기 연하 장애 방지, 다이어트 효과가 있다.
용도⇒ 어린잎, 열매를 관상, 식용, 약용, 향신료로 이용한다.

❊ 재배 및 관리
기후 환경⇒ 추위에 약해서 종자로 월동하고, 더위에 강하다.
토양⇒ 배수가 잘 되고, 적당한 습기가 있는 비옥한 사질 양토에서 잘 자란다. 습해에 약하다.
번식 방법 및 시기⇒ 실생(4월)
수확 시기⇒ 7~10월(잎, 열매)

1	2	3	4	5	6	7	8	9	10	11	12

302. 하우스리크

돌나물과 Crassulaceae

학 명 *Sempervivum tectorum* L.
원산지 유럽 중부와 남부

영 명 Houseleek, Hen and chickens

특성⇒ 상록 다년초. 높이 10~20 cm. 잎은 다육질이며 로제트상으로 자라고, 잎 끝은 뾰족한 침 모양이며, 자갈색이다. 6~9월에 분홍색 꽃이 핀다. 잎에는 염분과 산 성분이 있다. 습해에 약하므로, 장마철에는 마쇄석이나 굵은 모래에 식재하고, 비를 맞지 않게 한다. 서부 아시아와 유럽의 산지에 자생하며, 최근에는 옥상 조경용 지피 식물로 이용한다.
약효⇒ 진통, 수렴, 최토, 하제, 이뇨 효능이 있으며, 패혈성 인후염, 구내염, 기관지염, 치질, 피부 가려움증, 벌레나 뱀에 물리거나 쏘인 데, 화상, 볕에 덴 데,
피부 염증을 치료한다.
용도⇒ 잎을 관상, 식용, 차로 이용한다.

❊ 재배 및 관리

기후 환경⇒ 노지에서 월동하고, 더위에 강하다. 고온 건조한 기후에서 잘 자라나 습해에 약하다.
토양⇒ 배수가 잘 되며, 건조한 듯한 토양에서 잘 자란다.
번식 방법 및 시기⇒ 실생(4월), 러너 분주(6월)
수확 시기⇒ 연중

| 1 | 2 | 3 | 4 · | 5 | 6 | 7 | 8 | 9 | 10 | 11 | 12 |

한련화

303. 한련화 (金蓮花)

한련과 Tropaeolaceae

학 명 *Tropaeolum majus* L.
원산지 페루, 콜롬비아, 브라질 고산 지대

영 명 Indian cress, Nasturtium

특성⇒ 1년초. 원산지에서는 다년초이다. 줄기 길이 100~200cm. 왜성종은 30cm 가량 자라는 것도 있다. 덩굴성이며, 잎은 방패형으로 둥글다. 6~9월에 흰색, 노란색, 붉은색, 미황색, 오렌지색 꽃이 핀다. 겨자나 후추같이 매운맛이 나며, 감자나 무 옆에 심어 병충해를 막는다. 많은 원예 품종이 있다.

성분⇒ iron, vitamin C 등이 함유되어 있다.

약효⇒ 모발 및 두피 강장, 혈액 순환, 항생, 살균, 성욕 억제, 소화 촉진 효능이 있으며, 비뇨기 및 생식기 감염증, 괴혈병, 감기를 치료한다.

용도⇒ 잎, 꽃, 종자를 관상, 식용, 차, 향신료, 피클, 계피 대용, 병충해 기피제로 이용한다.

❊ 재배 및 관리

기후 환경⇒ 추위에 약하고 더위에는 보통이다.

토양⇒ 배수가 잘 되고 비옥하며, 습도가 적당한 사질 양토에서 잘 자란다.

번식 방법 및 시기⇒ 실생(4월)

수확 시기⇒ 6~10월(잎, 꽃, 종자)

| 1 | 2 | 3 | 4 | 5 | 6 | 7 | 8 | 9 | 10 | 11 | 12 |

할미꽃

304. 할미꽃 (白頭翁, 老姑草)

미나리아재비과 Ranunculaceae

학 명 *Pulsatilla koreana* Nakai
원산지 한국

영 명 Pasqueflower

특성⇒ 다년초. 높이 30~40cm. 4월에 검붉은 자주색 꽃이 아래를 향해 핀다. 잎과 줄기, 꽃에 흰색 털이 나며, 열매는 수과로 긴 달걀 모양이다. 무덤가 양지에서 많이 자란다. 뿌리에 독성이 있으며, 원예종으로는 유럽할미꽃(*P. vulgaris* Mill.) 등이 있다.

성분⇒ saponin, anemonin, hederagenin, oleanolic acid, acethyloleanolic acid 등이 함유되어 있다.

약효⇒ 설사, 이질, 신경통을 치료한다.
용도⇒ 잎, 꽃, 뿌리를 관상, 약용한다.

❊ 재배 및 관리
기후 환경⇒ 노지에서 월동하고, 추위에 강하다.
토양⇒ 석회질이 함유된 건조한 토양에서 잘 자란다.
번식 방법 및 시기⇒ 실생(4월)
수확 시기⇒ 개화 전(뿌리)

| 1 | 2 | 3 | 4 | 5 | 6 | 7 | 8 | 9 | 10 | 11 | 12 |

329

흰꽃해당화 　　　　해당화

305. 해당화(海棠花)

장미과 Rosaceae

학 명 *Rosa rugosa* Thunb.
영 명 Hedgehog rose, Japanese Rose, Tomato rose
원산지 한국, 일본, 중국, 캄차카 반도

특성⇒ 낙엽 관목. 높이 1~2.5m. 줄기는 군생하며 털가시가 밀생하고, 잎은 우상복엽이다. 6~8월에 가지 끝에서 붉은색 꽃이 피며, 열매는 둥글고 주황색으로 익는다. 우리 나라 해안가 모래밭에서 자생한다. 중국에서는 뿌리를 약용한다. 원예 품종으로는 흰색 꽃이 피는 흰꽃해당화(*R. rugosa* Thunb. 'Alba'), 겹꽃이 피는 겹해당화(*R. rugosa* Thunb. 'Plena') 등이 있다.

성분⇒ geraniol, citronellal, citronellol, eugenol, linalool, vitamin C 등이 함유되어 있다.

약효⇒ 강장, 수렴, 이기, 해울, 화혈산어(和血散瘀), 간위기통(肝胃氣痛) 효능이 있으며, 월경과다, 이질, 만성 관절염, 토혈, 객혈, 유옹을 치료한다.

용도⇒ 꽃, 열매를 관상, 식용, 약용, 차로 이용한다.

❋ 재배 및 관리

기후 환경⇒ 노지에서 월동하고, 더위에 강하다.

토양⇒ 배수가 잘 되는 사질 양토에서 잘 자란다.

번식 방법 및 시기⇒ 실생(4월), 삽목(3~4월), 분주(3월)

수확 시기⇒ 6~8월(꽃), 10월(열매)

1	2	3	4	5	6	7	8	9	10	11	12

해바라기   겹꽃

306. 해바라기 (向日花)   국화과 Compositae

학 명 *Helianthus annuus* L.   **영 명** Sunflower
원산지 북아메리카

특성⇒ 1년초. 높이 1~3m. 줄기는 곧게
자란다. 잎은 호생하며 넓은 심장형이고,
털이 밀생한다. 7~9월에 대형의 노란색
두상화가 피며, 겹꽃도 있다. 러시아, 이
탈리아, 중국, 스페인, 멕시코 등지에서
종자유를 얻기 위해 대량 재배한다.
성분⇒ oleic acid, linoleic acid, tarax-
anthin, vitamin E, kalium 등이 함유되
어 있다.
약효⇒ 거담, 건위, 배농, 완하, 이뇨 효
능이 있으며, 요로결석, 치통, 기침, 적
리, 신장염증, 위통, 생리통, 복통, 혈리,
이변불통, 타박상, 위장흉통, 협륵대통
(脇肋帶痛), 소갈인음(消渴引飮)을 치료

한다.
용도⇒ 줄기, 꽃, 종자를 관상, 식용, 약
용, 식용유, 과자, 화장품, 펄프, 공업용,
섬유 원료, 현미경용 표본 슬라이드, 비
누 원료로 이용한다.

❋ **재배 및 관리**
기후 환경⇒ 종자로 월동하고, 더위에
강하다.
토양⇒ 배수가 잘 되는 토양에서 잘 자
란다.
번식 방법 및 시기⇒ 실생(5월)
수확 시기⇒ 10월(종자)

| 1 | 2 | 3 | 4 | 5 | 6 | 7 | 8 | 9 | 10 | 11 | 12 |

헨베인

307. 헨베인 (사리풀)

가지과 Solanaceae

학 명 *Hyoscyamus niger* L.
영 명 Henbane, Black henbane, Stinking nightshade
원산지 유럽

특성⇒ 1~2년초. 높이 50~80cm. 잎은 크며, 가장자리에 결각이 진 것처럼 큰 거치가 있다. 8월에 연한 황록색 바탕에 자갈색 맥이 있는 꽃이 줄기 끝에 핀다. 열매는 삭과이며, 안에 종자가 많이 들어 있다. 천식으로 인한 경련을 치료하기 위해 잎을 말려 담배처럼 말아서 피운다.

성분⇒ scopolamine, hyosciamine 등이 함유되어 있다.

약효⇒ 진정 효능이 있으며, 소화기 및 비뇨기 질환, 천식 경련, 수술 전 근육 경련, 파킨슨병을 치료한다.

용도⇒ 잎, 줄기, 꽃을 관상, 약용한다.

 재배 및 관리

기후 환경⇒ 추위에는 약하고 더위에는 보통이다.

토양⇒ 배수가 잘 되는 비옥한 사질 양토에서 잘 자란다.

번식 방법 및 시기⇒ 실생(4월, 9월)

수확 시기⇒ 5~8월(잎, 줄기), 8~9월(꽃)

| 1 | 2 | 3 | 4 | 5 | 6 | 7 | 8 | 9 | 10 | 11 | 12 |

헬리오트로프

308. 헬리오트로프 (페루향수초)

지치과 Boraginaceae

학 명 *Heliotropium arborescens* L.
원산지 페루, 에콰도르

영 명 Common heliotrope

특성⇒ 상록성 소관목. 높이 50~150 cm. 가지나 줄기에는 가슬가슬한 강모가 있다. 잎은 호생하며 잎자루가 있고, 난형 또는 타원형이며, 양 끝은 좁아져 뾰족하고, 잎 뒷면에 흰 털이 있다. 6~10월에 보라색, 연보라색, 흰색 꽃이 핀다. 바닐라 같은 향이 나며, 정유는 향수의 원료로 사용하나 오늘날은 합성 향료로 대용한다. 페루에서는 예로부터 잉카족이 해열제로 이용하였다. 최근에는 관상용으로 인기가 있다.
약효⇒ 해열 작용을 하며, 만성 인후염을 치료한다.
용도⇒ 잎, 줄기, 꽃을 관상(화단용, 드라이 플라워), 포푸리, 오일, 향수 원료로 이용한다.

❊ 재배 및 관리
기후 환경⇒ 온실에서 월동하고, 더위에는 약하다.
토양⇒ 배수가 잘 되고, 적당한 습기가 있는 비옥한 토양에서 잘 자란다.
번식 방법 및 시기⇒ 실생, 삽목(5월)
수확 시기⇒ 4~9월(잎, 꽃)

| 1 | 2 | 3 | 4 | 5 | 6 | 7 | 8 | 9 | 10 | 11 | 12 |

호스래디시

309. 호스래디시(서양고추냉이)

십자화과 Cruciferae

학 명 *Armoracia rusticana* P. Gaertn., B. Mey. & Scherb.
영 명 Horseradish
원산지 유럽 동남부

특성⇒ 다년초. 높이 50~60cm. 잎은 근생엽이며 잎자루가 길고, 넓고 긴 타원형으로 끝은 뾰족하며, 가장자리에 물결 모양의 거치가 있다. 4~5월에 흰색 꽃이 원추화서로 핀다. 잎에서 자극적인 냄새가 나며, 겨자와 같은 매운맛이 난다. 열처리를 하면 매운맛이 사라지므로 끓이지 않는 것이 좋다. 감자밭에 심으면 감자가 병에 걸리지 않는다.

성분⇒ sinigrin 배당체, myrosinase, asparagine, sucrose, lignin, calcium, fat, potassium, protein, natrium, water, iron, vitamin C, B_1, B_2, carotene, niacin 등이 함유되어 있다.

약효⇒ 건위, 혈액 순환 촉진, 혈압 강하, 식욕 증진, 소화 촉진, 항균(간균, 구균, 사상균), 흥분, 이뇨, 방부, 감기 저항력 증진, 어독 해독, 정력 증진 효능이 있으며, 폐나 비뇨기 감염 치료제로 쓰인다.

용도⇒ 뿌리를 식용(양념, 샐러드 드레싱, 소스, 비니거)한다.

✽ 재배 및 관리

기후 환경⇒ 추위에는 강하고 더위에는 약하다.

토양⇒ 배수가 잘 되고, 부식질이 많은 습한 토양에서 잘 자란다.

번식 방법 및 시기⇒ 분주(4월), 근삽(4월)

수확 시기⇒ 9~10월(뿌리를 2년에 1회 수확)

| 1 | 2 | 3 | 4 | 5 | 6 | 7 | 8 | 9 | 10 | 11 | 12 |

호장근

310. 호장근 (虎杖根)

마디풀과 Polygonaceae

학 명 *Reynoutria japonica* Houtt. (*R. elliptica* Migo, *Polygonum cuspidatum*)
영 명 Japanese knotweed　　　**원산지** 한국, 일본, 중국, 아시아, 유럽, 북아메리카

특성⇒ 다년초. 높이 1~1.5m. 줄기는 많이 갈라진다. 잎은 호생하며 잎자루가 있고, 난형으로 끝이 뾰족하다. 6~8월에 유백색 꽃이 피며, 열매는 수과로 검은 갈색이다. 원예 품종으로는 잎에 무늬가 있는 무늬호장근이 있다.
성분⇒ anthraquercetin류 성분인 emodin, physcion과 stilbene계 성분인 isoquercetin, plastoquinone A, B, C, tannin 등이 함유되어 있다.
약효⇒ 혈행 촉진, 해독, 조직 재생 촉진, 거풍이습, 파어, 완하, 이뇨, 진해, 진정, 통경 효능이 있으며, 생리불순, 황달, 이명, 류머티즘을 치료한다.
용도⇒ 잎, 근경을 관상, 약용, 염료로 이용한다.

❋ **재배 및 관리**
기후 환경⇒ 노지에서 월동하고, 더위에 강하다.
토양⇒ 배수가 잘 되는 사질 양토에서 잘 자란다.
번식 방법 및 시기⇒ 실생, 분주(4월)
수확 시기⇒ 5~8월(잎), 연중(근경)

| 1 | 2 | 3 | 4 | 5 | 6 | 7 | 8 | 9 | 10 | 11 | 12 |

호하운드

311. 호하운드

꿀풀과 Labiatae

학 명 *Marrubium vulgare* L.
영 명 Horehound, Hoarhound, White horehound
원산지 아시아 중서부, 유럽 남부, 아프리카 북부, 카나리아섬

특성⇒ 다년초. 높이 30~70cm. 줄기는 곧게 자란다. 잎은 대생하며, 넓은 난형으로 잎맥이 뚜렷하고, 회록색, 털이 있다. 6~9월에 줄기 상부 마디마다 흰색 꽃이 윤생하며 핀다. 향이 달콤하고 강렬한 쓴맛이 나며, 잎에 서향백리향과 같은 향이 있어 리큐르 등의 맛을 내는 데 사용한다. 고대 이집트 시대부터 약초로 이용되었다.

성분⇒ pinene, apigenin, sitosterol, caffeic acid, gallic acid, limonene, luteolin, marrubiin, tannic acid, ursolic acid, vitamin B-complex, vitamin A, C, E 등이 함유되어 있다.

약효⇒ 강장, 건위, 거담, 수렴, 진경, 진정, 진해, 살균, 식욕 증진, 소화, 해독, 완하, 해열 촉진, 구충 효능이 있으며, 외상, 기침, 폐병, 기관지염, 후두염, 천식, 습진 및 대상포진, 말라리아를 치료한다.

용도⇒ 잎, 줄기를 식용, 약용, 차, 목캔디, 향미료, 향 첨가제(맥주), 다이어트제, 파리 기피제로 이용한다.

❀ 재배 및 관리
기후 환경⇒ 추위에는 약하고 더위에는 보통이며 건조에 약하다.
토양⇒ 배수가 잘 되는 토박한 토양에서 잘 자란다.
번식 방법 및 시기⇒ 실생(4월, 9월), 삽목(6~8월)
수확 시기⇒ 6~8월(잎, 줄기)

| 1 | 2 | 3 | 4 | 5 | 6 | 7 | 8 | 9 | 10 | 11 | 12 |

홀리 시슬

312. 홀리 시슬

국화과 Compositae

학 명 *Cnicus benedictus* L. [*Carbenia benedicta* Adans., *Carduus benedictus* (L.) Steud.]
영 명 Holy thistle, Plumeless thistle, Sacred thistle, Blessed thistle
원산지 지중해 연안, 아시아

특성⇒ 1년초. 높이 50~100cm. 줄기는
검붉은 갈색이 난다. 잎은 호생하며 넓은
선형이고, 가장자리에 넓은 거치가 불규칙
하게 있다. 줄기와 잎에는 가늘고 긴 흰
색 털이 조밀하게 난다. 6~8월에 노란색
두상화가 피며, 포엽은 가시 모양이다. 맛
이 매우 쓰며, 이 쓴맛을 리큐르에 첨가
한다. 대량 복용을 금하며, 가정에서의 사
용은 금한다. 유럽에서는 제약용으로 재
배한다.
약효⇒ 강장, 거담, 식욕 촉진, 지사, 모
유 분비 촉진, 살균, 항균 효능이 있으며,

소화불량, 헛배, 복통, 감기, 감염증, 외
상, 대상포진을 치료한다.
용도⇒ 잎, 꽃, 뿌리를 식용, 약용, 리큐
르, 오일, 방부제로 이용한다.

❋ 재배 및 관리
기후 환경⇒ 추위에는 약하고 더위에는
보통이다.
토양⇒ 배수가 잘 되고, 건조한 듯한 토양
에서 잘 자란다.
번식 방법 및 시기⇒ 실생(4월)
수확 시기⇒ 수시(잎)

| 1 | 2 | 3 | 4 | 5 | 6 | 7 | 8 | 9 | 10 | 11 | 12 |

홉

313. 홉

삼과 Cannabaceae

학 명 *Humulus lupulus* L. (*H. americanus* Nutt.)

영 명 Common hop, European hop　　**원산지** 유럽

특성⟹ 덩굴성 다년초. 길이 5~8m. 잎은 대생하며 심장형이고, 가장자리에 거치가 있다. 7월에 미황록색 꽃이 핀다. 암수딴꽃이며, 암꽃을 이용하기 때문에 암꽃이 피는 식물만을 재배한다. 성분 중에 lupulone은 맥주의 쓴맛을 내는 데 사용한다.

성분⟹ caffeic acid, campesterol, catechin, ferulic acid, limonene, *p*-cymene, piperidine, amino acid, calcium, chromium, lupulone, humulone, vitamin B, C 등이 함유되어 있다.

약효⟹ 건위, 모유 분비 촉진, 신경 강장, 이뇨, 진정, 항균(탄저균, 디프테리아균), 최면, 안신 효능이 있으며, 소화불량, 복창, 부종, 방광염, 불면증을 치료한다. 피부 알레르기를 유발하기도 한다.

용도⟹ 잎, 줄기, 꽃, 열매를 관상, 식용, 약용, 맥주 원료, 방향제, 공업용, 섬유로 이용한다.

❋ 재배 및 관리

기후 환경⟹ 내한성은 강하고, 서늘한 기후에서 잘 자란다.

토양⟹ 배수가 잘 되는 비옥한 사질 양토에서 잘 자란다.

번식 방법 및 시기⟹ 실생, 지하경 분주 (4월)

수확 시기⟹ 9월(열매)

1	2	3	4	5	6	7	8	9	10	11	12

338

ㅎ

황금

314. 황금(黃芩, 속썩은풀꽃)

꿀풀과 Labiatae

학 명 *Scutellaria baicalensis* George
원산지 시베리아 동부, 한국, 중국, 몽골

특성⇒ 다년초. 높이 30~100cm. 줄기는 가늘고 곧게 자란다. 잎은 조밀하게 대생하며, 피침형이다. 7~8월에 푸른 보라색 꽃이 줄기 상부에 수상화서로 달린다. 쓴맛이 난다.
성분⇒ 뿌리에 flavone glucuronide 화합물인 baicalin, wogonin 등이 함유되어 있다.
약효⇒ 진정, 해열, 혈압 및 콜레스테롤 조절, 발작 완화, 간장 자극, 소화 증진, 소염, 이뇨, 살균, 해독, 지혈, 안태 효능이 있으며, 번갈, 해수, 열병, 황달, 자궁

출혈, 목적종통(目赤腫痛)을 치료한다.
용도⇒ 어린순, 꽃, 뿌리를 관상(화단용, 절화), 식용, 약용한다.

❋ 재배 및 관리
기후 환경⇒ 노지에서 월동하고, 더위에는 강하다.
토양⇒ 배수가 잘 되는 비옥한 사질 양토에서 잘 자란다.
번식 방법 및 시기⇒ 실생(4월), 분주, 취목, 아삽, 삽목(6~7월)
수확 시기⇒ 4~9월(뿌리)

1	2	3	4	5	6	7	8	9	10	11	12

후추

315. 후추 (胡椒)

후추과 Piperaceae

학 명 *Piper nigrum* L.
영 명 Black pepper, White pepper, Pepper plant
원산지 인도 남서부, 스리랑카

특성⇒ 상록 덩굴성 관목. 길이 4~5m. 잎은 호생하며, 타원형으로 줄기 양 끝이 뾰족하고 평행맥이 있다. 7월에 흰색 꽃이 수상화서로 달린다. 열매는 녹색에서 붉은 색으로 익으며, 향긋한 매운맛이 난다.

성분⇒ piperin, chavicine, piperidine 등이 함유되어 있다.

약효⇒ 타액 및 위액 분비 촉진, 소화 촉진, 살균, 이뇨, 건위 효능이 있으며, 헛배, 암통, 류머티즘, 두통, 이질, 위통, 복통, 발한, 임질, 신경통, 구풍을 치료한다.

용도⇒ 열매, 종자를 관상, 식용, 약용, 향신료, 공업용으로 이용한다.

❊ 재배 및 관리

기후 환경⇒ 온실에서 월동하고, 더위에 는 강하다.

토양⇒ 배수가 잘 되는 비옥한 토양에서 잘 자란다.

번식 방법 및 시기⇒ 실생(4월), 분주 (6~7월), 삽목(6~7월)

수확 시기⇒ 11월(종자)

| 1 | 2 | 3 | 4 | 5 | 6 | 7 | 8 | 9 | 10 | 11 | 12 |

히솝   꽃

316. 히솝
꿀풀과 Labiatae

학 명 *Hyssopus officinalis* L.
원산지 유럽 남부, 아시아 서부

영 명 Hyssop

특성⇒ 반상록 다년초. 높이 50~150cm. 줄기 하부는 목질이 된다. 잎은 대생하며 7~9월에 흰색, 분홍색, 보라색, 연청색 꽃이 총상화서로 윤생하며 핀다. 잎에서 강한 향이 난다. 임산부나 고혈압환자는 사용을 금한다.

성분⇒ caffeic acid, limonene, camphor, choline, eugenol, ferulic acid, geraniol, linalool, marrubiin, choline, oleanolic acid, rosmarinic acid, thymol, ursolic acid 등이 함유되어 있다.

약효⇒ 강장, 거담, 건위, 발한, 살균, 소화 촉진, 진정, 진경, 항바이러스, 이뇨, 해열, 혈압 조절, 통풍, 구충 효능이 있으며, 기관지염, 기침, 관절염, 천식, 외상,

한센병 환자의 피부 질환을 치료한다.

용도⇒ 잎, 줄기, 꽃을 관상, 식용, 약용, 차, 주류 첨가제, 정유, 향수, 페니실린 원료로 이용한다.

❋ **재배 및 관리**
기후 환경⇒ 온실에서 월동하고 더위에 보통이다.

토양⇒ 배수가 잘 되고 건조하며, 비옥한 토양에서 잘 자란다. 높은 습도를 싫어한다.
번식 방법 및 시기⇒ 실생(4월), 삽목 (6~10월)
수확 시기⇒ 6~10월(잎, 꽃)

| 1 | 2 | 3 | 4 | 5 | 6 | 7 | 8 | 9 | 10 | 11 | 12 |

학 명 색 인

M

N

참 고 문 헌

- 金正浩 외 5인. 1989. **果樹園藝各論**. 향문사.
- 농촌진흥청 농촌생활연구소. 1996. 식품성분분석표(제5개정판). 상록사.
- 로버트 티저랜드 저, 손숙영 역. 1997. 향기요법. 글이랑.
- 박종희. 1999. 꽃과 약. 신일상사.
- 배기환. 2000. 한국의 약용식물. 교학사.
- 송주택. 1983. 신판 한국자원식물도감. 한국자원식물연구소.
- 윤평섭. 1989. 한국원예식물도감. 지식산업사.
- 이창복. 1989. 대한식물도감. 향문사.
- 조강희. 2001. 자연이 준 가장 큰 선물 허브. 삼호미디어.
- 이휘재. 1966. 한국동식물도감 식물편. 문교부.
- 한국약용식물학연구회. 2001. 종합 약용식물학. 학창사.
- Antony Atha. 2001. The Ultimate Herb Book. Collins & Brown.
- Anthony Gardiner. 1996. Fifty Useful Herbs. Sunburst Books.
- Arabella Boxer, Charlotte Parry-Crooke. 1986. The Book of Herbs and Spices. Mallard Press.
- Christopher Brickell, Judith D. Zuk. 1996. A~Z Encyclopedia of Garden Plants. Dorling Kindersley Publishing Inc.
- Nicholas Culpeper. 1652. The Complete Herbal.
- L.H. Bailey, E.Z. Bailey. 1976. Hortus Third. Macmillan Publishing.
- Lesley Bremness. 1989. The Complete Book of Herbs. Viking Studio Books.
- Lesley Bremness. 2002. Smithsonian Handbooks: Herbs. Dorling Kindersley Book.
- Miranda Smith. 1997. Your Backyard Herb Garden. Rodale Press.
- Deni Brown. 2002. The Royal Horticultural Society Encyclopedia of Herbs & Their Uses. Dorling Kindersley Limited.
- Phyllis A. Balch, James F. Balch, M.D. Balch. 2000. Prescription for Nutritional Healing(Third Edition). Avery.
- 龜田龍吉. 1999. ヤマケイポケットガイド④ ハーブ. 山と渓谷社.
- 富高弥一平, 吉岡清彦 外. 1992. カラー版 ハーブ 見分け方楽しみ方. 家の光協会.
- 青葉高 外 19名. 1994. 園芸植物大事典 1,2,3. 小学館.
- 草土出版 編輯. 1993. 花屋さんの花図鑑. 草土出版.
- 最新園芸大辞典 編輯委員 編. 1968. 最新園芸大辞典. 誠文堂新光社.
- 陳俊愉, 程緒珂主 編. 1994. 中国花経. 上海文化出版社.
- 小学館 編著. 2000. Herbs & Spice Book ハーブスパイス館. 小学館.
- 山岸喬. 1998. 日本ハーブ図鑑. 家の光協会.
- 奥山春季 編. 1979. 寺崎 日本植物図譜 第二版. 平凡社.

저 자 소 개

윤평섭(尹平燮)

· 경기도 구리시 교문동 372번지 출생
· 서울시립대학교 환경원예학과 이학박사
· 한국야생화개발연구회 회장 역임
· 한국화훼장식교수연합회 회장
· 한국실내조경협회 회장
· 현 삼육대학교 환경원예디자인학과 교수

✻ 저서 및 논문

· 한국원예식물도감 (지식산업사)
· 환경원예식물도감 (문운당)
· 한국의 화훼원예식물 (교학사)
· 화훼원예학총론 (문운당)
· 최신 자생식물학 (도서출판 대선)
· 환경미학 (문운당)
· 조경학 (문운당)
· 가정원예 (문운당)
· 야생화 초물경작(석부작) (도서출판 대선)
· 은방울꽃의 개화생리에 관한 연구 외 다수

원색 도감

허 브

HERBS

초판 인쇄 / 2006. 12. 10
초판 발행 / 2006. 12. 20

지은이 / 윤평섭
펴낸이 / 양철우
펴낸곳 / (주)교학사

저자와
협의하에
인지 생략

기획 / 유흥희
편집 / 황정순
교정 / 차진승 · 하유미

장정 / 오흥환
제작 / 서후식
원색 분해 · 인쇄 / 본사 공무부

등록 / 1962. 6. 26. (18-7)
주소 / 서울 마포구 공덕동 105-67
전화 / 편집부 · 312-6685 영업부 · 7075-155~6
팩스 / 편집부 · 365-1310 영업부 · 7075-160
대체 / 012245-31-0501320
홈페이지 / http://www.kyohak.co.kr

값 35,000 원

Herbs
by Yoon, Pyung Sub
Published by Kyo-Hak Publishing Co., Ltd., 2006
105-67, Gongdeok-dong, Mapo-gu, Seoul, Korea
Printed in Korea

ISBN 89-09-12638-8 96480